高原山地生态与湖泊综合治理保护(二)

滇池流域面源污染负荷综合削减与区域生态格局优化

段昌群　付登高　杨树华
卿小燕　王崇云　和树庄　著

科学出版社
北京

内 容 简 介

本书是水体污染控制与治理科技重大专项滇池流域面源污染防控课题组的研究成果——"高原山地生态与湖泊综合治理保护"丛书之一。本书以滇池流域面源污染的特点和研判分析为基础，在流域生态系统功能优化的技术上，形成了全流域面源污染负荷削减的系统框架，提出了分圈层、流域、重点环节进行综合控制的技术路线和分区防控设计，给出了不同区域进行防控实施的支撑技术方案，还从不同产业虚拟水及其环境效应的角度提出了全流域产业优化选择的思路。

本书适合从事湖泊及流域生态环境研究的有关人员、高校师生和政府机构人员阅读，也可供生态环境保护企业在进行技术研发时予以参考。

图书在版编目(CIP)数据

滇池流域面源污染负荷综合削减与区域生态格局优化/段昌群等著. —北京：科学出版社, 2021.4

ISBN 978-7-03-063755-0

Ⅰ.①滇… Ⅱ.①段… Ⅲ.①滇池-流域-农业污染源-面源污染-污染防治-研究 Ⅳ.①X501

中国版本图书馆 CIP 数据核字（2019）第 283100 号

责任编辑：孟 锐 / 责任校对：彭 映

责任印制：罗 科 / 封面设计：墨创文化

科学出版社出版

北京东黄城根北街16号

邮政编码：100717

http://www.sciencep.com

成都锦瑞印刷有限责任公司印刷

科学出版社发行 各地新华书店经销

*

2021年4月第 一 版 开本：787×1092 1/16

2021年4月第一次印刷 印张：14 3/4

字数：350 000

定价：118.00 元

（如有印装质量问题，我社负责调换）

“高原山地生态与湖泊综合治理保护”丛书编辑委员会

《滇池流域面源污染负荷综合削减与区域生态格局优化》编著人员

主　编： 段昌群　付登高

副主编： 杨树华　卿小燕　王崇云　和树庄

编　委： 彭明春　刘嫦娥　张国盛　洪丽芳　支国强　李宗逊　赵永贵　潘　瑛　苏文华　胡正义　胡　斌　钱　玲　戴　丽　付立波　崔晓龙

总　序

滇池作为昆明人的母亲湖，曾是滇中红土高原上的一颗明珠。但自20世纪90年代以来，伴随着滇池流域社会经济的快速发展，滇池水体污染日趋严重，如何治理已成为我国三大湖泊污染治理的重点之一。作为我国严重富营养化高原湖泊的代表，滇池水体污染的原因很多，最根本的原因在于大量外源污染物源源不断地输入。进入滇池的外源污染源主要有三类，即生活源污染、工业源污染、面源污染。对前两者的污染治理主要在城市和工业区域，污染物便于收集和处理，且国内外的研究多，技术进步突出，目前整体治理成效十分显著。相形之下，面源污染来源分散，形成多样，输送过程复杂，往往成因复杂、随机性强、潜伏周期长，识别和防治十分困难。在滇池外源污染中，面源污染占比达 30%以上，成为滇池治理的难点和重点。事实上，在世界范围内，农业面源污染具有污染物输出时空高度随机、发生地域高度离散、防控涉及千家万户等特点，如何治理是全球性的环境难题。因此，如何对污染贡献高达三分之一的面源污染进行有效治理，是滇池水污染防治的关键问题。

根据滇池流域地形地貌特征、土地利用类型及污染物输出特征，整个流域可分为三大单元：水源控制区、过渡区与湖滨区。滇池流域先天缺水，流域内各入湖河流在进入滇池湖盆之前都被大小不同的各级水库和坝塘截留，通过管道供给城镇生产和生活用水。这些水库和坝塘控制线以上的山地区域称为水源控制区。该区域的面积为 $1370km^2$，占流域面积的43%，由于水库和坝塘的作用，该区域的污染物不易直接进入滇池，通过灌溉和循环使用，只有很少(约3%以下)的氮磷进入滇池。水源控制区以下至湖滨区之间的地带为过渡区，主要由台地、丘陵组成，面积约 $1250km^2$，是流域面源山地径流和部分农田径流形成的主要区域，坡耕地、梯地比例大，是传统农业最集中的区域，据估算，入湖面源负荷中一半以上来自该区域。过渡区至湖岸之间的地带为湖滨区，主要是环湖平原，面积约 $300km^2$，农田径流和村落污水是该区域的主要面源污染来源，而且农田大多为设施农业所主导。虽然面积不大，但单位面积污染负荷大，因临近滇池，对湖泊的直接影响大。目前，滇池过渡区和湖滨区的相当部分被昆明市不断扩展的城市、城镇和工厂企业所割据，导致滇池流域的景观要素高度镶嵌，面源污染的形成和迁移过程高度复杂。不仅如此，滇池流域雨旱季分明，降雨十分集中，雨季前期暴雨产生的地表径流携带和转移的污染负荷量大，面源污染的发生高度集中在这个时段。滇池流域面源污染时空格局的复杂性在国内外十分突出，对它的研究和防控需要把山地生态学、流域生态学与湖泊水环境问题有机结合起来，属于湖泊污染与恢复生态学领域的重大科技难题。

滇池生态环境问题研究始于 20 世纪 50 年代曲仲湘教授指导研究生对水生生物的研究。对水环境的研究始于20世纪70年代末，曲仲湘、王焕校教授先后组织研究力量对湖泊生物多样性、重金属污染开展工作，而针对流域面源污染问题在“六五”期间才纳入滇池污染防治的工作内容，较为深入的研究始于“七五”期间，当时，中国环境科学院组织多家单位在滇池开展攻关研究，在“八五”期间中国环境科学院继续开展滇池流域城市饮用水源地面源污染控制技术研究，同期，云南大学等单位开展流域生态系统与面源污染特征研究，“十五”期间清华大学等单位组织开展滇池流域面源污染控制技术，中国科学院南京土壤研究所等完成“863”课题(城郊面源污水综合控制技术研究与工程示范)，这些都为当时治理滇池提供了重要的科技支持。但是，进入 21 世纪以后，滇池流域成为我国城市化发展、产业变更最大的区域之一，这势必导致湖泊水环境恶化的主控因素在不同阶段存在明显的差异，如何科学分析不同阶段滇池面源污染的规律，形成控制对策，有针对性地开展技术研发，通过工程示范推进滇池流域面源污染的治理，从而取得经验并对未来滇池治理工作提供启示，进而为我国其他类似湖泊的治理提供参考背景和科学指导，显得尤其紧要和迫切。

近十年来，云南大学组织国内优势研究力量，在课题组长段昌群教授的领导下，通过云南省生态环境科学研究院、云南省农业科学院、云南农业大学、中国农业科学院、中国科学院大学等多家参与单位以及160多名科技人员持续10余年的联合攻关，在“十一五”期间承担完成了国家重大科技水专项课题“滇池流域面源污染调查与系统控制研究及工程示范”(2009ZX07102-004)，基本掌握了滇池流域面源污染在新时期的产生、输移、入湖的规律，在小流域汇水区的尺度上研究面源污染控制技术，进行工程示范。“十二五”以后，又进一步承担完成国家水专项“滇池流域农田面源污染综合控制与水源涵养林保护关键技术及工程示范”(2012ZX0710-2003)课题，针对滇池流域降雨集中、源近流短、农田高强度种植、山地生态脆弱、面源污染强度大等特点，集成创新大面积连片多类型种植业镶嵌的农田面源控污减排、湖滨退耕区土壤存量污染的群落构建、新型都市农业构建与面源污染综合控制、山地水源涵养与生态修复等关键技术，形成山水林田系统化控污减排、复合种植与水肥联控的农业面源污染防控技术和治理模式的标志性成果；建成农田减污和山地生态修复两个万亩工程示范区，示范区农田污染物排放总量减少 30%以上，农村与农业固体废弃物排放量削减 25%，面山水源涵养能力提高 20%以上，圆满完成了国家水专项对课题确定的技术经济指标，为昆明市农业转型发展及其宏观决策提供了技术支撑，为我国类似的高原湖泊在快速城镇化条件下的面源污染治理提供了科学借鉴。

在国家重大科技水专项领导小组和办公室的指导下，在参与单位的积极支持下，云南大学国家重大科技水专项滇池面源污染防控课题组圆满完成了各阶段的研究任务，顺利通过课题验收。根据国家重大科技水专项成果产出要求，课题承担单位云南大学组织工作组，对近十年的研究工作进行综合整理。秉承“问题出在水面上，根子是在陆地上；问题出在湖泊中，根子是在流域中；问题出在环境上，根子是在经济社会中”的系统生态学理念，编写完成“高原山地生态与湖泊综合治理保护”丛书，主要从陆域生态系统的角度化解水域污染负荷问题，为高原湖泊以及其他类似污染治理提供借鉴。

在课题执行和本书编写过程中，得到国家科技重大水专项办公室、云南省生态环境厅、昆明市人民政府、云南省水专项领导小组办公室、昆明市水专项办公室、昆明市滇池管理局、昆明市农业农村局等相关局(办)的大力支持，得到国家水专项总体专家组、湖泊主题专家组、三部委监督评估专家组、项目专家组的指导和帮助，对此表示由衷感谢。

云南大学长期围绕高原湖泊，从湖泊全流域生态学、区域生态经济的角度进行综合研究。本系列丛书的整理，不仅是对我们承担国家重大科技水专项工作的阶段性总结，也是对云南大学污染与恢复生态学研究团队多年来开展高原湖泊治理、服务区域发展、支撑国家一流学科建设工作的回顾和总结，更多的工作还在不断延续和拓展。研究工作主要由国家水专项支持，书稿的研编和数据集成整理得到云南省系列科技项目（2018BC001，2019BC001）、人才项目（2017YLXZ08，C6183014）、平台建设项目“高原山地生态与退化环境修复重点实验室”（2018DG005）和“云南省高原湖泊及流域生态修复国际联合研究中心”（2017IB031）的支持，并纳入“云南大学服务云南行动计划项目”（2016MS18）工作中。

由于编著者水平经验有限，书中难免出现疏漏，恳请专家同行和读者不吝指正。

云南大学国家重大科技水专项滇池面源污染防控课题组

2019 年 8 月

前　　言

面源污染已经成为欧美发达国家环境污染的第一因素，60%的水污染起源于农业面源污染。我国的面源污染更为严峻，太湖、巢湖、滇池、密云水库、于桥水库、洱海、淀山湖等水域，面源污染比例均超过点源污染。自 20 世纪 70 年代以来，国内外对控制面源污染进行了大量的研究。在面源污染的产生规律、测算、控制方案及综合管理等方面取得了一定的研究进展，但面源污染依然是水污染防治的一个国际性难题。

面源污染是湖泊水体富营养化的重要驱动力，具有随机性、广泛性、滞后性、不确定性和控制难度大等特征，特别是滇池这样位于高原山间盆地的湖泊系统，面源污染对水质的恶化作用已成为区域生态环境的顽疾和社会经济发展的制约因素。解析其中原因，其一，面源污染的结果在水体，症结在陆地。长期以来，面源污染负荷削减和控制研究大多关注污染源本身及其相关的防控技术，而对发生面源污染的源-流-汇全过程的陆生生态系统缺乏系统全面的研究。其二，面源污染发生在离散的局部，却需要整体的系统控制。面源污染的特点决定了其系统控制与污染负荷的有效削减不是单项技术、单项措施、单项工程在单个地块、单个村庄、单一土地利用方式下能够实现的，面源污染的控制和削减需要制定系统的整体方案。

过去 30 年滇池历尽多个五年计划的治理，点源污染负荷增长的势头已经扭转，但严重的水体富营养化和流域生态系统退化难以在短期内转变。特别是近 10 年来，面源污染总量及其对滇池水污染的贡献依然居高不下。随着点源削减量的不断提高，面源削减逐渐成为改善滇池水质的最重要的任务之一。为此，根据国家重大科技水专项顶层设计及滇池流域面源污染现状特点，本研究以服务滇池治理科技需求为基础，结合滇池流域社会经济的中长期发展目标，聚焦滇池面源污染系统削减的流域生态系统结构研究、污染产生输移的重点区域和重要环节解析，提出面源污染控制的综合区划方案，制定流域生态系统结构调整框架和面源污染源-汇格局优化设计方案；基于滇池流域面源污染源-流-汇及其相互交叉形成的网络系统特征，开展污染控制与环境功能提升的分区生态设计，给出了不同区域进行防控实施的支撑技术方案，还从不同产业虚拟水及其环境效应的角度提出了全流域产业优化选择的思路。

本研究形成的研究成果，策应和支持了当时昆明市“四退三还一护”滇池保护政策的出台，支撑了区域农业产业结构调整的科技要求，所制定的按不同生态功能区进行面源污染全过程削减的系统方案为滇池流域开展“退塘、退耕、退人、退房”和“还湖、还林、还湿地”治理思路的形成提供了科学依据，还为大力削减农业面源污染、系统建设具有实用性、生态性和景观性的滇池生态保护屏障提供了决策支持，特别在当时“六清六建”昆明市农村环境综合整治和“新农村”建设中，研究工作提出的农村循环经济模式促进流域农业农村面源污染得到控制，使流域生态系统服务功能改善提高，推动水源地和农村生态保护与生态建设的力度加大。

本书是该系列丛书的第二部，在系统整理研究工作的基础上，全书以滇池流域面源污染的特点和研判分析为基础，在流域生态系统功能优化的技术上，形成了全流域面源污染负荷削减的系统框架，提出了分圈层、流域、重点环节进行综合控制的技术路线和分区防控设计，以期为高原湖泊面源污染的有效控制和绿色流域的建设提供创新思路。

本研究在组织进行和书稿编写过程中得到了昆明市水专项办、昆明市农业农村局、昆明市滇池管理局、昆明市生态环境局、昆明市林业和草原局、昆明市园林绿化局、昆明市自然资源和规划局、昆明市水务局、昆明市统计局、昆明市气象局、昆明市测绘研究院、昆明市扶贫开发办公室、云南省生态环境科学研究院的大力支持，谨此一并致谢。

滇池流域是云南经济社会发展速度最快、土地利用格局变化最快的区域之一，也将是面源污染发展变化最快的区域之一。本书所阐述的主要是项目进行时期的流域面源污染特征，有的在本书出版问世时可能已经出现了较大变化。但是，反映滇池流域面源污染的变化规律、防控思路、技术路径依然万变不离其宗，希望本书所展示的研究结果对高原湖泊面源污染的防控有所裨益。鉴于我们能力水平有限，不足之处请批评指正。

国家重大科技水专项滇池面源污染防控课题组

2019 年 9 月

目　　录

第 1 章　滇池流域面源污染的特点

1.1　滇池流域面源污染产生输移定量化评估

湖泊的污染是一个动态的环境过程。滇池流域主要年份污染物排放总量如表 1-1 所示。从表 1-1 可以看出，1993～2009 年，流域面源污染物总氮排放量持续增加，但 2000 年后增加趋势放缓；1993～2005 年，总磷排放量持续增加，2005～2009 年总磷排放量有所降低。从面源污染排放量占总排放量比例来看，1995～2005 年面源污染排放量占总排放量的比例变化不明显，2009 年点源污染治理力度加大，虽然面源污染增加量不大(总磷排放量还有所减少)，但面源污染排放量所占的比例较 2005 年有较大比例的增加，面源污染目前已成为滇池流域最主要的污染源。

表 1-1　滇池流域主要年份污染物排放总量

年份	污染类型	总氮排放量		总磷排放量	
		数量(t)	比例(%)	数量(t)	比例(%)
1993	点源	2 634	47.60	322	57.30
	面源	2 904	52.40	240	42.70
	合计	5 538	100	562	100
1995	点源	6 026	67.10	604	59.16
	面源	2 955	32.90	417	40.84
	合计	8 981	100	1 021	100
2000	点源	10 369	73.25	824	55.45
	面源	3 786	26.75	662	44.55
	合计	14 155	100	1 486	100
2005	点源	11 289	74.37	910	57.23
	面源	3 891	25.63	680	42.77
	合计	15 180	100	1 590	100
2009	点源	7 099	60.96	224	29.05
	面源	4 546	39.04	547	70.95
	合计	11 645	100	771	100

从目前滇池水污染的整体情况来看，随着城市治污、工业治污的强力推进，以及点源污染的进一步治理，面源污染在滇池流域的影响会更加突出。根据昆明市“一湖四片”面向东南亚、南亚的“桥头堡”国际都市的建设目标，滇池流域湖盆区北部和东部将建成

620km^2、160km^2 的城市区，农业生产中心南移，由坝区向山区转移，城镇建设由湖盆平原向山地发展，今后 10～20 年内面源污染空间格局将发生巨大的变化。

在城乡一体化的压力之外，伴随流域内农业产业结构的调整，耕地面积将大幅度调减，这无疑将造成农业面源污染加剧的态势，水环境保护和农业可持续发展的矛盾也会进一步凸现。与此同时，在滇池水体保护、“禁养”（2009 年）、“耕地调减”（2010 年）、“双禁”（2013 年开始全面禁止使用化肥、农药）、集中式饮用水源区保护等水污染防治政策的推进下，加之农村生活污染物的进一步收集处理，流域面源污染有望逐步减少。因此，面源污染削减控制的机遇与增强的环境压力并存。

1.2 滇池流域面源污染来源

面源污染物源于大气沉降、农业污染、水土流失和地表径流四大方面。分析滇池流域面源污染的重要成因，面源污染物的主要来源有 3 个方面。

1）水土流失：农业耕作区水土流失、水源保护区水土流失、城市水土流失。

2）农业生产污染：种植业污染源、畜禽养殖业污染源、水产养殖业污染源。

3）农村生活污染：农村生活污水、农村生活垃圾。

此外，城市面源污染、地下水污染和大气沉降也是面源污染负荷的贡献因素，但就滇池流域现阶段的面源污染而言，水土流失和农业农村面源是主要矛盾。

1.2.1 水土流失严重

由于水土流失的泥沙大量进入滇池湖盆，滇池湖底 40 年中升高约 48cm。滇池流域土壤侵蚀模数为 1098.9t/(km^2 • a)，年侵蚀量 320.9×10^{4}t，年平均剥蚀厚度 0.81mm。每年因水土流失进入滇池的氮素可达 701t，磷 564t。

造成水土流失的原因很多，与流域环境内的地质、地形、土壤、气候、地表覆盖物（植被、森林）和土地利用现状等因素直接相关。此外，流域内土地垦殖率达 30.07%，为全国平均水平（10.42%）的 2.89 倍，为全省平均水平（7.20%）的 4.18 倍；流域人口密度 859 人/km^2，为全国平均水平的 6.8 倍和全省平均水平的 8.5 倍。

城市水土流失问题会随城市化进程而加剧，但与此相对应的禁建区和限建区的限制，以及城市绿地、森林公园、河道防护带等生态建设，将在很大程度上削弱城市面源污染负荷，因此，城市水土流失不是目前流域面源污染的主要源区。

1.2.2 农业生产污染严重

农业面源污染主要由降雨径流、土壤侵蚀、地表溶质溶出和土壤溶质渗漏 4 个过程形成。人们对于农业生产活动导致的面源污染造成的生态环境的破坏及其对农业可持续发展的影响往往认识不足。

滇池流域经济活动频繁，是全省主要的经济中心，近年来随着城市化进程的加快，滇池流域农业生产结构也发生了巨大变化，种植业由原来以粮食作物种植为主转变为以花卉、蔬菜等经济作物为主，畜禽养殖业逐渐形成规模化经营，因此滇池是昆明市乃至全省重要的农产品生产、加工贸易基地。但是，其农业产业结构单一，产业链简单，农业生产以农副产品在数量上的高速增长为驱动力，无计划、无节制、高强度地将农业资源过度掠夺开发，是一种典型的资源掠夺性的非可持续发展模式。加之农业生产结构不合理、垦殖技术不当、水土保持措施不利，使得土地退化、面源污染加剧。

目前，滇池流域 7 县区共有耕地和园地耕种面积约 90 万亩（1 亩≈666.7m^2），根据 2009 年昆明市农业面源污染普查资料，单位面积氮、磷肥料用量 0.064t（折纯）/亩，氮、磷比例为 1∶0.51。种植业化肥每年总氮流失量 1609.50t，总磷流失量 145.42t，磷、氮流失量占使用量的 3.04%。种植业化肥流失量占总氮排放量的 56.47%，占总磷排放量的 37.12%（表1-2），是农业面源污染的主要来源。

表 1-2　滇池流域农业农村污染物产排放强度*

污染源类别	总氮			总磷		
	产生量(t/a)	排放量(t/a)	占总排放量比例(%)	产生量(t/a)	排放量(t/a)	占总排放量比例(%)
种植业化肥	38 323.08（使用量）	1 609.50（流失量）	56.47	19 402.31（使用量）	145.42（流失量）	37.12
畜禽养殖业	5 280.58	829.09	29.09	998.57	180.25	46.01
水产养殖业	32.17	28.42	1.00	7.40	6.52	1.66
农村生活污水	401.82	364.4	12.79	62.79	55.97	14.29
农村生活垃圾	220.64	18.78	0.66	39.20	3.61	0.92
合　计	44 258.29	2 850.19	100	20 510.27	391.77	100

*《昆明市农业污染源普查技术报告》，2010 年

滇池流域畜禽养殖业污水产生量 45.63×$10^4$$m^3$/a，粪便量 55.52×$10^4$t/a，化学需氧量（COD）11.04×$10^4$t/a，总氮 5276.58t/a，总磷 998.57t/a，氨氮 529.25t/a。畜禽养殖化学需氧量（COD）排放量占产生量的 8.12%，磷排放量占产生量的 18.05%，氮排放量占产生量的 15.71%。

水产养殖业每年总氮产生量 32.17t（氨氮 2.49t），排放量 28.42t（氨氮 2.23t）；总磷产生量 7.40t，排放量 6.52t。水产养殖业氮、磷排放量共占氮、磷产生量的 88.30%。化学需氧量（COD）产生量 222.19t，排放量 196.99t，排放量占产生量的 88.66%。

滇池流域各类农药年使用量 509 011.90kg，平均每亩使用量 0.56kg，流失量为 7.81%，但设施农业等重污染区使用量远远高于平均基数。滇池流域种植业秸秆产生量 21.38×10^4t，利用率达 79.47%，以饲料用途为主，随流域全面禁养的实施，农作物秸秆的综合利用需要新的循环经济模式。

1.2.3　农村生活污染物缺乏处理

滇池流域共有农村户籍户数 225 950 户，户籍人口 664 526 人，常住人口 639 108 人，

涉及 330 个行政村(2009 年)。农业人口占全流域总人口的 37.59%。

滇池流域农村生活污水产生量 955.61×10^4t/a，排放量 862.73×10^4t/a，排放量占产生量的 90.28%；化学需氧量(COD)产生量 17 432.66t/a，排放量 15 718.18t/a，排放量占产生量的 90.17%；总磷产生量 62.79t/a，排放量 55.97t/a，排放量占产生量的 89.14%；总氮产生量 401.82t/a，排放量 364.40t/a，排放量占产生量的 90.69%；氨氮产生量 59.82t/a，排放量 53.02t/a，排放量占产生量的 88.63%。

滇池流域农村生活垃圾产生量 8.48×10^4t/a，排放量 0.75×10^4t/a(其中有机垃圾产生量 5.66×10^4t/a，排放量 0.38×10^4t/a，分别占垃圾产生量、排放量的 66.75%和 50.67%)，排放量占产生量的 8.84%；生活垃圾总氮产生量 220.64t/a，排放量 18.78t/a，排放量占产生量的 8.51%；生活垃圾总磷产生量 39.20t/a，排放量 3.61t/a，排放量占产生量的 9.21%。

村镇农村户口居民的居住地在城乡建设进程中，有部分已逐步被昆明市主要污水处理厂(8 个已建或扩建，3 个在建)、县区污水处理厂、集镇污染集中式污水处理站所覆盖，但城乡接合部的区域和范围也随之扩大，外来流动人口的涌入增加了生活污染物的排放量。集镇居民点集中式污水处理设施建设不全，多数村庄没有污水处理措施，产生的农村生活污水直接排放进入农业沟渠和附近水体。村委会办事处居民点生活垃圾收集体制不健全，垃圾清运处置率较低，垃圾池存在建而不用的问题，生活垃圾的随意处置无任何排污经济代价。

流域农村生活污染呈现二元化的特征，体现为湖盆村庄和山区村庄的差异。湖盆区人口密集是农村生活污染物产排量较大的区域，随着城乡一体化进程的推进，部分湖盆村庄逐步纳入城市治理的范围。重点治理的区域是滇池南部呈贡、晋宁、海口一带的湖盆村庄，以及北部盘龙江水源区、自卫村水库水源区、柴河水库水源区、古城河水源区等山区村庄。

1.3 滇池流域面源污染产生和输移的基本规律

采用美国 Arnold 等(1998)开发的分布式参数模型 SWAT(soil and water assessment tool)进行小流域面源污染负荷估算。根据 SWAT 模型模拟结果，以 2008 年为数据基准年，滇池流域 16 个小流域入湖总水量 55 $707.53\times10^4m^3$，年入湖氮负荷 3041.47t，年入湖磷负荷 168.99t[较 2009 年政府公布数据偏小，总氮负荷为政府公布数据(4546t)的 66.90%，总磷负荷为政府公布数据(547t)的 30.89%]。水体平均含氮量为 $5.46g/m^3$，含磷量为 $0.30g/m^3$。

1. 空间发生高度离散，负荷输移向心汇聚

流域面源污染具有分散性的特征，它随着流域内地形地貌、土地利用方式、气象因子、水文因子等的不同而具有空间异质性和时间上的不均匀性。面源污染在源点原位发生形成环境危害的同时，向其他空间单元输移污染物。作为典型的半封闭型高原湖泊，滇池流域内的 35 条主要入湖地表径流向中心的湖泊水体汇集，湖泊成为最终的纳污单元。

2. 潜伏周期相对漫长，发生时间高度集中

污染物与降雨和径流有着密切的关系，降雨和径流是污染进入水体的驱动力，在时间上具有滞后性。滇池流域干湿季分明，降雨十分集中(5～9 月)，雨季前期暴雨产生的地表径流挟带和转移污染负荷量大，面源污染发生高度集中在这个时段。同时，雨热同期，农业生产集中在雨季，不当的耕作措施和技术使农业污染物流失严重。

各月入湖氮、磷负荷与入湖水量呈正相关关系，与雨季土壤侵蚀及作物施肥相关。氮、磷 6～11 月入湖量明显高于 12 月至翌年 5 月，但二者入湖特征表现不一致。氮在 8 月入湖量最大，7～11 月均保持较高水平，而磷则在 7 月入湖量最大，6 月和 11 月较大，8～10 月相对较低，12 月至翌年 4 月入湖量几乎为零。

3. 格局动态显著，不确定性增强

随着新昆明建设、城乡经济社会一体化发展与“一湖两江”流域生态环境综合治理、“四退三还”“禁花减菜”等产业策略与部署，跨越式的城市建设使滇池流域面临更大的人口压力和环境压力，流域农业产业面临重心“东扩北移”、中心南移的空间转移，面源污染的格局和特征正发生巨大的变化。土地利用格局和产业结构的调整对面源污染防控既是契机又是挑战。

4. 引水外域污染，治理空间延伸

“十二五”期间，滇池治理将在更大的空间尺度和视野下考虑长远规划，以流域尺度的“外域调水”“清污分流”“分质用水”思路实现水资源的综合循环利用减少污水排放。从空间上看，滇池引水工程将流域外的面源污染负荷转移入滇，增加了入湖的污染总量。因此，滇池还存在一个外流域的面源污染控制区，目前，已建、在建的滇池引水工程有掌鸠河引水供水工程、清水海引水供水工程和牛栏江-滇池补水工程。引水工程所涉及的掌鸠河流域、牛栏江流域和小江流域的农村农业面源污染对滇池的水质形成直接的影响，而且滇池流域进行的农业产业结构调整，也增加了周边流域农业面源污染的压力。

近年来，牛栏江干流水质出现超标现象。2010 年牛栏江流域(昆明段)范围内共排放 COD 16 996.86t、NH_3-N 694.2t、TN 1860.74t、TP 363.83t，其中 COD、TP、TN 的主要来源为农村农业面源污染，分别占各污染物总量的 55.99%、70.80%和 61.26%。

1.4 滇池流域面源污染防控的现存问题

1. 缺乏面源污染分区防控的整体方案

滇池流域的面源污染弥散发生向心汇聚，空间分散的同时却存在重点区域和关键环节，如湖盆区集中密集的设施农业和农村集镇、南部磷矿开采区，以小流域汇水单元针对面源污染发生特征和控制重点是整体防控的关键所在，但目前仍缺乏整体方案。

2. 缺乏重点时间节点的把控

滇池流域的面源污染“旱季富集，雨季爆发”，具有发生季节的相对集中性和爆发时段的高度不确定性。全年综合防控方案与雨季重点防控措施必须在时间节点上有机结合，统筹兼备，防患未然。通过农业生态环境管理措施和农业种植模式优化，实现对雨季污染负荷的“削峰”。

3. 缺乏宏观防治与措施治理相结合的流域综合管理

面源污染控制涉及生态学、环境学、水文学、地学、信息科学、管理科学等多个学科。目前，联合国粮食及农业组织(FAO)和美国环境保护局(USEPA)等都将流域综合管理方案确定为面源污染防控与治理的重要基础。首先，面源污染物最终汇聚于水体，但面源污染的症结在陆地。长期以来，面源污染负荷削减和控制研究大多关注污染源本身及其相关的防控技术，而对发生面源污染的源-流-汇全过程的陆生生态系统缺乏系统全面的研究，难以防控面源污染。其次，宏观政策管理与支撑技术措施的有机结合，以防为主，以治为辅，源头控制，实现环境管理成本最小化。最后，与面源污染防治相关的规划、政策、方案、措施等的实施行政主体分散在各级政府部门，“滇池管理局”主要关注水体保护和污染治理，因此，制定流域综合管理的面源污染防治方案尤为重要。

4. 缺乏面源污染防控的中远期方案

面源污染治理是世界性难题，即便是欧美发达国家对面源污染负荷也缺乏精准的评估和完全有效的控制。美国《清洁水法》(*Clean Water Act*)1987 年修正案中针对面源污染防治专门提出 319 条款。该条款规定，各州政府都要制定控制面源污染的具体法规和方案，联邦政府每年为各州提供经费资助，用于制定基于社区的流域综合管理方案，系统防治面源污染。近 10 年来，美国联邦政府用于方案制定的总经费投入在 2 亿美元以上，其中还未包括各州的配套经费。

随着滇池流域以“零点行动”计划(1999年)和集中式污水处理工程为主的点源水污染治理工程的实施，面源污染越发成为滇池水体外源性污染物的重要来源。基于面源污染离散发生的特点，对面源污染的治理不可能实行“截断式”的点源控制模式，而需要建立长效的环境管理体制和创新的中远期防控方案。

第2章　滇池流域生态系统服务功能与面源污染控制区划

污染治理目标的确定，不仅与污染发生特征、规律和技术经济条件有关，还与区域生态系统的结构有关，更与流域经济社会发展目标及其空间功能定位密切相关。因此，滇池流域面源污染的治理，需要充分认识流域的生态系统结构和功能，根据生态服务功能特点制定污染防控区划，作为制定污染防治方案的前提和基础。

2.1　基于面源污染控制的滇池流域生态斑块分类

以面源污染控制为中心，以面源污染产生/控制特征为主要依据进行滇池流域景观生态类型划分，研制滇池流域景观生态分类系统，以 2009/2010 年 SPOT5 卫星数据为数据源对滇池流域景观生态斑块现状进行分类(图 2-1)。

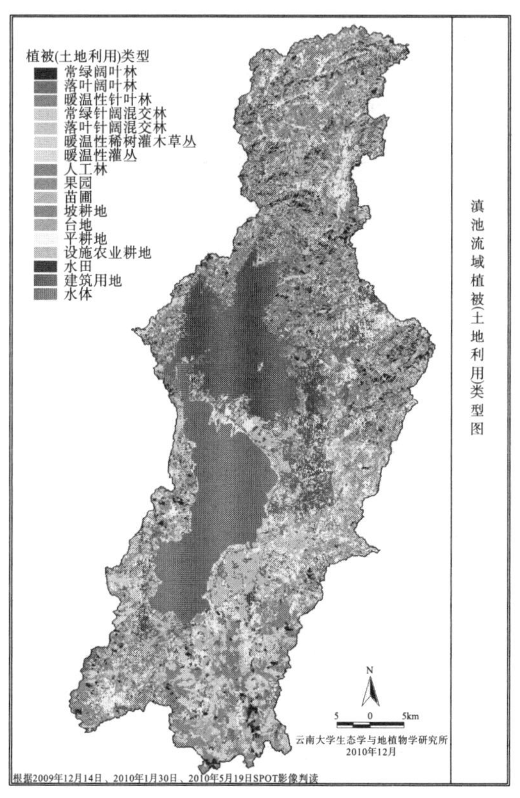

图 2-1　滇池流域生态斑块现状图

滇池流域景观生态斑块现状结构为：滇池流域总面积 290 431.8hm^2(投影面积，GIS测量)，其中滇池水面 31 023.5hm^2、河流水面 3141.7hm^2、自然植被总面积 115 158.7hm^2、人工林 12 743.3hm^2、农业用地总面积 79 741.7hm^2、建筑用地 48 622.9hm^2。

自然植被中，常绿阔叶林 12 333.5hm^2、常绿针阔混交林 3572.1hm^2、落叶阔叶林 8371.0hm^2、落叶针阔混交林 10 011.4hm^2、暖温性灌丛 21 268.9hm^2、暖温性稀树灌木草丛 18 974.6hm^2、暖温性针叶林 40 627.2hm^2。农业用地中，果园 4271.0hm^2、坡耕地 35 537.9hm^2，平耕地 16 910.2hm^2、台地 7669.1hm^2、设施农业耕地 15 353.5hm^2。

2.2 滇池流域生态系统服务功能价值评估

估算滇池流域生态系统服务功能，为滇池流域面源污染治理与景观格局优化提供指导。按照 Daily 方法估算的结果：流域每年生态系统服务功能总价值为 285.08×10^8 元，平均 12.06 万元/hm^2。其中，居第一位的是土壤保持价值，为 170.86×10^8 元/a，占生态系统服务功能价值的 59.94%；释氧固碳价值居第二位，为 47.326×10^8 元/a，占 16.60%；涵养水源价值 30.05×10^8 元/a，占 10.54%；产品提供价值 20.95×10^8 元/a，占 7.35%；生物多样性价值 6.42×10^8 元/a，占 2.25%；净化大气价值 5.77×10^8 元/a，占 2.02%；养分循环价值 3.69×10^8 元/a，占 1.30%(图 2-2)。

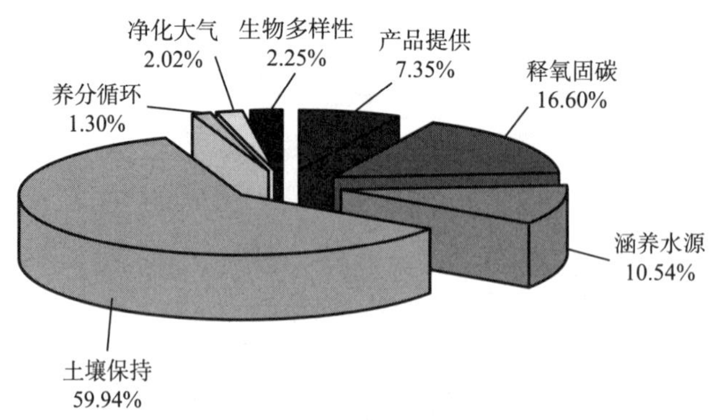

图 2-2 滇池流域生态系统服务功能价值构成比例

虽然滇池流域是一个由城市主导的生态系统，但土壤保持、释氧固碳(释放氧气固定二氧化碳)、涵养水源依然远远超过了产品提供功能，说明即使是城市生态系统或是由人类社会主导的生态系统，其最重要的价值也依然是自然价值部分。因此，在滇池流域的功能分区系统中，要充分保证流域相应生态功能。

2.3 面源污染控制区划

2.3.1 滇池流域面源污染控制功能圈层的景观生态结构

以地形地貌及区域功能、生态现状为基础进行滇池流域面源污染控制功能圈层区划。三个功能圈层总面积分别为湖滨区 32 979.0hm^2、过渡区 74 880.5hm^2、水源保护区 151 549.0hm^2。

各圈层景观生态现状结构如表 2-1 所示。

表 2-1　滇池流域功能圈层景观生态现状结构　（单位：hm^2）

景观生态类型	湖滨区	过渡区	水源保护区
常绿阔叶林	17.1	546.0	11 770.4
常绿针阔混交林	9.4	121.7	3 441.0
落叶阔叶林	7.4	374.6	7 989.0
落叶针阔混交林	29.6	625.4	9 356.4
暖温性灌丛	348.0	2 848.6	18 072.3
暖温性稀树灌木草丛	469.9	4 659.8	13 844.9
暖温性针叶林	95.6	3 319.2	37 212.4
人工林	320.6	4 322.0	8 100.7
果园	35.3	2 064.1	2 171.6
坡耕地	389.7	12 907.6	22 240.6
平耕地	2 657.1	8 436.8	5 816.3
台地	11.7	1 583.8	6 073.6
设施农业耕地	8 615.3	6 275.3	462.9
河流水面	1 155.6	1 273.4	712.9
建筑用地	18 816.7	25 522.2	4 284.0
合　计	32 979.0	74 880.5	151 549.0

2.3.2　滇池流域各子流域的景观生态结构

以 SWAT 模型推算的面源污染负荷数据的区域划分为基础，将滇池流域划分为 16 个子流域(区域)，各子流域(区域)的景观生态现状结构如表 2-2 所示。

表 2-2　滇池流域各子流域(区域)景观生态现状结构　（单位：hm^2）

景观生态类型	A	B	C	D	E	F	G	H	I	J	K	L	M	N	O	P
常绿阔叶林	6 956.7	703.9	7.3	391.0	156.8	1 974.4	90.5	47.5	529.3	4.4	41.9	655.7	277.5	293.4	101.0	102.4
常绿针阔混交林	1 541.6	148.5	2.6	160.0	74.4	712.9	22.3	18.2	243.4	16.8	39.5	205.3	123.9	147.5	47.2	67.9
落叶阔叶林	4 552.2	235.4	0.6	245.6	114.4	1 046.0	92.2	65.8	320.7	93.8	71.0	569.6	421.0	391.5	97.5	53.7
落叶针阔混交林	4 031.2	184.4	5.8	101.2	40.7	1 093.4	72.6	89.6	954.4	188.4	431.4	1 209.2	662.8	588.2	83.8	274.2
暖温性灌丛	5 389.7	869.4	21.2	200.3	106.9	1 160.2	740.5	201.6	2 350.3	376.3	701.5	2 499.8	2 932.0	1 533.0	712.7	1 473.6
暖温性稀树灌木草丛	3 634.3	691.9	8.3	254.9	161.7	1 491.9	187.3	792.5	2 551.4	277.0	381.2	2 452.4	2 536.2	1 332.6	1 070.1	1 150.8
暖温性针叶林	14 816.1	1 395.4	22.9	836.5	500.0	4 600.5	504.9	63.0	3 251.0	348.1	453.0	3 886.4	4 554.6	4 841.5	354.8	198.4
人工林	1 168.9	1 061.6	184.3	1 240.4	774.4	1 383.4	912.7	585.6	1 351.5	154.8	223.5	99.3	930.1	753.1	161.7	1 758.2
果园	1 300.9	48.0		50.3		86.2	3.3		1 218.2	41.2	76.4	226.3	279.6	936.1	4.5	
坡耕地	8 904.5	726.0	1.5	322.4	236.8	5 076.3	1 401.3	1 217.5	5 971.8	719.3	1 391.3	3 616.0	3 715.1	2 077.6	67.7	92.8
平耕地	4 358.9	198.8	296.1	71.1	143.3	1 049.2	312.3	865.9	2 389.5	922.9	344.6	894.4	1 185.7	1 558.1	1 213.1	1 106.2

续表

景观生态类型	A	B	C	D	E	F	G	H	I	J	K	L	M	N	O	P
台地	3 552.1	69.5		5.8		457.3	39.1		91.5	33.1	20.5	1 440.2	1 646.6	202.6	64.0	46.9
设施农业耕地	131.9	42.1	187.3	31.4	320.7	1 424.1	1 064.7	762.9	1 645.2	797.6	3 011.8	1 893.1	1 555.3	2 133.9	177.1	174.5
河流水面	694.2	150.8	377.2	77.6	160.8	241.0	110.0	121.8	283.2	30.3	67.5	101.7	256.4	236.4	165.0	68.0
建筑用地	5 804.2	6 627.8	4 268.4	6 028.8	3 165.7	8 231.6	2 762.8	3 097.6	3 208.8	377.5	504.9	560.6	812.3	1 762.6	691.1	718.2
合　计	66 837.5	13 153.5	5 383.5	10 017.3	5 956.6	30 028.4	8 316.5	7 929.5	26 360.2	4 381.5	7 760.0	20 310.0	21 889.1	18 788.1	5 011.3	7 285.8

注：A. 盘龙江流域；B. 新河-运粮河流域；C. 船房河-采莲河流域；D. 金汁河-枧槽河流域；E. 东白沙河流域；F. 宝象河流域；G. 马料河流域；H. 洛龙河流域；I. 捞鱼河流域；J. 南冲河流域；K. 淤泥河流域；L. 大河流域；M. 柴河流域；N. 东大河流域；O. 古城河流域；P. 滇池西岸

第3章　滇池流域面源污染负荷削减的总体设计

面源污染是湖泊水体富营养化的重要驱动力，具有随机性、广泛性、滞后性、不确定性和控制难度大等特征，特别是滇池这样位于高原山间盆地的湖泊系统，面源污染对水质恶化的作用已成为区域生态环境的顽疾和社会经济发展的制约因素。解析其中原因，其一，面源污染的结果在水体，症结在陆地。长期以来，面源污染负荷削减和控制大多关注污染源本身及其相关的防控技术，而对发生面源污染的源-流-汇全过程的陆生生态系统缺乏系统全面的研究。其二，面源污染发生在离散的局部，却需要整体的系统控制。面源污染的特点决定了其系统控制与污染负荷的有效削减不是单项技术、单项措施、单项工程在单个地块、单个村庄、单一土地利用方式下能够实现的，面源污染的控制和削减需要制定系统的整体方案。

滇池历尽数个五年计划的治理，点源污染负荷增长的势头已经扭转，但严重的水体富营养化和流域生态系统退化难以在短期内转变。近 20 年来，面源污染总量及其对滇池水污染的贡献呈整体上升的态势。随着点源削减量的不断提高，面源削减逐渐成为改善滇池水质的最重要的任务之一。为此，本研究结合滇池流域社会经济的中长期发展目标，基于滇池面源污染系统削减的流域生态系统结构研究、污染产生输移的重点区域和重要环节解析，提出面源污染控制的综合区划方案，制定流域生态系统结构调整框架和面源污染源汇格局优化设计方案；基于滇池流域面源污染源-流-汇及其相互交叉形成的网络系统特征，开展集污染控制与环境功能提升于一体的分区生态设计，编制完成《滇池流域面源污染负荷削减与控制总体方案》，以期为高原湖泊面源污染的有效控制和绿色流域的建设提供创新思路。

3.1　指导思想

滇池流域是云南省社会经济建设的核心区域，在“紧紧围绕建设绿色经济强省、民族文化强省和中国面向西南开放的桥头堡”的云南省发展中占有核心地位。为解除面源污染对滇池流域水环境的制约作用，实现绿色流域建设的中长期目标，紧密结合滇池水污染防治“十二五”规划思路，以滇池流域农业农村面源污染系统防控与治理为重点，根据面源污染现状、未来产生和发展的趋势，基于流域综合管理理念，以流域农业产业结构调整为契机，充分结合技术措施与政策管理手段，制定面源污染圈层控制整体方案和流域生态结构调整框架，针对污染产生输移的重点区域、关键过程编制分区面源污染削减与生态功能改善的综合方案。

3.2 方 案 原 则

方案原则包括以下几方面。

1）流域生态系统整体性原则。

2）土地利用的适宜性原则。

3）社会经济发展协调性原则。

4）方案实施的政府主体原则。

5）利益群体充分参与原则。

3.3 编 制 依 据

3.3.1 有关法律、法规、条例和政府文件

有关法律、法规、条例和政府文件有：《中华人民共和国环境保护法》《中华人民共和国水污染防治法》《中华人民共和国水污染防治法实施细则》《中华人民共和国水土保持法》《饮用水水源保护区污染防治管理规定》《中华人民共和国退耕还林条例》(2002)、《中华人民共和国国民经济和社会发展第十二个五年计划纲要》《云南省滇池保护条例》(1988)、《昆明市松华坝水库保护条例》(2006)、《滇池湖滨“四退三还一护”生态建设工作指导意见》(2009)、《昆明市人民政府关于在“一湖两江”流域禁止畜禽养殖的规定》(2008)、《昆明市人民政府关于加强“一湖两江”流域水环境保护工作的若干规定》(2008)、《中共昆明市委　昆明市人民政府关于进一步加强集中式饮用水源保护的实施意见》(昆通〔2009〕7 号)、《昆明市饮用水源地保护行动工作方案》(2010)、《关于加强滇池面山管理工作的实施意见》(2005)、《昆明市人大常委会关于在滇池流域及其它重点区域禁止挖砂采石取土的决定》(昆人发〔2007〕22 号)、《昆明市河道沿岸公共空间保护规定》(2008)、《昆明市湖泊沿岸公共空间保护规定》(2008)、《昆明市人民政府关于在滇池流域部分地区禁止销售和使用化肥、农药试点工作的实施意见》(2009)、《昆明市农村环境综合整治考核细则(暂行)》(2010)、《昆明市人民政府关于滇池流域农业产业结构调整的实施意见》(2010)。

3.3.2 有关规划及工程文件

有关规划及工程文件有：《昆明市国民经济和社会发展第十二个五年规划纲要》(2008)、《昆明市 2008 年度主要污染物总量减排行动计划》(2008)、《昆明市 2008 年度主要污染物减排目标任务》(2008)、《昆明市生态市建设规划》(2007)、《昆明城市总体规划》修编(2008—2020)、《昆明市土地利用总体规划(2006 年～2020 年)》修编(2005)、《云南省昆明都市型现代农业产业规划(2009—2020)》(2008)、《昆明市农业循环经济发展规划(2009 年～2015 年)》(2008)、《昆明市“十二五”蔬菜产业发展规

划(2011—2015)》(2010)、《昆明市十二五花卉产业发展规划(2011—2015)》(2010)、《昆明市林业发展“十二五”规划》(2009)、《昆明市水务发展“十二五”规划》(2010)、《滇池流域水污染防治规划(2011—2015)》《滇池流域水污染防治“十二五”规划编制大纲》(2010)、《昆明市“一湖两江”流域水环境治理“四全”工作行动计划》(2008)、《昆明市生态文明建设工作会议文件汇编(征求意见稿)》(2010)、《昆明市城市生物多样性保护规划(征求意见稿)》(2011)、《昆明市农村环境综合整治行动计划》(2010)、《云南省昆明都市型现代农业产业规划》(2009—2020)、《昆明市农业污染源普查技术报告》(2009)、《昆明市“一湖两江”流域绿化建设管理技术规范》(2008)、《滇池流域水污染防治“十一五”规划》(2005)、《滇池流域水环境综合治理总体方案》(2008)、《重点流域水污染防治“十二五”规划编制工作方案》(环境保护部)。

3.4　方案设计范围和时间

3.4.1　方案设计范围

滇池流域：流域面积 2920km^2。

方案设计关联区域：牛栏江-滇池、清水海引水补水区等跨流域水源区。

目前，牛栏江流域(云南部分)已完成水环境保护范围界定和保护规划。滇池引水工程涉及的流域同属昆明地区“一湖两江”流域水环境治理“全面截污、全面禁养、全面绿化、全面整治”的工作范围，具有相同的水环境规划管理目标和治理政策，面源污染削减和综合控制方案可借鉴滇池流域的措施方案，本方案不列入。

3.4.2　方案设计时间

方案设计以 2010 年为基准年。结合“流域社会经济结构调整及水污染综合防治中长期规划研究”(滇池项目第一课题)，方案设计分为三个目标阶段。

1)近期：2011～2015 年，以农业农村面源污染治理与负荷削减为主。

2)中期：2016～2020 年，在加强农业农村面源污染控制的同时，以生态修复为重点。

3)远期：2021～2030 年，以生态修复为主，进行绿色流域建设。

3.5　方 案 目 标

3.5.1　防控方案总体目标

根据滇池流域面源污染特点，结合滇池流域“四退三还”及昆明市城乡一体化的发展战略，按照新农村建设和农业循环经济发展目标，以整体削减面源污染为方向，以小流域/汇水区为基本单元，通过对流域面源污染源-流-汇关键环节和生态系统结构、功能的整体分析，借助空间信息技术(spatial information technology)及生态模型(ecological modeling)手段，基于流域生态景观优化与功能修复设计，制定按不同生态功能区进行面源污染全过程削减的系统方案；同时根据滇池流域面源污染区分隔化的特点，分区域(水源控制区、湖盆区、湖滨区等)进行污染负荷削减与景观功能提升的生态设计，发展高原湖泊面源污染综合控制的系统设计技术，为不同尺度和规模条件下开展的面源污染削减关键技术研究和工程示范提供指导，并为其成果在全流域的推广提供系统框架和全局统筹。

3.5.2 防控方案阶段目标

1)近期(2011～2015 年)：全面开展面源污染治理，农业农村面源污染初步得到控制，并通过湖滨湿地和环湖生态林建设进一步吸纳污染物并实现资源化处理。以 2010 年为基准年，流域面源污染负荷减少 20%以上。

2)中期(2016～2020 年)：重点开展生态修复，按小流域单元进行农业农村面源污染控制和技术整合，完善巩固湖滨湿地及生态防护林建设。以 2010 年为基准年，流域面源污染负荷减少 30%以上。

3)远期(2021～2030 年)：全面实施绿色流域建设，对农业农村面源污染进行系统监控和全面有效削减，以 2020 年为基准年，实现削减率 20%以上。水土保持和生态修复工程显现成效，流域面源污染得到有效控制，基本解除面源污染对滇池水环境的制约作用。

3.6 方案设计思路与技术路线

3.6.1 总体思路

基于流域社会经济发展趋势，从农业产业结构调整的高度，通过分析目前面源污染现状，把握未来发展势态，分析不同阶段目标、拟解决的主要问题，以分区、分层、时序优化的控制思路提出结构减排、工程减排和管理减排相结合的技术路线(图 3-1)。

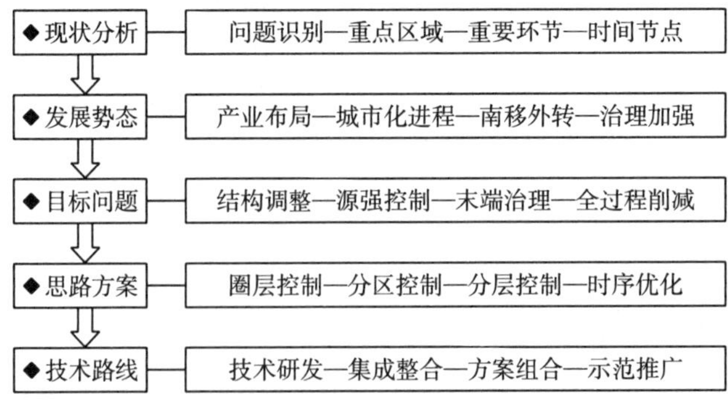

图 3-1 滇池面源污染防控方案设计总体思路

3.6.2　技术路线

在全流域 1∶50 000 的设计尺度下，以小流域/汇水区为基本单元，借助空间信息技术，基于流域生态系统结构优化与功能修复设计，制定适合滇池流域的面源污染负荷削减系统方案，技术路线见图 3-2。

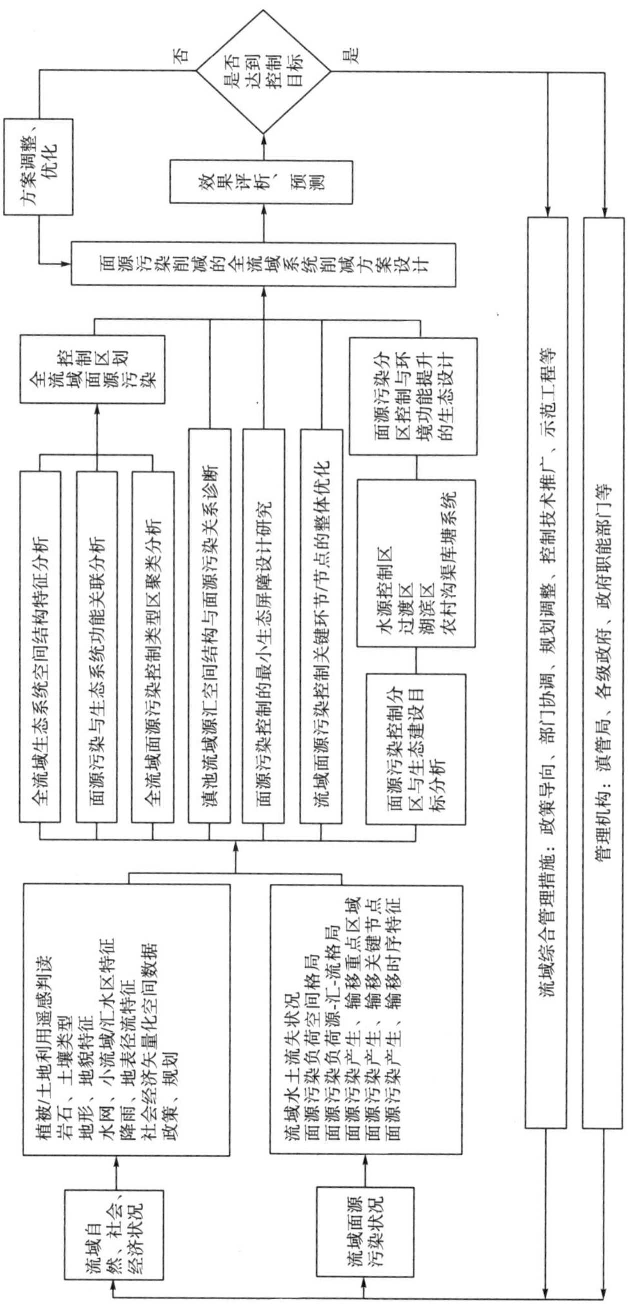

图 3-2　滇池流域面源污染负荷削减系统方案技术路线

分区进行融合面源污染控制与环境功能提升的生态设计，按水源控制区、过渡区和湖滨区进行流域面源污染特征的系统分析，其中农村沟渠库塘系统贯穿于过渡区和湖滨区，确定面源污染的主要问题和控制目标，针对问题和目标遴选措施与关键技术，根据各分区的生态建设内容与控制技术比选和方案研究，开展环境功能提升的系统生态设计(图 3-3)。

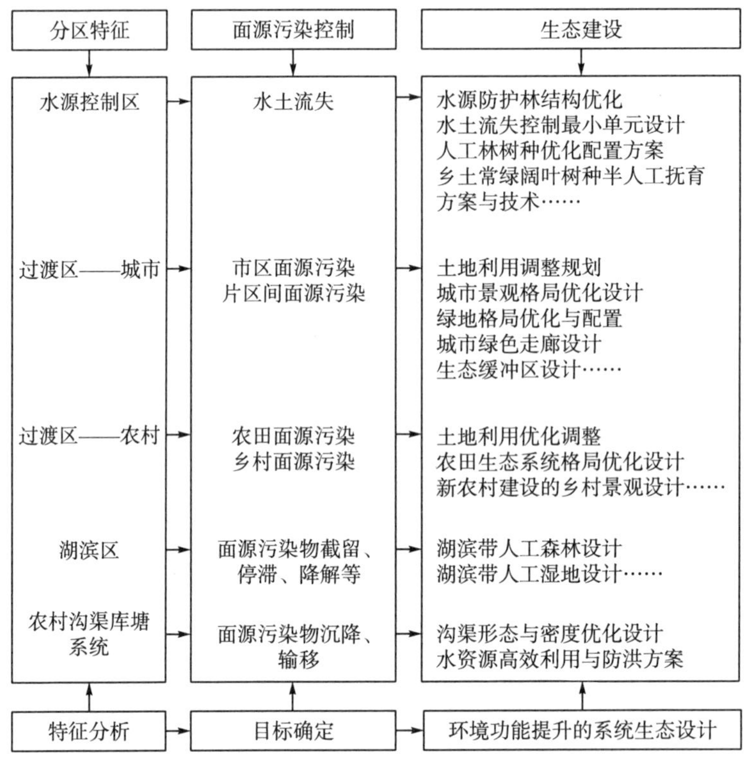

图 3-3 面源污染分区控制的生态设计基本框架

3.7 方案实施步骤

3.7.1 整体推进方案

滇池流域面源污染防控整体推进方案见图 3-4。

“十一五”期间，以滇池流域湖滨区和过渡区为重点，结合昆明市正在进行的“四退三还一护”综合整治工程、“一湖两江”流域水环境治理“四全”工作，全面开展面源污染治理，研发、遴选和组装高效、低耗、易行的综合削减技术，并进行工程示范，示范区实现削减面源污染负荷 30%的目标。

“十二五”期间，以“十一五”关键技术示范工程的经验，优化实施条件，进一步开发完善面源污染控源和农业产业调整的防控关键技术体系，并根据流域土地利用格局和农业产业结构的调整需求制定技术整合方案，开展小流域单元的面源污染综合治理，结合“六清六建”工作在全流域范围内完成农村环境综合整治。

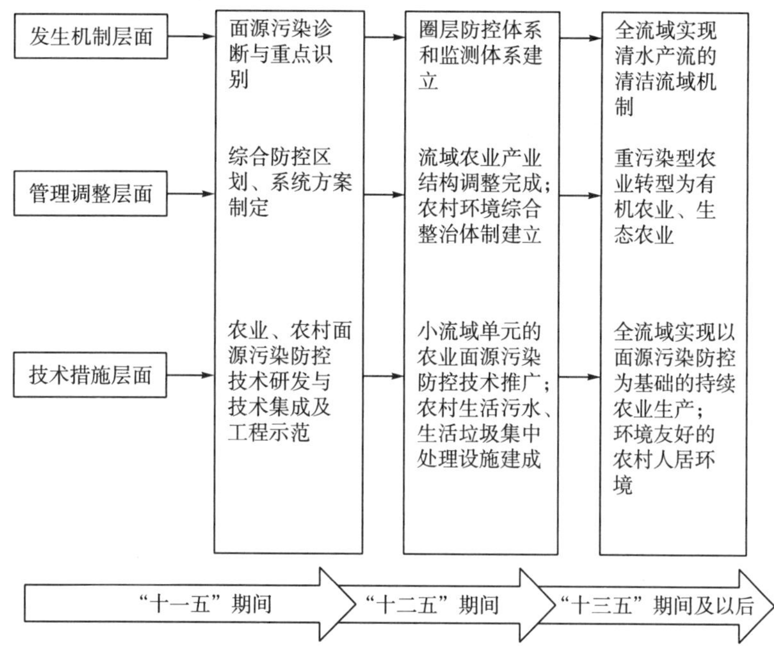

图 3-4　滇池流域面源污染防控整体推进方案

“十三五”期间，滇池农村面源污染问题得到基本控制，随着城乡一体化进程，滇池流域农村人居环境得到根本改善，全面消除污染型农业产业，形成健康有序的可持续型农业产业链；形成适应我国高原封闭型湖泊农村面源污染综合整治的创新技术体系和理论体系。

2021～2030 年，流域具备面源污染综合防治的环境管理体系和全面覆盖高效削减的技术措施手段，形成清水产流的绿色流域生态机制，基本解除面源污染对水环境的约束作用。

3.7.2　不同阶段主要问题及防控的重点任务

1. 近期阶段(2011 ~ 2015 年)

主要问题：滇池流域面源污染输出量、入湖量的定量估算；诊断分析滇池流域面源污染发生和迁移的时空特征及主要源头、关键区域、核心环节；缺乏面源污染削减关键技术；跟进流域产业结构调整、政府治滇工程和管理政策、城乡一体化建设进程的流域面源污染系统防控方案缺乏。

重点任务：滇池流域面源污染源解析、重点区域、关键环节、控制时间节点的确定；制定流域层次分区分层系统防控方案；湖滨区生态建设工程重点建设形成闭合的生态防护屏障；过渡区设施农业、传统农业、农村生活污染控制技术创新研发、集成装配和基于工程示范的效果评析；水源控制区重要水源地保护功能区划和水土流失控制；“五采区”水土流失治理和植被修复。

2. 中期阶段(2016～2020 年)

主要问题：面源污染削减关键技术推广与实施；农业环保技术的产业化；面源污染生态补偿机制；农业产业结构调整的土地资源适宜性问题；农村生活环境的根本改善；农村饮用水安全；主城区与呈贡新城区建设中的新增城乡接合部、“城中村”面源污染治理问题。

重点任务：小流域单元的面源污染综合防治方案与实施工程；面源污染技术升级改造与高效运行保障；农业产业结构调整；全流域推广实行“双禁”的有机农业；面源污染监测体系和数字化信息平台建设；城市面源污染防治；农村生活垃圾全面清运和处置；农村生活污水全面集中处理。

3. 远期阶段(2021～2030 年)

主要问题：面源污染防控的长效运行机制(政策监督、经济补偿、市场引导等)；流域外补水区的面源污染物输入控制；都市型生态农业产业链构建；城市化以后的流域环境负载力及城市面源污染。

重点任务：全面控制面源污染物的入湖，建设绿色流域；完成“禁花减菜”，保障供给型农业转变为农副产品深加工和信息技术服务型农业或其他新型农业。

3.7.3 至 2030 年滇池流域面源污染防控路线图

滇池流域农业农村面源污染防控的基本路线分三步走(图 3-5)。

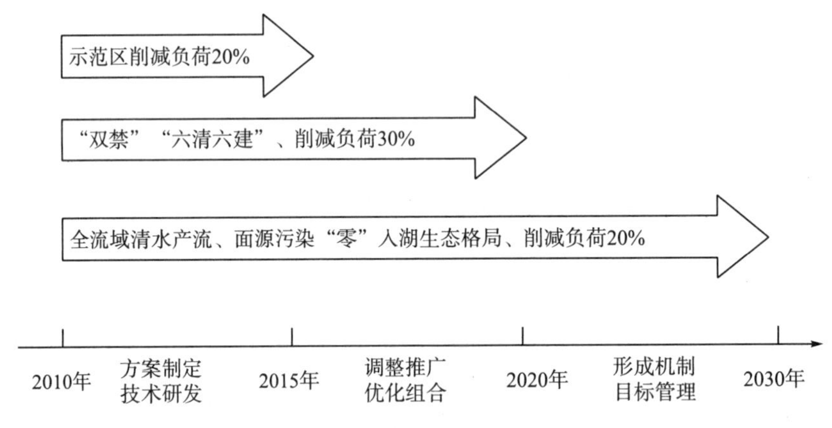

图 3-5 滇池流域面源污染防控路线图

2010～2020 年负荷削减率以 2010 年基数为准；2020～2030 年负荷削减率以 2020 年基数为准

“十一五”期间完成系统防控方案设计和示范区农业农村面源污染削减关键技术研发与集成，初步形成适应高原湖泊面源污染防控的理论体系和技术方案，完成示范区削减面源污染负荷 30%的目标。

近期，“十二五”期间开展小流域单元的面源污染防控方案制定和技术推广，全流域实现削减面源污染负荷 20%的目标(2010 年为基准年)，全流域逐步推行禁止使用化肥和化学农药，完成农村环境综合整治工程并建立完善的环境管理体制。

中期，“十三五”期间以生态修复为主，按小流域单元进行农业农村面源污染控制和技术整合，在技术推广中进行调整优化。逐步完成农产品供给型向生态农业绿色农业的转型，全流域实现削减面源污染负荷 20%的目标(2010 年为基准年)。

远期，2020～2030 年，构建全流域的清水产流生态机制和长效管理体制，实现农业农村面源负荷总体削减 60%的目标(2010 年为基准年)，基本解除农业农村面源污染对滇池水环境的制约作用。

3.7.4 “十二五”期间的时间节点把控

以滇池流域水污染治理的整体布局和工作推进为指导，结合昆明市“一湖两江”流域水环境治理“四全”工作、农村环境综合整治“六清六建”工作等，确定“十二五”面源污染防控方案的控制时间节点。

1. 2009 年 12 月

完成昆明市“一湖两江”流域(滇池流域、长江流域、珠江流域)水环境治理“四全”(全面截污、全面禁养、全面绿化、全面整治)工作。

2. 2012 年 12 月

农作物秸秆综合利用率达 90%以上；县城、集镇无生活污水排入河道和下游水库、坝塘；实现城乡生活垃圾“全收集”“禁填埋”和无害化处理率 85%以上的目标；集中式饮用水源保护区实行“双禁”；“五采区”植被修复完成 50%以上；70%农业种植面积调整为园林园艺、苗木、经济林木种植及园林园艺景观和滇池湿地生态园区、农业休闲观光区。

3. 2015 年 12 月

农村卫生厕所普及率达 80%以上，加强畜禽粪便污染防治工作，建设农村户用沼气池“一池三改”，建成生态示范村 50 个；建立农作物秸秆综合利用开发体系，形成布局合理、多元化利用的农作物秸秆综合利用产业化格局，综合利用率达到 95%以上；自然村无生活污水直接排入河道和下游水库、坝塘，滇池流域内农村生活污水处理率达到 90%以上。湿地保护与恢复工程：外海环湖 100m 界桩(有环湖公路的在环湖公路内)外湖滨适宜区域、主要入湖河流及河口、上游中型及重点小型水库建成 50～100m 的滨岸湿地植被带。

全流域全面实行“双禁”，禁止使用化肥、农药，全面应用有机肥料和低残留绿色生物农药；禁止花卉种植，蔬菜种植面积减少 50%并实现蔬菜生产无公害化；完成“五采区”植被修复与景观重建；完成农业产业结构调整，流域内农业种植区调整为园林园艺、苗木、经济林木种植及园林园艺景观和滇池湿地生态园区、农业休闲观光区。

3.8 方 案 设 计

系统方案分两个层次开展设计：①滇池流域面源污染系统削减的整体方案设计；②滇池流域面源污染分区控制的生态设计。总体设计流程框架见图 3-6。以功能优化和结构减污入手，提出水源控制区、过渡区和湖滨区的空间区划控制方案，实现全过程削减，并结合“十一五”期间、“十二五”期间开展的面源污染相关规划、工程、管理等工作确定控制目标的时间节点。

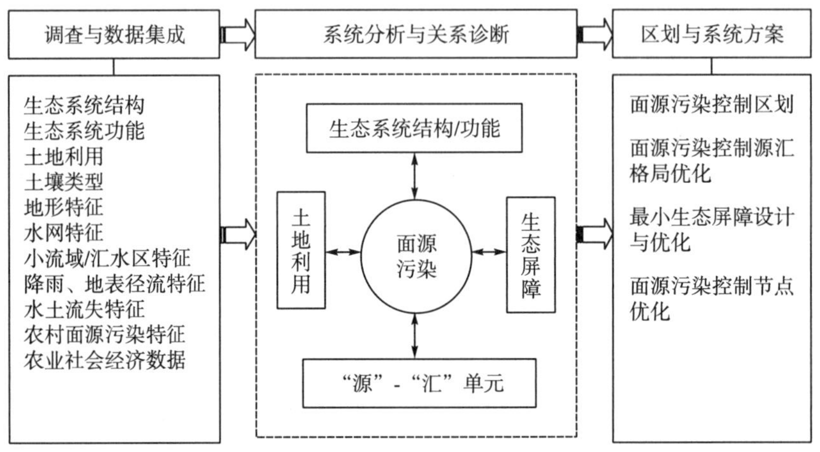

图 3-6 滇池流域面源污染负荷削减系统方案总体设计流程

3.8.1 功能优化和结构减污

1. 滇池流域面源污染防控功能优化

(1) 滇池流域生态系统结构分析

在滇池流域的生态系统组成中，暖温性稀树灌木草丛面积最大，占流域总面积的 28.93%；由台地、坡耕地、平耕地、设施农业耕地组成的农业耕地所占面积次之，占 26.29%；坡耕地和平耕地的面积比例均大于缀块数百分比，设施农业耕地分布相对集中。流域林地面积比例达 56.91%，但作为顶极群落的常绿阔叶林所占比例较小，仅 3.23%。

(2) 滇池流域生态系统服务功能

采用市场价值法、影子工程法、机会成本法、防护费用法等，评估滇池流域生态系统的供给服务（产品提供功能）、调节功能（涵养水源，固定 CO_2、释放 O_2，净化环境）和支持功能（土壤保持、提供生物栖息地）。自然生态系统服务价值占服务价值总量比例较大的小流域 N 流失量小，二者之间呈现显著的负相关关系；农田生态系统服务价值占服务价值总量比例越大，N 流失量也越大，二者之间呈现明显的正相关关系。滇池流域农业体现出环境损耗型的发展模式。提高调节和支持功能，弱化产品提供功能，是流域生态系统服务功能整体优化的基本思路。

(3) 面源污染“源”、“汇”景观格局动态与优化

20 世纪 70 年代至 90 年代，滇池流域面源污染“源”景观面积呈增长趋势。加强对流域景观空间结构的规划管理，通过土地利用结构的优化，控制“源”景观污染物输移量，强化“汇”景观吸纳降解的生态功能，系统减少径流区出口面源污染输出量。旱地具有“通路”景观的功能，但容易转变成“源”景观，加大面源污染风险。因此加强对旱地的耕作管理和面源污染治理至关重要。合理利用坡度为 0°～12° 的土地资源，这一区域对面源污染风险有着直接的影响，≥12° 以上的区域，加强退耕还林和林地管理，达到控制面源污染风险的目的。

(4) 人工林结构优化和水土保持功能提升

滇池流域生态公益林的主体是人工林，与原生林相比，其群落结构、物种组成、水土涵养、地被组成、抗水蚀能力、抗旱和抗病虫害的能力等存在较大缺陷，导致森林生态系统生态服务功能和环境效应的退化。从植被因子、土壤因子和地形因子三方面评价滇池流域人工林群落的水土保持功能，滇池流域 5 类人工林群落水土保持功能评价排序结果为：云南松林＞华山松林＞柏木林＞桉树林＞银荆林。

人工林结构优化的原则有：景观多样性原则、生态优先原则、适地适树原则、结构合理原则、连续覆盖原则。

具体优化措施包括：造林前整地、适树选择、镶嵌造林、混交复层、封与育结合管理、林分改造、整枝间伐、保留地被枯落物共 8 种措施。

2. 滇池流域农业面源污染结构减污

滇池流域农业面源污染 1/2 以上的 N 流失量和 1/3 以上的 P 流失量源于种植业，因此，通过农业产业结构优化调整的结构减污，是控制面源污染最为行之有效的途径。解读整合目前已提出的滇池流域的农业产业布局调整和规划性发展方向，以昆明市农业产业结构“北移东扩”和滇池流域农业中心南移重心外转的战略目标为指导，优化流域农业产业结构和农业分区布局。

(1) 农业产业布局与规划性调整方案

昆明是典型的集大都市和大农村于一体的边疆省会中心城市。长期以来，围绕保障城市供给，实行“依托城市、发展农村、富裕农民”的城郊型农业发展方针。流域现有耕地面积 34.3 万亩，其中蔬菜种植面积 23.5 万亩、花卉种植面积 7.55 万亩。滇池流域种植业高度集中，复种指数较高，商品率高，长期以来大量耕地用于种植花卉、蔬菜、烤烟等农药、化肥施用量大的作物。化肥、农药的大量施用及农田废弃物、养殖业排泄物等成为滇池流域农业面源污染的主要因素。调整滇池流域农业产业结构是面源污染治理的关键。

滇池流域农业产业结构调整定位为“滇池流域生态农业服务区”和北部嵩明县的“生态特色农业区”，充分利用昆明城市发展和滇池流域生态环境保护的契机，以农业现代功能拓展链接城乡一体化与新农村建设为推动，实现“农业中心南移”和“农业重心外移”，构建农副产品加工、农业技术信息服务、农产品物流、生态农业示范工程等农业循环经济产业链，形成生态型农产品加工工业园区、农业科技信息服务中心、农产品物流中心、生态农业示范园区等互补的都市化生态型现代农业格局。

(2) 滇池流域耕地调减方案

根据《昆明市人民政府关于滇池流域农业产业结构调整的实施意见》(2010)，自 2010 年到 2013 年，滇池流域按年度分别调减现有耕地面积的 10%、20%、40%和 30%(包括城市建设规划用地减少的耕地面积)。用三年半的时间将 34.3 万亩农业种植面积全部调整为园林园艺、苗木、经济林木种植及园林园艺景观和滇池湿地生态园区、农业休闲观光区。年度调减计划见表 3-1。

表 3-1 滇池流域耕地年度调减计划(2010～2013 年)

	2010 年	2011 年	2012 年	2013 年
调减面积	1.9 万亩	8.2 万亩	16.5 万亩	7.7 万亩
耕地调减区域	呈贡县 官渡区 西山区 晋宁县	西山区、五华区、经开区、高新区、度假区、官渡区、晋宁县、盘龙区	经开区、高新区、度假区、官渡区、晋宁县、盘龙区	晋宁县 盘龙区

(3) 滇池流域农业分区布局

通过农业产业空间布局调整实现面源污染的布局控污，具体如下。

滇池水体保护界桩及环湖公路外延 100m 实行严格的滇池保护和环境治理政策，种植业和养殖业全面退出，在退出种植、养殖的区域内开展天然湿地修复和湿地公园建设、生态公益林与城市森林公园建设，发展绿化苗木基地，发展观光旅游农业。

湖盆农区由保障供给型的城郊农业加速转型为集生产保障、生态建设、休闲生活服务、生物技术载体于一体的都市生态农业，加速建设绿色农产品生产基地、生态农业园区、旅游休闲农业园区和农产品精深加工产业园区相结合的多元化农业循环经济。

水源保护区重点实施生态家园和农业清洁生产建设。结合社会主义新农村建设，建设农村能源建设生态示范村和生态家园农户，农村沼气建设与“改圈、改厕、改厨、改院”结合，实现了农村家居环境清洁化、庭院(园)经济高效化、农业生产无害化，全面减少农村面源污染。种植业逐步少用或不用化学农药和化肥，推广病虫害生物防治和物理防治技术，配合绿色或有机食品生产基地、园林苗木清洁生产、中药材基地建设，把资源环境优势转化为经济优势。

3.8.2 空间区划控制

1. 分区方案

滇池流域自然分区包括山地区、台地区和湖滨区，这种分区并不适用于面源污染的防控和管理。为了与《滇池流域水污染防治“十二五”规划编制大纲》中“一湖三圈”分区控制的思路衔接，基于滇池流域自然环境特征、社会环境特征、生态系统结构、土地利用类型、面源污染物输送特征、政策管理现状等的空间分异，整个流域划分为水源控制区、过渡区和湖滨区三个向心圈层(图 3-7)。

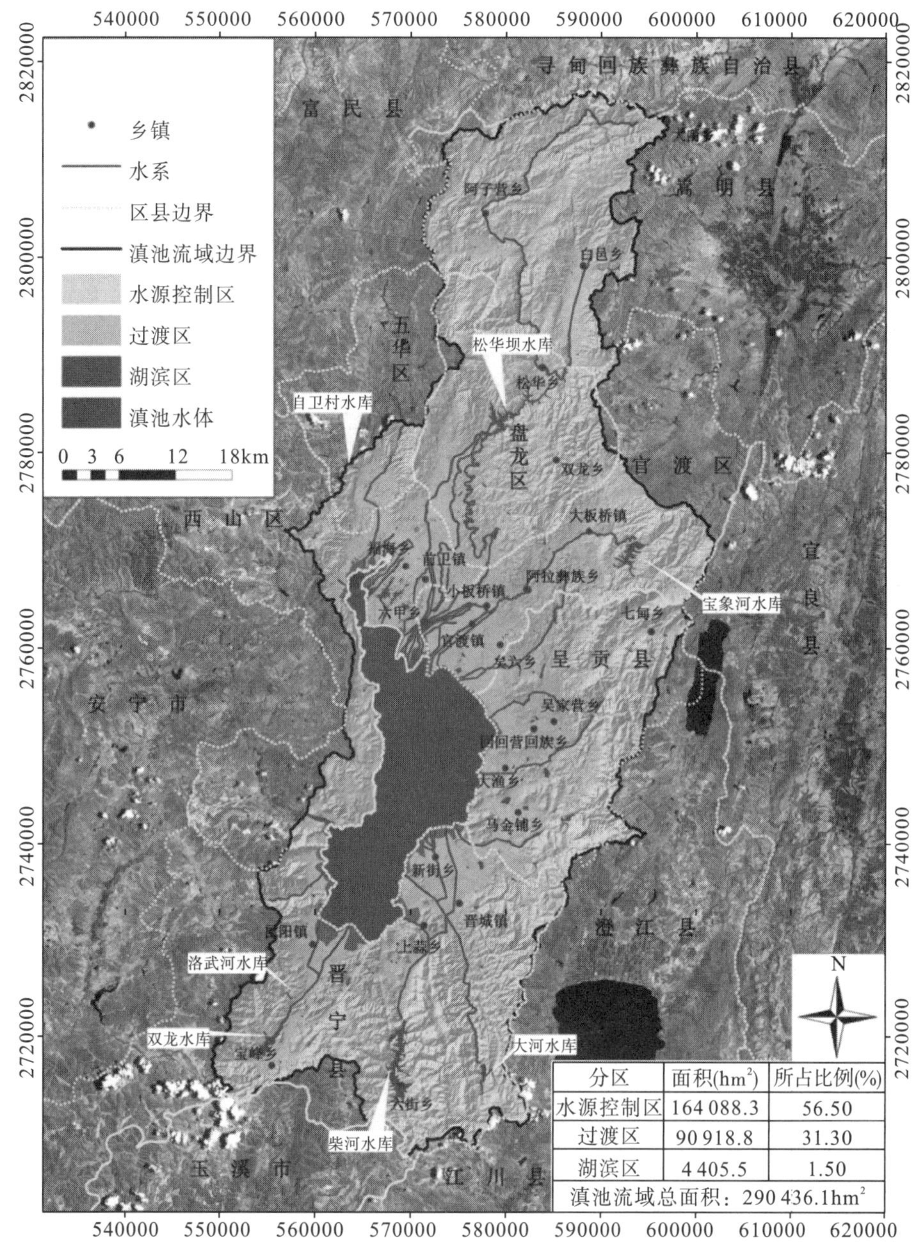

分区	面积(hm^2)	所占比例(%)
水源控制区	164 088.3	56.50
过渡区	90 918.8	31.30
湖滨区	4 405.5	1.50
滇池流域总面积：290 436.1hm^2		

图 3-7　滇池流域面源污染防控功能区划方案图

水源控制区：截留入湖河流的各级水库和坝塘以上的汇水区。水源控制区的径流及其挟带的面源污染物通过管道供给城镇生产和生活用水。由于水库和坝塘的拦蓄净化作用，该区域的面源污染物不易直接进入滇池，经水库泄水、灌溉用水，来源此区的微量氮、磷直接进入滇池水体。对应于《滇池流域水污染防治“十二五”规划编制大纲》中控制分区的水源涵养圈层，重点任务是水源涵养和保障滇池流域饮用水安全。

过渡区：与《滇池流域水污染防治“十二五”规划编制大纲》中控制分区的引导利用圈层相当，指最后一级水库或坝塘控制区域以下到滇池环湖公路的区域，包含环湖山区/

半山区、台地区、湖盆区。该区域是流域面源山地径流和部分农田径流形成的主要区域，同时也是传统农业最集中的区域，坡耕地、梯地比例大。暴雨期间面源污染物由散流方式弥散进入支流，再汇入干流入滇。

湖滨区：滇池环湖公路至滇池水面，主要是环湖冲积平原，农田径流和村落污水是该区域的主要面源污染来源，而且农田大多被设施农业所主导，虽然面积不大，但单位面积污染负荷大，因邻近滇池，对湖泊的直接影响大，暴雨期间面源污染物由散流方式直接进入滇池水体。同时，湖滨区也是面源污染负荷入湖前最后的屏障。目前，此区已确定为环湖生态修复核心区，为《滇池流域水污染防治“十二五”规划编制大纲》中控制分区的生态防护圈层，执行“四退三还一护”政策，规划建成平均宽度为 100m 的环湖生态带，以点(湿地示范点)、线(环湖风景林带)、面(带状公园)相结合的原则进行生态修复和生态建设。

2. 分区防控总体思路

系统方案的分区防控总体思路为“圈层截留，分区控制”。系统方案设计以整合水源控制区、过渡区和湖滨区的面源污染发生圈、流域规划管理圈、面源污染控制技术圈为突破，贯穿基于“面源污染发生-面源污染控制目标-面源污染控制措施”的综合流域管理理念，以土地利用调整和农业产业结构调整为重要环节，以“土地利用调整-行政管理-控制技术”相结合的手段，实现“源头削减，过程截留，末端化解”的流域综合防控体系，总体设计思路见图 3-8。

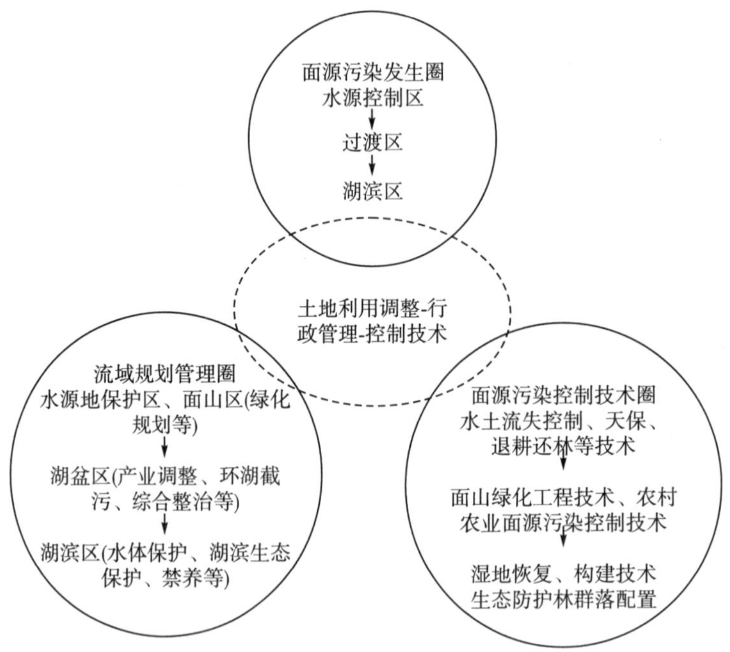

图 3-8 分区防控总体思路

针对水源控制区、过渡区和湖滨区面源污染的症结与控制关键，提出适合滇池流域特点的面源污染负荷削减系统方案和区域生态系统结构优化与功能修复的分区控制方案。

(1)水源控制区

“清水抑流，蓄水控蚀，功能提升，景观改造”。以清洁小流域、集中式饮用水水源地保护区建设、“一湖两江”面山绿化工程为依托，以封山育林、退耕还林为中心，控制水库、坝塘汇水区的水土流失，建立清水产流机制，加强山区农业水利建设，把小水库、小水坝、集水池、窖等节蓄水措施与水土流失治理结合起来。合理配置土地资源，提高景观的土壤养分保持能力；改良低效人工林的群落结构，提高其生态功能；在面山绿化中，优化流域面山景观，建设城郊森林公园，建立青山绿水天人合一的景观。

(2)过渡区

“优化结构，水肥平衡，集中治污，改善环境”。全面实施农田测土配方和平衡施肥，禁止使用化学肥料和农药，推广生态农业技术和生物综合防治技术，降低农田径流量和农田用水循环利用。优化流域农业产业结构，结合“四全”工作，全面完成“东移北扩”战略，实施“禁花减菜”，让面源污染严重的种植模式退出流域，设施农业逐步向可持续农业、生态农业、都市观光农业转化。在城乡一体化和新农村建设的进程中，对农村生活垃圾和生活污水进行集中治理，严格执行“六清六建”农村环境管理制度，加强城市森林和农村绿化建设，从根本上改善农村生态环境和人居环境。

(3)湖滨区

“环湖截污，湿林结合，塘网叠置，蓄纳净水”。通过“三环”(环湖高速路、环湖公路、环湖观光步行道)工程建设，在湖滨带外围全面建立闭合的截污体系，将分散产生的面源污染物集中处理。“前置库+人工湿地”模式恢复构建环湖湿地系统，充分利用现有农业沟渠系统和网络，改良沟渠结构优化网络，强化对农田污染物的沉降、滞留、降解、吸纳作用，关键节点增加生物塘、生物净化沟，把面源污染物输移通道的农业沟渠转变为人工湿地的网络组成，对入湖的农田散流起到蓄纳和净化的作用。环湖湿地系统外构建生态防护林带，并与环湖休闲公园绿地建设结合，使景观提升与面源污染防控有机结合。

3. 面源污染控制区划

根据 SWAT 模型估算的小流域面源污染总氮、总磷单位面积负荷进行控制优先等级区划，将滇池流域划分为重点控制区、一般控制区、微污染控制区三类区域，面源污染控制区划见图 3-9。

滇池流域面源污染分区阈值见表 3-2。总氮(TN)每公顷年输出量≥20kg 或总磷(TP)每公顷年输出量≥3kg 的区域为面源污染重点控制区，总氮每公顷年输出量小于≥10kg 或总磷每公顷年输出量小于 1kg 的区域为面源污染微污染控制区，其余为一般控制区。

滇池流域面源污染控制区污染负荷比例见表 3-3。重点控制区面积 105 523.8hm^2，占陆域面积的 40.99%，年输出总氮 88 203.15t，总磷 10 814.67t，占流域面源污染负荷总量的 48.46%；一般控制区面积 64 831.4hm^2，占陆域面积的 25.19%，年输出总氮 41 740.78t，总磷 5117.88t，占流域面源污染负荷总量的 22.93%。

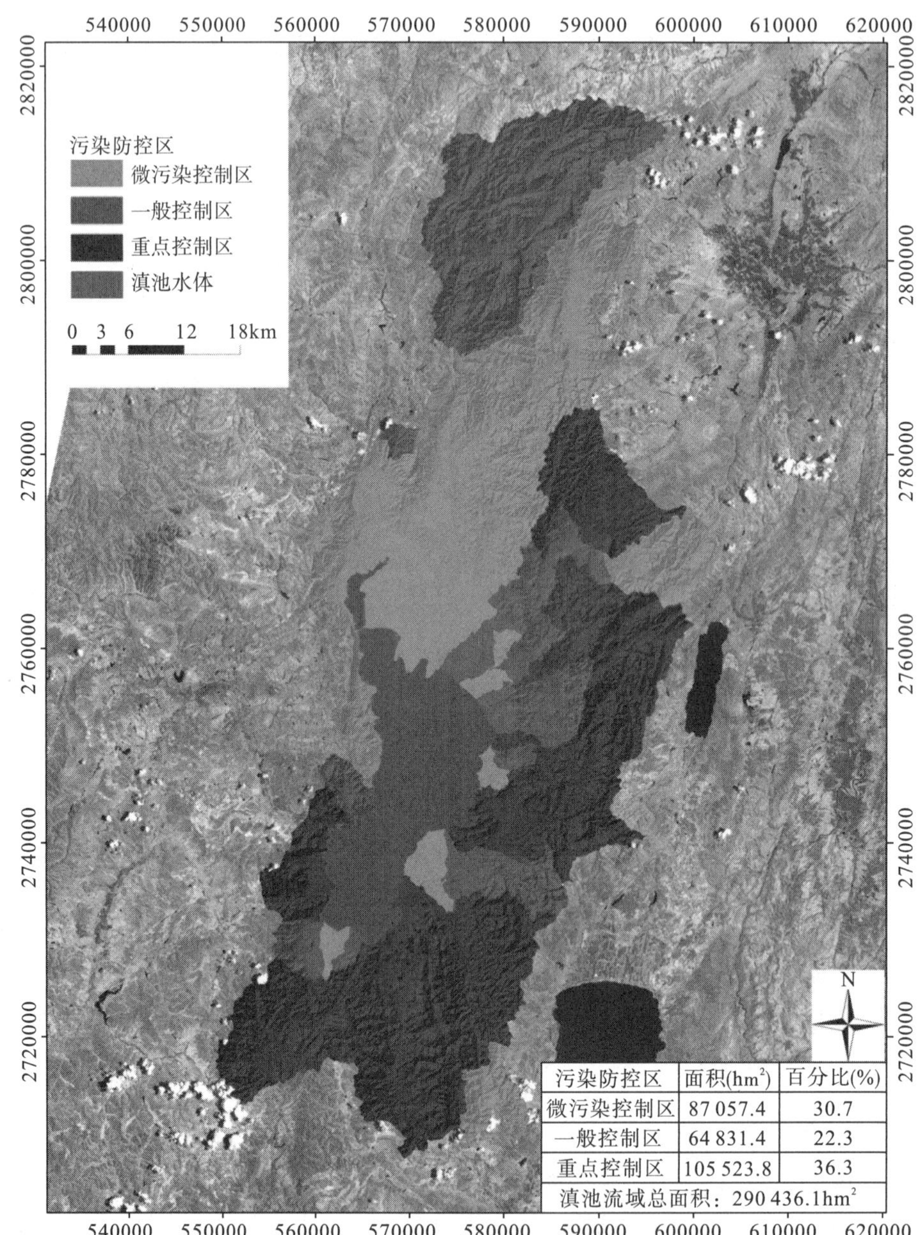

图 3-9 滇池流域面源污染控制区划

表 3-2 滇池流域面源污染控制区划分标准

控制区类型	TN[kg/(hm^2・a)]	TP[kg/(hm^2・a)]
微污染控制区	0～10	0～1
一般控制区	10～20	1～3
重点控制区	≥20	≥3

表 3-3　滇池流域面源污染控制区污染负荷比例

控制区类型	TN (t/a)	TP (t/a)	污染负荷 (%)	占陆域面积比例 (%)
微污染控制区	52 082.13	6 385.84	28.61	33.82
一般控制区	41 740.78	5 117.88	22.93	25.19
重点控制区	88 203.15	10 814.67	48.46	40.99
合计	182 026.06	22 318.39	100	100

3.8.3　全过程分层次削减

面源污染弥散发生的基本特性决定了单纯依靠点位治理的无效性，在认识源、汇空间特征的基础上，还应把握污染物输移的基本过程和环节。滇池流域面源污染负荷削减关联因子系统分析见图 3-10。

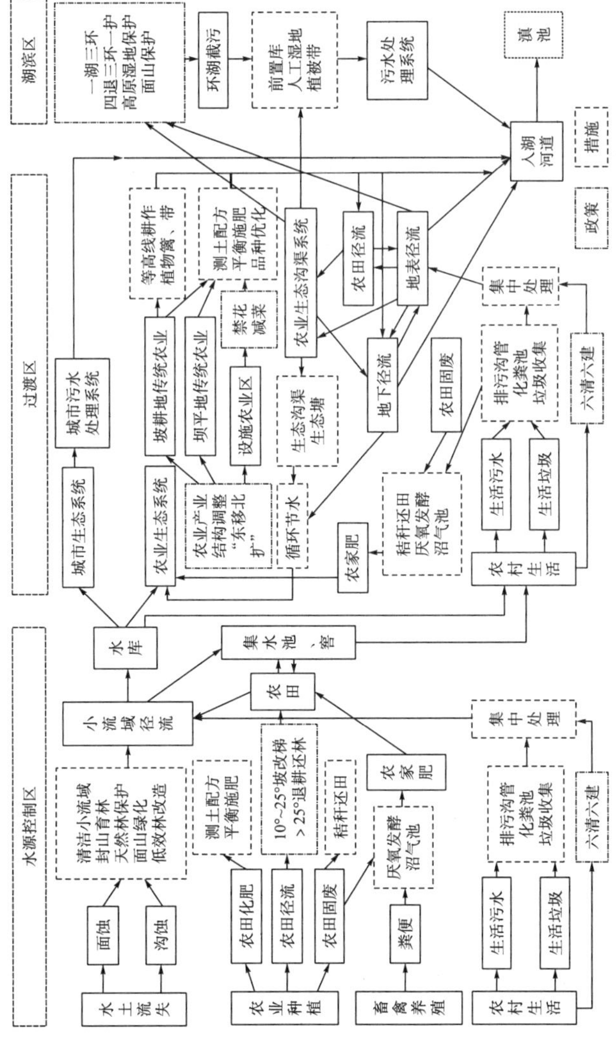

图 3-10　滇池流域面源污染负荷削减关联因子系统分析

全过程削减的基本思路是，在整体把握流域面源污染发生主要过程的基础上，从源头控制(耕作模式调控、节肥节水调控、农村污水处理、农村垃圾收集等)、过程阻断拦截(生态沟渠、植物篱、节水循环灌溉等)和终端削减(秸秆还田、好氧堆肥、肥水减失、稳定塘、人工湿地等)入手，通过滇池水污染治理全局政策推进、全流域综合环境管理与实用型措施技术的整合控制面源污染，实行全过程系统削减面源污染负荷。政策、管理和措施的实施中各政府职能部门系统统筹，同时应关注公众参与环境教育。

依据滇池流域农村环境的空间递进关系和径流区特征，划分面源污染控制的分层单元，依次为庭院、村庄、设施农业区、传统种植区、山区/半山区。

1. 庭院——环境友好型农村庭院

以单家庭院为最小独立单元，运用成熟稳定技术有效削减庭院的以污水污染和固体废弃污染为核心的农村面源污染，依据“六清六建”制定相应的农村环境管理制度，建设环境友好型农村庭院。

水污染负荷削减和管理方案：庭院综合污水统一收集，结合农村庭院的特点，运用技术成熟、处理负荷高、管理维护简单的分散式污水处理技术，如强化化粪池、沼气池、土壤渗滤沟等，有效降低污水中的悬浮物(SS)、化学需氧量(COD)。

生活垃圾处置和管理方案：根据固体废弃物可降解难易程度进行分类，易降解固体废弃物可作为沼气池补充材料进行厌氧发酵处理，生成气体燃料甲烷和固体沉淀物。固体沉淀物作为农家肥运用于农田和果园施肥，减少农业化肥使用量，减轻农业化肥面源污染负荷。对难降解生活垃圾进行集中处理，配合完成“户集、村收、乡中转”的生活垃圾收集模式，加快村庄生活垃圾处理体系的建设。

滇池流域农村庭院面源污染削减方案见图 3-11。

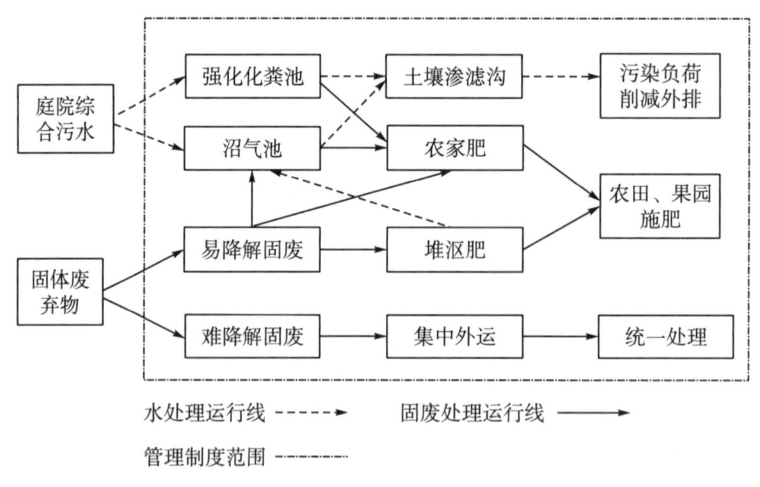

图 3-11　滇池流域农村庭院面源污染削减方案

2. 村庄——景观提升的农村宜居环境

针对农村面源污染，以村庄为单元进行控制，运用成熟稳定技术有效削减以村落污水污染和固体废弃污染为核心的农村面源污染，同时将面源污染控制与新农村建设有机结合，将环保设计与景观设计有机结合，使污染控制措施与新农村景观建设有机结合。

水污染处理、垃圾处理和农村景观改造是农村面源污染控制的三个关键方面。

(1)村庄水污染处理

管网改造设计：村庄污水的收集涉及村庄排水系统的改造设计，一般村庄原有排水多以雨污混流为主，管网改造设计采取雨污合流、雨污分流、雨污混流，都需充分考虑各村庄的现实情况、项目经费情况等影响因素。

污水处理技术筛选：筛选出适合的污水处理工艺，如土地处理系统、一体式处理设备、人工湿地等，形成“户-连片-村民小组”的建设模式，这样可以节约大量的工程造价。

(2)固体废弃物处理

以村庄为单元的固体废弃物处理与以庭院为单元的固体废弃物处理应该相辅相成，充分考虑固体废弃物的堆放位置、堆放方式和受降水影响的污染治理，可以与村庄污水处理结合起来规划。

(3)景观设计

注重景观规划，充分考虑各种面源控制设施布局的合理性，以及各种处理设施之间的相互协调性和合理性；充分结合昆明市农村环境综合整治工作（“六清六建”）与新农村建设，使面源污染控制设施能充分融入新农村建设的景观当中。

滇池流域村庄面源污染削减方案见图 3-12。

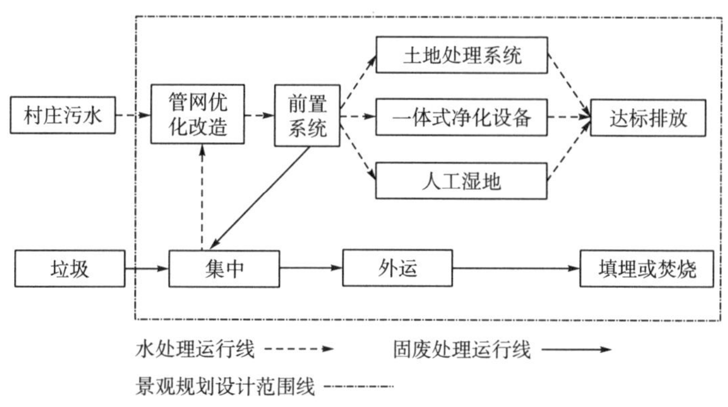

图 3-12　滇池流域村庄面源污染削减方案

3. 设施农业区——合理布局、污染削减型标准化建设生态农业园区

设施农业发展的基本方向是建设生态农业园区，结合生态农业观光、面源污染防控技术示范等从根本上改变重污染现状。依据设施农业面源污染的负荷和削减潜力，以及设施农业面源污染削减的阶段性和可行性，合理确定设施农业各类作物的数量、空间和时间的布局；对示范区设施农业面源污染负荷削减关键技术和各项工程示范进行整体设计，方案符合社会、经济、生态效益测算客观实际，设计达到可行合理，技术措施简便易行。

控制重点包括：①污染削减型设施农业布局标准化建设；②污水微区域面源污染控制工程。

4. 传统种植区——优化种植结构、循环经济生产

选择典型的传统种植区域，以汇水区为单位分析面源污染产生的特点，提出种植结构优化方案；综合集成种植业面源污染削减的各类手段和技术，针对不同的立地条件和经济技术水平提出多水平组装技术方案。主要技术措施包括：①作物结构优化栽培调控技术；②农田径流和养分循环利用的技术集成；③农田固废田间循环利用处理技术；④环境友好型农资产品的应用推广技术。

对田间试验、工程示范数据进行分析，在不影响产量的条件下，比较各种作物的污染物输出水平，选择污染物输出水平比传统方法降低程度高的方案为最佳方案；结合市场情况，以同等污染输出水平情况下品种产值高低的顺序作为优化示范区种植比例的方法。

5. 山区/半山区——抑流控蚀、清水涵养

在当前经济技术条件可以接受的基础上，多种技术集成使山区/半山区土壤侵蚀模数降低 20%，水土资源综合利用率提高 20%，植被覆盖率提高 5%，面源污染负荷降低 20%以上。

方案研究/设计采用生态单元边界控制和清水产流机制的思路，以数值解析山地污染负荷产生和输移的核心环节与关键过程，区划小流域生态控制单元类型，分类研究和设计的方式进行方案研究和典型设计。典型方案和涵盖的主要技术内容包括：①山地产流区高效抑流植物群落优化设计；②坡耕地“固土控蚀” 技术系统优化设计；③山地汇流区集水截污系统优化设计。

3.8.4 方案评析与效果预测

方案评析与效果预测依据建立的面源污染负荷模型进行。模型及参数选择综合考虑地形、土壤 N 和 P 本底值、土地利用与耕作方式、施肥量等各种因素，在保证模型预测精度的前提下，考虑参数的可获得性、模型的实用性、模拟研究及管理的可操作性，所获模型可以 grid 数据形式实现空间模拟、显示。计算每种土地利用类型的单位面积输出量，求出 SWAT 模型中 98 个水文相应单元的平均值，以此平均值作为土地利用类型贡献值，构建模型。

土地利用模型为

$$N_{load}=18.653\,54+0.031\,7\times N_{fert}+0.043\,81\times N_{landuse}+0.907\,34\times N_{soil}+0.082\,29\times Slope$$

式中，N_{load}为单位面积氮负荷量(kg/hm^2)；N_{fert}为单位面积氮肥施用量(kg/hm^2)；$N_{landuse}$为各土地利用类型氮贡献系数(kg/ hm^2)，见表 3-4；N_{soil}为单位质量土壤氮含量(g/kg)；Slope 为坡度(°)。其中，水体 N_{load}为 0。

$$P_{load}=1.257\,76+0.019\,31\times P_{fert}+0.066\,45\times P_{landuse}+0.068\,83\times P_{soil}+0.004\,7\times Slope$$

式中，P_{load} 为单位面积磷负荷量(kg/hm^2)；P_{fert} 为单位面积磷肥施用量(kg/hm^2)；$P_{landuse}$为各土地利用类型磷贡献系数(kg/hm^2)，见表 3-4；P_{soil} 为单位质量土壤磷含量(g/kg)；Slope 为坡度(°)。其中，水体 P_{load}为 0。

表 3-4　各土地利用类型 N、P 贡献系数

土地利用编号	土地利用类型	耕作地类编号	N 贡献系数 (kg/hm²)	P 贡献系数 (kg/hm²)
101	水田	1	9.63	0.85
102	裸土地	2	18.23	2.40
103	建设用地	3	1.10	0.17
104	旱地	4、5、9	134.23	6.91
106	有林地	6	0.89	0.05
107	灌木林	7	3.42	0.29
108	草地	8	3.55	0.33

耕作模式模型为

$$N_{output} = 10.206\,7 + 0.10\times N_{fert} + 0.000\,21\times N_{lusind} + 6.068\,94\times N_{soil} + 0.391\,71\times Slope$$

式中，N_{output} 为单位面积氮输出量 (kg/hm^2)；N_{fert} 为单位面积氮肥施用量 (kg/hm^2)；N_{lusind} 为耕作地类氮贡献系数 (kg/hm^2)，见表 3-4；N_{soil} 为单位质量土壤氮含量 (g/kg)；Slope 为坡度 (°)。

$$P_{output} = 1.211\,8 + 0.09\times P_{fert} + 0.166\,64\times P_{lusind} + 0.101\times P_{soil} + 0.005\,77\times Slope$$

式中，P_{output} 为单位面积磷输出量 (kg/hm^2)；P_{fert} 为单位面积磷肥施用量 (kg/hm^2)；P_{lusind} 为耕作地类磷贡献系数 (kg/hm^2)，见表 3-5；P_{soil} 为单位质量土壤磷含量 (g/kg)；Slope 为坡度 (°)。

表 3-5　各耕作地类 N、P 输出贡献系数

耕作地类编号	土地利用类型	N 贡献系数 (kg/hm²)	P 贡献系数 (kg/hm²)
1	水稻[水田]	9.63	0.85
2	裸土地	18.23	2.40
3	建设用地	1.10	0.17
4	玉米[旱地]	73.65	12.95
5	白菜[旱地]	226.91	4.70
6	有林地	0.89	0.05
7	灌木林	3.42	0.29
8	草地	3.55	0.33
9	小麦[旱地]	53.92	5.56

施肥量依据滇池项目第四课题的调查数据和 2009 年昆明市农业污染源普查数据进行估算。滇池流域农地平均施肥量为：氮肥 351.12kg/hm^2，磷肥 129.61kg/hm^2。

3.9 滇池流域面源污染防控远期方案

3.9.1 远期方案规划时间与防控目标

时间：2021～2030 年。

目标：实施绿色流域建设，对农业农村面源污染进行系统监控和全面有效削减，以 2020 年为基准年，实现削减率 20%以上，水土保持和生态修复工程显现成效，流域面源污染得到有效控制，基本解除面源污染对滇池水环境的制约作用。

3.9.2 远期方案防控重点

以生态修复为主，建设绿色流域。建立面源污染防控的长效运行机制(政策监督、生态补偿、市场引导等)；实现流域外补水区的面源污染物输入控制；完成都市型生态农业产业链构建；制定符合城市化后流域环境负载力的城市面源污染防控方案。

全面控制面源污染物的入湖，建设绿色农业生产流域；完成“禁花减菜”，保障供给型农业转变为农副产品深加工和信息技术服务型农业或其他新型农业。

3.10 方案可达性和风险性分析

3.10.1 方案目标可达性分析

1. 污染物总量削减达标分析

本方案规划项目，结合相关管理规划、规定的实施，将分别减少面源氮、磷负荷 33.83%和 34.56%，达到“十二五”期间面源污染削减 20%以上的设计目标。

2. 不同污染源控制达标分析

(1)农业农村污染物控制

以农业面源排放占面源排放总量的 25%，至 2015 年畜禽禁养有效率 70%、化肥禁用有效率 50%、农村生活污水处理后削减率 40%、农村生活垃圾收集有效率 60%计算，农业面源污染物排放总量的减少量为氮 54.12%和磷 57.04%，相当于流域面源污染氮、磷总量分别削减 13.53%和 14.26%(表 3-6)。

表 3-6 滇池流域农业污染物排放负荷削减

污染源类别	总氮			总磷		
	占排放总量比例(%)	削减率(%)	削减量(%)	占排放总量比例(%)	削减率(%)	削减量(%)
种植业化肥	56.47	50.00	28.24	37.12	50.00	18.56

续表

污染源类别	总氮			总磷		
	占排放总量比例(%)	削减率(%)	削减量(%)	占排放总量比例(%)	削减率(%)	削减量(%)
畜禽养殖业	29.09	70.00	20.36	46.01	70.00	32.21
水产养殖业	1.00	0.00	0.00	1.66	0.00	0.00
农村生活污水	12.78	40.00	5.12	14.29	40.00	5.72
农村生活垃圾	0.66	60.00	0.40	0.92	60.00	0.55
合　计	100		54.12	100		57.04

(2) 水土流失控制

按工程建设后 2015 年流域水土流失减少 50%、水土流失面源污染占流域面源污染负荷的 60%计算，通过生态修复和水土保持工程建设，面源污染氮、磷排放均减少约 12.00%。

(3) 入湖水体污染物控制

通过湖滨湿地和生态防护林建设，湿地枯落物、沉积淤泥收集肥料化使用，沟渠整治和节水灌溉工程等减少入湖氮、磷负荷。按湿地吸收利用污染物 10%、上游来水已削减负荷 20%、湖滨区入湖面源污染负荷占 15%计算，湖滨湿地可削减面源污染总负荷的 8.3%。

3. 不同圈层达标分析

(1) 水源控制区

通过生态修复和水土保持工程建设，控制水土流失面源污染排放，污染物削减量占区域负荷总量的 16.50%；通过农村农业面源污染综合防控措施建设，农村农业面源污染氮削减量占区域排放总量的 8.57%，磷削减量占区域排放总量的 9.03%；实施沟渠整治和节水灌溉工程，减少入湖面源污染物为区域负荷总量的 2.37%。

区域污染物削减总量为氮排放量的 27.44%，为磷排放总量的 27.90%。

(2) 过渡区

通过农业面源污染各集成技术方案应用及农村生活面源污染控制工程建设，农业面源污染氮削减量占区域排放总量的 25.65%，磷削减量占区域排放总量的 28.56%；实施生态公益林建设和水土流失治理工程，水土流失面源污染物削减总量为 8.28%；实施水利和节水灌溉工程，减少入湖面源污染物为区域负荷总量的 10.52%。

区域污染物削减总量为氮排放量的 44.45%，为磷排放总量的 47.36%。

(3) 湖滨区

通过湖滨湿地和生态防护林建设，湿地枯落物、沉积淤泥收集肥料化，以及相关政策的实施，控制、减少入湖污染物为区域污染负荷总量的 36.52%。

4. 不同达标情景分析

根据滇池流域面源污染负荷模型，计算出流域 TN 负荷为 12 832.19t/a。其中施肥分量 1214.84t/a，地被覆盖分量 6215.08t/a，坡度分量 243.89t/a，其中可直接削减部分合计 7673.81t/a，占负荷总量的 59.80%。土壤分量 366.18t/a；其他因素 4792.20t/a (表 3-6)。

表 3-7 滇池流域全年 TN 和 TP 负荷及其组成

负荷组成	可直接削减部分				土壤	其他因素	总计
	施肥	地被覆盖	坡度	合计			
N 负荷(t/a)	1 214.84	6 215.08	243.89	7 673.81	366.18	4 792.20	12 832.19
P 负荷(t/a)	374.66	458.32	13.93	846.91	19.03	323.13	1 189.07

根据负荷模型，计算出流域 TP 负荷为 1189.07t/a。其中施肥分量 374.66t/a，地被覆盖分量 458.32t/a，坡度分量 13.93t/a，其中可直接削减部分合计 846.91t/a，占负荷总量的 71.22%。土壤分量 19.03t/a；其他因素 323.13t/a(表 3-7)。

(1)施肥控制

通过减少化肥使用量，可以削减 TN、TP 输出负荷，设计 4 种情景，即化肥施用量减少 30%、50%、80%和 100%停止施用化肥，计算出 TN、TP 负荷削减量和占可控部分的削减率，如表 3-8 所示。

表 3-8 滇池流域不同化肥施用情景下 TN、TP 负荷削减量及削减率

负荷	现状值	化肥减少 30%		化肥减少 50%		化肥减少 80%		化肥减少 100%	
		削减量(t/a)	削减率(%)	削减量(t/a)	削减率(%)	削减量(t/a)	削减率(%)	削减量(t/a)	削减率(%)
TN 负荷	1214.84	364.45	4.75	607.42	7.92	971.87	12.66	1214.84	15.83
TP 负荷	374.66	112.40	13.27	187.33	22.12	299.73	35.39	374.66	44.24

注：削减率=削减量/可控部分污染负荷×100%

从表 3-7 可以看出，如果全流域禁止施用化肥的措施得到完全执行，流域 TN、TP 输出负荷将分别减少 1214.84t/a 和 374.66t/a，可控部分的削减率分别为 15.83%和 44.24%；如果化肥施用量减少 80%，流域 TN、TP 输出负荷将分别减少 971.87t/a 和 299.73t/a，可控部分的削减率分别为 12.66%和 35.39%。

(2)农业结构调整

根据 2010 年 SPOT 卫星影像数据判读滇池流域陆域各土地利用类型组成，并根据模型计算 TN、TP 负荷土地利用分量输出，如表 3-9 所示。

表 3-9 滇池流域陆域土地利用类型组成及 TN、TP 负荷

负荷	土地利用类型						合计
	有林地	灌木林地	平耕地及水田	花卉及菜地	坡耕地	建筑用地	
TN 负荷 (t/a)	78.39	152.78	3510.10	280.95	2139.07	53.78	6215.08
TP 负荷 (t/a)	0.46	13.22	72.66	24.71	338.97	8.30	458.32

根据流域农业用地现状及相关政策，设计 3 种情景，即现有花卉及菜地全部变为传统种植方式，花卉及菜地全部变为传统种植方式的同时坡耕地全部退耕，全部耕地退耕。计算出 TN、TP 负荷削减量和占可控部分的削减率，如表 3-10 所示。

表 3-10　滇池流域不同耕地改变模式下 TN、TP 负荷削减量及削减率

负荷	现状值(t/a)	花卉及菜地→平耕地		花卉及菜地→平耕地 坡耕地→灌木林		全部耕地→灌木林	
		削减量(t/a)	削减率(%)	削减量(t/a)	削减率(%)	削减量(t/a)	削减率(%)
TN 负荷	6215.08	3361.20	43.80	5391.03	70.25	5666.42	73.84
TP 负荷	458.32	59.56	7.03	389.08	45.94	413.52	48.83

从表 3-9 可以看出，如果全流域禁止大棚种植花卉蔬菜，流域 TN、TP 输出负荷将分别减少 3361.20t/a 和 59.56t/a，可控部分的削减率分别为 43.80%和 7.03%；如果禁止大棚种植的同时所有坡耕地全部退耕，流域 TN、TP 输出负荷将分别减少 5391.03t/a 和 389.08t/a，可控部分的削减率分别为 70.25%和 45.94%；如果所有耕地全部退耕，流域 TN、TP 输出负荷将分别减少 5666.42t/a 和 413.52t/a，可控部分的削减率分别为 73.84%和 48.83%。

(3)生态修复

根据流域农业用地现状及相关政策，设计 4 种情景，即将现有灌木林中的 20%、30%、40%、50%恢复为森林，计算出 TN、TP 负荷削减量和占可控部分的削减率，如表 3-11 所示。

表 3-11　滇池流域不同生态修复情景下 TN、TP 负荷削减量及削减率

负荷	现状值(t/a)	20%灌木林→森林		30%灌木林→森林		40%灌木林→森林		50%灌木林→森林	
		削减量(t/a)	削减率(%)	削减量(t/a)	削减率(%)	削减量(t/a)	削减率(%)	削减量(t/a)	削减率(%)
TN 负荷	6215.08	22.67	0.30	34.00	0.44	45.33	0.59	56.67	0.74
TP 负荷	458.32	2.60	0.31	3.90	0.46	5.20	0.61	6.49	0.77

从表 3-10 可以看出，如果流域 20%的灌木林恢复为森林，流域 TN、TP 输出负荷将分别减少 22.67t/a 和 2.60t/a，可控部分的削减率分别为 0.30%和 0.31%；如果流域 30%的灌木林恢复为森林，流域 TN、TP 输出负荷将分别减少 34.00t/a 和 3.90t/a，可控部分的削减率分别为 0.44%和 0.46%；如果流域 40%的灌木林恢复为森林，流域 TN、TP 输出负荷将分别减少 45.33t/a 和 5.20t/a，可控部分的削减率分别为 0.59%和 0.61%；如果流域 50%的灌木林恢复为森林，流域 TN、TP 输出负荷将分别减少 56.67t/a 和 6.49t/a，可控制部分的削减率分别为 0.74%和 0.77%。

(4)水土流失整治措施

根据 3.8.4 节中的模型，随着坡度的增加，TN、TP 输出负荷增加，通过水土流失整治工程措施，可以减少 TN、TP 输出负荷。流域内现有 15°以上坡地面积 867.31km^2，是坡度分量 TN、TP 负荷的主要来源，分别产生 TN、TP 负荷 156.57t/a 和 8.94t/a，占坡度分量的 64.20%。如果这些区域能够得到有效治理，流域 TN、TP 输出负荷将在一定程度上降低(表 3-12)。

表 3-12 滇池流域水土流失治理情景下 TN、TP 负荷削减量及削减率

负荷	现状值 (t/a)	坡地治理 20%		坡地治理 30%		坡地治理 40%		坡地治理 50%	
		削减量 (t/a)	削减率 (%)	削减量 (t/a)	削减率 (%)	削减量 (t/a)	削减率 (%)	削减量 (t/a)	削减率 (%)
TN 负荷	243.89	31.31	0.41	46.97	0.61	62.63	0.82	78.29	1.02
TP 负荷	13.93	1.79	0.21	2.68	0.32	3.58	0.42	4.47	0.53

3.10.2 方案风险性分析

1. 政策风险

本方案基于 2010 年昆明市政府强力推进的“四退三还一护”“六清六建”“三清一绿”“耕地调减”等滇池保护和水污染防治政策方针为前提编制，未来滇池治理政策力度和持续性的波动构成本方案的政策风险。

根据《昆明市人民政府关于滇池流域农业产业结构调整的实施意见》(2010)，自 2010 年到 2013 年，滇池流域用 3 年半的时间将 34.3 万亩农业种植面积全部调整为园林园艺、苗木、经济林木种植、园林园艺景观和滇池湿地生态园区、农业休闲观光区。其节约水资源效益可达 1 亿 m^3，将大大削减面源氮、磷负荷。但是，“耕地调减”与基本农田保护的冲突，以及农村转型人口就业压力等因素导致相关工作的延期，或已实施工作的反弹，或利益团体和个人等采取应对政策的变通性对策，“十二五”期间的面源污染总量的结构减排计划将受到严重影响。

根据《昆明市人民政府关于在“一湖两江”流域禁止畜禽养殖的规定》，2009 年 12 月 31 日起滇池流域全面禁止畜禽养殖；根据《昆明市人民政府关于在滇池流域部分地区禁止销售和使用化肥、农药试点工作的实施意见》(2009)，2013 年 1 月 1 日起全面禁止使用化肥农药。“禁养”“双禁”“禁花减菜”等政策关系到广大农户的日常生计，如果相关工作缺乏完善的生态补偿机制，可能容易出现反复，将影响“十二五”期间的面源污染总量削减目标。

2. 技术风险

现有面源污染防控措施和负荷削减技术多借用点源控制技术，或在其基础上开发形成，由于面源污染的复杂性和不确定性，这些措施与技术在不同小流域层面和小流域单元的实地应用、实际效果、工程预期可达性等方面都存在诸多技术风险。政府导向的清洁型生态农业生产技术能否给农户带来经济实惠是技术被认知和接受的基础，而技术实施的经济效应又受市场等诸多不确定因素的影响。

小流域层面仍缺乏系统完善的面源污染削减技术体系，如“五采区”植被修复、“富磷区”固磷控蚀等仍需开展大量的基础研究，研发相应的技术装备。

3. 资金风险

本方案“十二五”期间面源污染防控工程项目投资 30.38 亿元，投资较大，资金筹措风险高，投资主要依靠国家和省、市政府，同时积极争取国债、国内外银行贷款及社会力

量筹资。投资是否能够落实将直接影响工程项目的实施和污染物的削减。

工程项目建设和具体措施的实施需要依靠县、区级政府职能部门，在昆明市财政紧缩的情况下，县、区级政府职能部门在资金筹措和资金保障上可能面临资金短缺的风险。

在滇池水污染治理中，城市生活污水、河道治理、滇池内源性污染源削减等是传统治滇的基本思路和关注热点，在出现资金短缺的情况下，面源污染治理的投入可能面临优先下调的风险。

4. 工程项目建设风险

流域面源污染总量控制目标的可达与否，工程项目的风险高低主要来自湖滨湿地建设和水源涵养区生态修复及水土保持项目能否按计划完成。为减轻工程项目的实施风险，必须加快项目实施，切实加强对项目的工程监理和责任审计，保证工程进度、工程质量和工程规模。

5. 管理风险

面源污染的防治需要在全流域层面上统筹布局，现有各级政府部门的职能分割难以从小流域单元开展面源污染的系统防治，以流域综合管理实现面源污染防控的目标存在一定的管理风险。

在各类项目实施和运行中，监督管理起到关键作用。监督管理和运行机制的落实与执行程度将影响规划实施的效果，关系到规划目标是否能实现。例如，湖滨区湿地恢复和重建中，如果植物种类选择不当或实施过程中收割管理和资源化利用不到位，极易使相应湖滨地段向中生化、旱生化的方向发展，与治理初衷相悖。

根据“六清六建”工作计划，村落垃圾全面清运收集处理、村落污水全面生物处理排放、村落环境全面绿化等，监督管理在其中尤为重要，尽管已有政府的考核指标和制度，但政府职能部门上下级的监管和考核体制在实际的操作中仍存在管理风险。为抵御方案实施的管理风险，必须建立与完善方案实施运行机制和体制外的监督管理机制。

3.11　方案实施的保障措施

方案实施的保障措施有以下几方面。

(1) 组织保障

滇池流域面源污染由昆明市人民政府负责组织，昆明市滇池流域水环境综合治理指挥部统筹，市滇池管理局组织，市农业局、林业局、水务局等相关部门、滇投公司、各县区政府实施。昆明市“一湖两江”流域水环境综合治理专家督导组、市环保局、市审计局、市监察局负责监督(见图 3-13)。

(2) 资金保障

滇池流域面源污染防控的主要责任在地方政府，项目资金以地方政府投资为主，中央财政通过不同途径予以支持。充分发挥市场机制，通过银行贷款、社会募集等方式筹措规划资金。

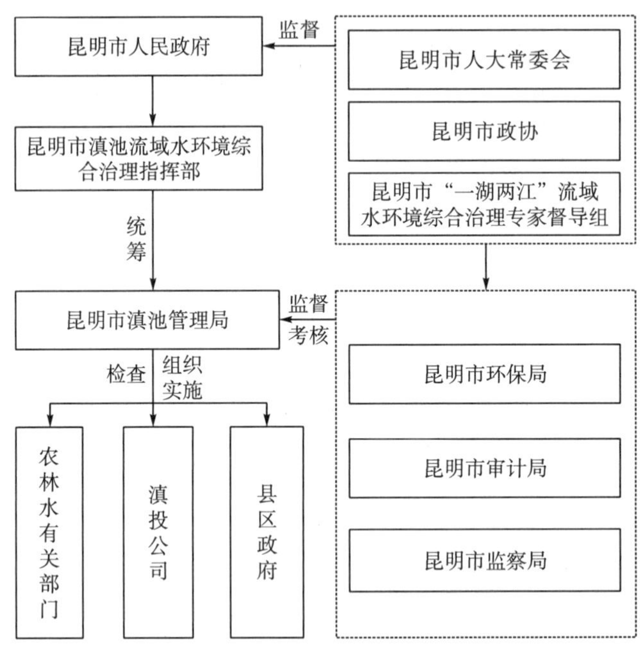

图 3-13　滇池流域面源污染防控组织保障框架

地方人民政府对辖区内水环境质量负责，是水污染防治的责任主体。地方财政生态环境保护与建设的投入占财政总支出和国内生产总值的比例要逐年增长；加大政府对重大工程建设项目的投入，按基本建设程序的要求，在财力范围内可优先安排环境污染治理改建、扩建、新建项目资金。

建立多元投融资机制。积极申请国家专项环境保护基金及世界银行、亚洲开发银行和国内各级各类银行贷款融资；努力争取国外政府、公司和企业的外资投入；通过财政扶持、延长项目经营期限等政策，鼓励不同经济成分和各类投资主体以独资、合资、承包、租赁等不同形式投资。

推进生态建设市场化、产业化进程。将具有一定公益性质的收费，在一定期限内转化为经营性收入，推进垃圾、污水集中处理和环保设施的市场化运作；组建具有一定规模的环境污染治理公司，提供污染治理的社会化、专业化服务。

加强资金监管。建立有效的资金专款专用监管制度，严格执行资金追踪问效制度，对资金使用过程进行全程监督，对资金使用效率进行审计，对资金使用失误进行责任追究。

(3) 制度保障

严格贯彻相关法律法规。严格贯彻《云南省滇池保护条例》《重点饮用水水源区保护条例》《昆明市农村环境综合整治考核细则》《昆明市松华坝水库保护条例》和《昆明市河道管理条例》等，确定各条入湖河道的管理范围和保护范围，依法对入滇池河道进行综合管理。

维护滇池流域控制区范围内的禁养制度的成果。严格执行禁养区、限养区及非禁养区等环境功能区规划，河道两侧向外延伸 200m 范围内严禁一切畜禽集中养殖及分散养殖，从源头上控制畜禽养殖污染。

学习借鉴环境保护、生态修复、生态文明建设等方面的成功经验，加强制度创新和环保立法，推进滇池流域面源污染治理走上法制化、长效化轨道。

建立及完善合理科学的清洁小流域的考核方法，包括考核出口断面总量控制、监测频次、水文条件分析等，避免考核指标过松过严。对于重点控制小流域单元，应有一个以上的控制断面。

建立滇池流域面源污染控制综合决策平台。构建滇池流域面源污染控制综合信息平台，及时通报监测信息，实现滇池流域相关部门信息共享，为环境管理部门和工程设计部门提供一个灵活、方便、自主、能适应不同决策阶段需求的综合评估系统。

(4) 技术保障

提高科研能力。充分发挥区域科技优势，建立地方性及企业的面源污染防控技术研究、开发和研制中心，开展农村面源污染物资源化利用技术研究、农田水资源优化调控技术研究、农村面源和湖滨带生态修复研究、水质预警技术研究。

推行低影响开发设计理念。改变传统设计观念，在城市建设中采用先进理念，利用各种设施减少地表暴雨径流。根据土地适宜性分析，控制地表径流系数，建设人工透水地面及多种渗透设施(如嵌草砖、无砂混凝土砖、多孔沥青路面)、低绿地草坪，使更多的径流渗入地下，避免形成地表径流污染。借鉴国内外先进的地下入渗、节能型雨水利用、屋顶绿化、雍水屋顶、家庭雨水收集技术，开展雨水回用设施建设试点工程，对城市径流进行收集、处理和回收再利用，减少地表径流污染。

强化实施农村、农业污染物结构减排。继续推进农业产业结构调整，在 2010 年退耕还林 1.9 万亩的基础上，实施将滇池流域 34.3 万亩农业种植面积，调整为园林园艺、苗木、经济林木种植和滇池湿地生态区、农业休闲观光区的规划。2011 年调整 8.2 万亩，2012 年调整 16.5 万亩，2013 年调整 16.5 万亩以完成全部调整任务。花、菜地改为园林地，注意苗圃总面积的控制，以减少施肥总量。全部采用水葫芦渣、藻泥等绿肥作为肥料来源，禁止使用化肥和化学农药，以减少其可能给湖泊环境带来的风险。严格执行禁养区、限养区及非禁养区等环境功能区规划，河道两侧向外延伸 200m 范围内严禁一切畜禽集中养殖及分散养殖，从源头上控制畜禽养殖污染。大力推进清洁生产，积极发展循环经济，加快调整农产品种植结构，推广测土配方施肥和生物防治等先进适用技术。构建城乡一体化的垃圾收集处理系统，全面推行“组保洁、村收集、乡(镇)集中、县(市)区处理”模式，逐步实现垃圾无害化处理、资源化利用。实施农业农村综合治理措施，使农业污水收集处理率、农田化肥施用强度、农田水肥流失等控制性指标得到明显改善。全面完成“东移北扩”战略，将滇池流域种植业向东和向北转移，调减滇池流域内种植面积，实施“禁花减菜”，滇池流域禁止花卉种植，蔬菜生产向北部五县区和晋宁、宜良等地转移。实现农业非点源总量的结构减排。

明确滇池湖滨带保护区划界，实施布局减排。“十二五”期间完成滇池保护范围划分，利用保护区建立的生态屏障，减少入湖污染物负荷。一级保护区指滇池水体和以滇池环湖路为主线以内的区域，分为禁建区和限建区；二级保护区指滇池环湖路以外至滇池面山以内的城市禁建区，以及主要入湖河道两侧沿地表向外水平延伸 30～50m 的区域；三级保护区指一级、二级保护区以外，滇池流域分水岭以内的区域。在滇池一级保护区中实施禁建区和限建区管理：①禁建区，包括滇池水体($309.5km^2$)和滇池保护界桩外延 100m 范围以内(湖滨生态带 $33km^2$)。禁建区范围内除进行生态湿地、生态林及与滇池、河道保护相关的环保设施建设外，禁止一切开发性项目建设。②限建区，滇池保护界桩外延 100m 到以滇池环湖路为主线以内的区域($44km^2$)，除尊重历史保留已经批准的 6 个环湖路内运动、休闲、度假等生态旅游文化类项目外，只能进行生态林带建设，禁止新建、改建、扩建与滇池保护和治理无关的任何建筑物、构筑物及设施民用住宅产权房。

提升对滇池湖滨湿地建设管理的认识。引导湿地建设由单纯的草本湿地向乔灌草合理配置的高生物多样性的湿地过渡，“十二五”期间要增加湿地木本植物(如中山杉)的种植，增加湿地的固氮、固磷效率。对湿地草本植被适时适量收割，以保证湿地脱氮脱磷的效益。要配置及完善环湖生态圈的湿地配水系统，减少雨水及污水处理厂尾水带入滇池的氮磷负荷，使环湖截污工程更好地发挥效益。

第 4 章　滇池流域面源污染控制的框架方案

按面源污染的特点，依据《滇池流域水污染防治“十二五”规划编制大纲》中对面源污染防治的要求，从根本上降低面源污染负荷对滇池水污染的整体贡献率，从功能圈层控制、针对小流域特征的分区控制和重要环节控制三个方面纵横交错、相互补充地开展环境功能提升的面源污染防控方案。

4.1　圈 层 控 制

与《滇池流域水污染防治“十二五”规划编制大纲》中“一湖三圈”分区控制的思路衔接，按水源控制区、过渡区、湖滨区向心圈层的环境特征和面源污染特征制定功能圈层的控制方案，方案项目见表 4-1，具体分述如下。

表 4-1　“十二五”期间面源污染圈层控制方案简表

功能圈层	项目	备注
水源控制区	水源地生态保护和水土流失治理	饮用水源地等
	生态公益林建设与改造工程	
	生态村建设整合农村农业面源污染综合防控	66 个农村办事处
过渡区	坡耕地区域农业面源污染削减	集成技术方案应用
	坝平地农业面源污染削减	集成技术方案应用
	设施农业区域农业面源污染削减	集成技术方案应用
	富磷区面源污染系统控制	集成技术方案应用
	农村生活面源污染控制	“六清六建”
湖滨区	天然湿地恢复与重建	“四退三还一护”
	人工湿地构建	“四退三还一护”
	生态防护林建设	“四退三还一护”
	“四退三还一护”成果巩固	“四退三还一护”

4.1.1　水源控制区

水源控制区涵蓄水源，是整个流域水资源和生态安全的重要保障。水源控制区因水库坝塘对地表径流的截断，除水库暴雨泄洪会挟带污染物由河道直接入湖外，对入湖面源污染负荷的直接贡献微小。水源控制区面源污染控制的核心是水土流失控制和水库水质保护。

1. 水源控制区面源污染特征

根据 SWAT 模型估算，水源控制区面源污染负荷 TN 为 3080.94t，占全流域的 65.14%，TP 为 214.00t，占 69.37%。单位面积负荷 TN 为 18.78kg/hm^2，TP 为 1.30kg/hm^2。

水源控制区分布的大小水库、坝塘是面源污染的主要受纳水体，同时这些水体是整个流域生活生产和生态用水的重要保障。其中，集中式饮用水源地面源污染情况不容乐观，部分水库水质超标，难以满足作为集中式饮用水源的需求。2009 年，昆明市部分集中式饮用水源地水质下降，自卫村水库更是恶化为Ⅴ类，对饮用水的供给造成了一定的影响(表 4-2)。随着昆明城市建设和社会经济的进一步发展，城市用水量进一步加大，需要加强集中式饮用水源地保护区的保护措施，减少面源污染物的产生和排放，保障流域饮用水的安全。

表 4-2　2009 年昆明市主要饮用水源地水质

湖库名称	水体功能	水质类别	BOD_5		氨氮		TN		TP		粪大肠菌群	
			浓度(mg/L)	超标倍数	浓度(mg/L)	超标倍数	浓度(ml/L)	超标倍数	浓度(mg/L)	超标倍数	浓度(个/L)	超标倍数
松华坝水库	Ⅱ类	Ⅲ	2.03	—	0.068	—	0.94	0.88	0.017	—	204	—
大河水库	Ⅱ类	Ⅲ	2.13	—	0.133	—	0.91	0.82	0.028	0.11	28	—
自卫村水库	Ⅱ类	Ⅴ	2.28	—	0.103	—	1.53	2.06	0.030	0.19	204	—
洛武河水库	Ⅱ类	Ⅲ	1	—	0.133	—	0.92	0.84	0.018	—		
云龙水库	Ⅱ类	Ⅱ	2	—	0.114	—	0.35	-	0.013	—		

注：柴河水库在检修，无监测数据；“—”指该水质指标未超标

2. 水源控制区面源污染防控目标

水源控制区面源污染负荷虽然占全流域的负荷基数较高，但总氮、总磷的直接入湖贡献率是微量的。水源控制区的重点是水源涵养，保障饮用水安全，为了改善或维持现有水库水质标准、保证流域水资源安全，“十二五”期间应实现面源污染削减量≥30%。

3. 水源控制区面源污染防控方案

水源控制区划分为集中式饮用水源地保护区(82 373.09hm^2)和一般水源涵养区(81 715.22hm^2)，约各占 50%。开展生态保护和水土保持治理，同时以生态村建设为目标，实行水源地控制区内的农业清洁生产和农村生活污染综合治理(图 4-1)。

(1) 水源地生态保护和水土流失治理工程

流域内松华坝水库、宝象河水库、自卫村水库、柴河水库、大河水库供给城镇饮用水。在集中式饮用水源地保护区功能区划的基础上，明确保护目标，划定功能区界线，在不同功能区实施相应的面源污染控制方案。

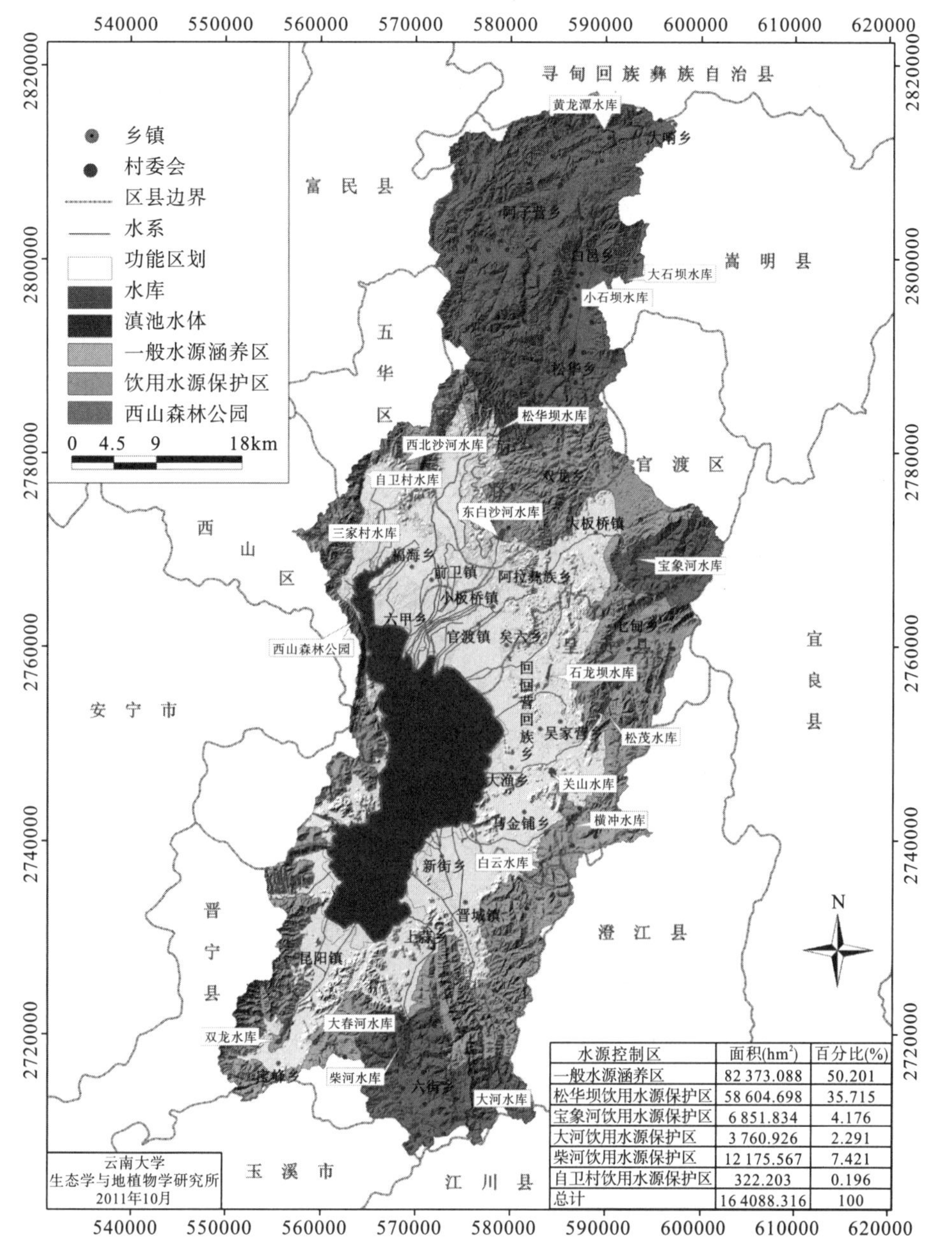

水源控制区	面积(hm^2)	百分比(%)
一般水源涵养区	82 373.088	50.201
松华坝饮用水源保护区	58 604.698	35.715
宝象河饮用水源保护区	6 851.834	4.176
大河饮用水源保护区	3 760.926	2.291
柴河饮用水源保护区	12 175.567	7.421
自卫村饮用水源保护区	322.203	0.196
总计	16 4088.316	100

图 4-1　滇池流域水源控制区面源污染防控方案示意图

一级保护区：全面开展移民搬迁工程，建筑物清理拆除，全面退耕，2013 年实现一级保护区内无居民无耕地；库/河岸防护生态林带建设工程；滩涂湿地恢复/重建工程。

二级保护区及准保护区：退耕还林工程及其成果巩固，天然林保护工程；坡改梯水土保持工程；测土配方耕作项目；农田肥药水监测体系建设工程；“一池三改”农村沼气建设工程；集镇生活污水集中处理站建设工程。

其他非集中式水源地，开展水源涵养林的生态保护与水土流失治理，具体方案参见饮用水源地保护区。

(2)生态公益林建设与改造工程

水源区经多年植树造林，森林覆盖面积大幅提高，但是生态公益林的主体是人工林，与原生林相比，其在群落结构、物种组成、水土涵养、地被组成、抗水蚀能力、抗旱和抗病虫害能力等方面存在较大缺陷，导致森林生态系统生态服务功能和环境效应的退化。对水土流失控制的要求已由单纯的面积增加转变为质量的改善，改良提升低效生态公益林成为防控面源污染和保障流域水资源的重要途径。

措施与技术方案如下。

1)以地带性顶极演替树种的人工配置改造低效生态林结构。

2)原生性植被进展性演替人工干预抚育。

3)生态公益林结构优化与功能提升景观优化设计。

(3)生态村建设整合农村农业面源污染综合防控

水源控制分布有 66 个农村办事处。整合农业清洁生产、农业水土流失治理、“新农村”建设、农村清洁能源建设、“六清六建”等工程建设，“十二五”期间建设 50%的生态示范村，完成“双禁”工作，农产品生产无公害化，农业生产园林化，至 2020 年全流域水源区村庄完成生态村建设，实现农业经济循环化、农村生活清洁化、农村收入城镇化。

具体技术方案包括以下几方面。

1)耐用型高产稳产沼气池技术。

2)微生物复合菌肥技术。

3)测土配方平衡施肥技术。

4)植保生物综合防治技术。

5)农村生活污水分散处理设施。

6)农村饮用水安全保障技术。

7)农村庭院雨水收集储蓄节水技术。

8)生态补偿机制。

4.1.2 过渡区

1. 过渡区面源污染负荷

过渡区是流域工农业生产、城市农村生活活动发生集中的区域。

根据 SWAT 模型估算，过渡区面源污染负荷 TN 为 1595.25t，占全流域的 33.73%，TP 为 92.85t，占 30.10%。单位面积负荷 TN 为 17.55kg/hm^2，TP 为 1.02kg/hm^2。

2. 过渡区面源污染削减目标

过渡区存在农业农村面源污染重污染区，设施农业耕作区及集中村庄生活污染产生的面源污染物多数直接排放至环境，虽然单位面积的污染负荷与水源控制区大致相当，但集中爆发的区域更为密集，且靠近滇池，进一步削减吸纳的过程减少，直接入湖的污染风险更大。

“十二五”期间，过渡区农村生活污水处理率≥90%，生活垃圾处置率≥90%。农业面源污染总体削减率≥20%。其中，坡耕地和山地富磷区削减 10%以上，坝平地传统露地耕作区和设施农业区削减 10%以上，农田沟渠削减 10%以上。

3. 过渡区面源污染削减方案与技术集成

过渡区面源污染削减技术集成与组装方案见图 4-2，防控方案见图 4-3，分坡耕地、坝平地、设施农业区、农村生活和富磷区实施面源污染削减技术，各区具体技术措施介绍如下。

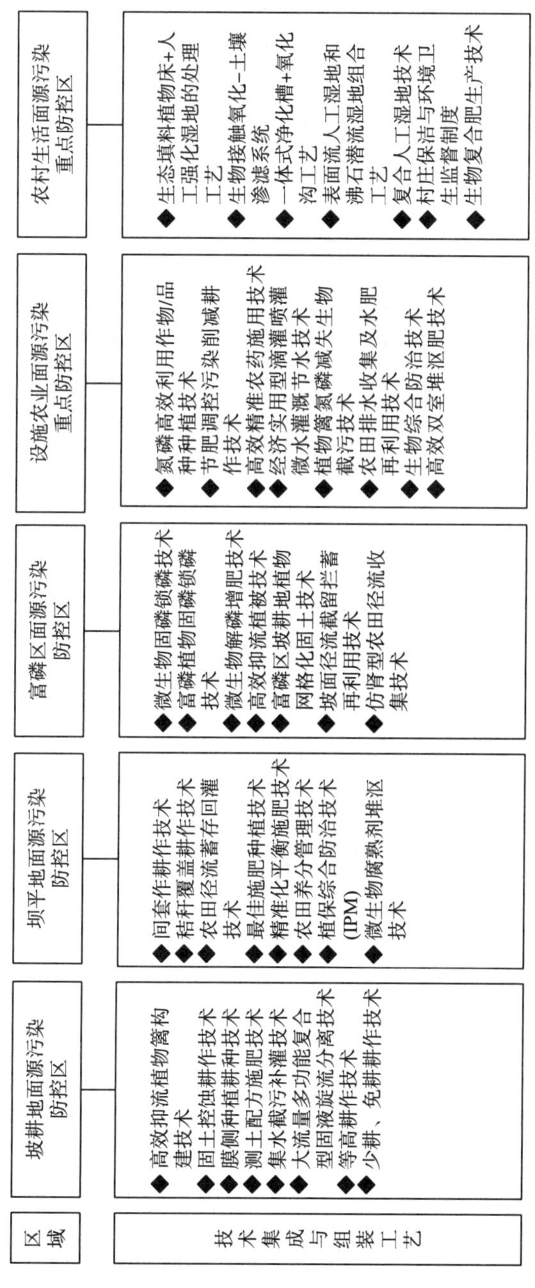

图 4-2　滇池流域过渡区面源污染削减技术集成与组装方案

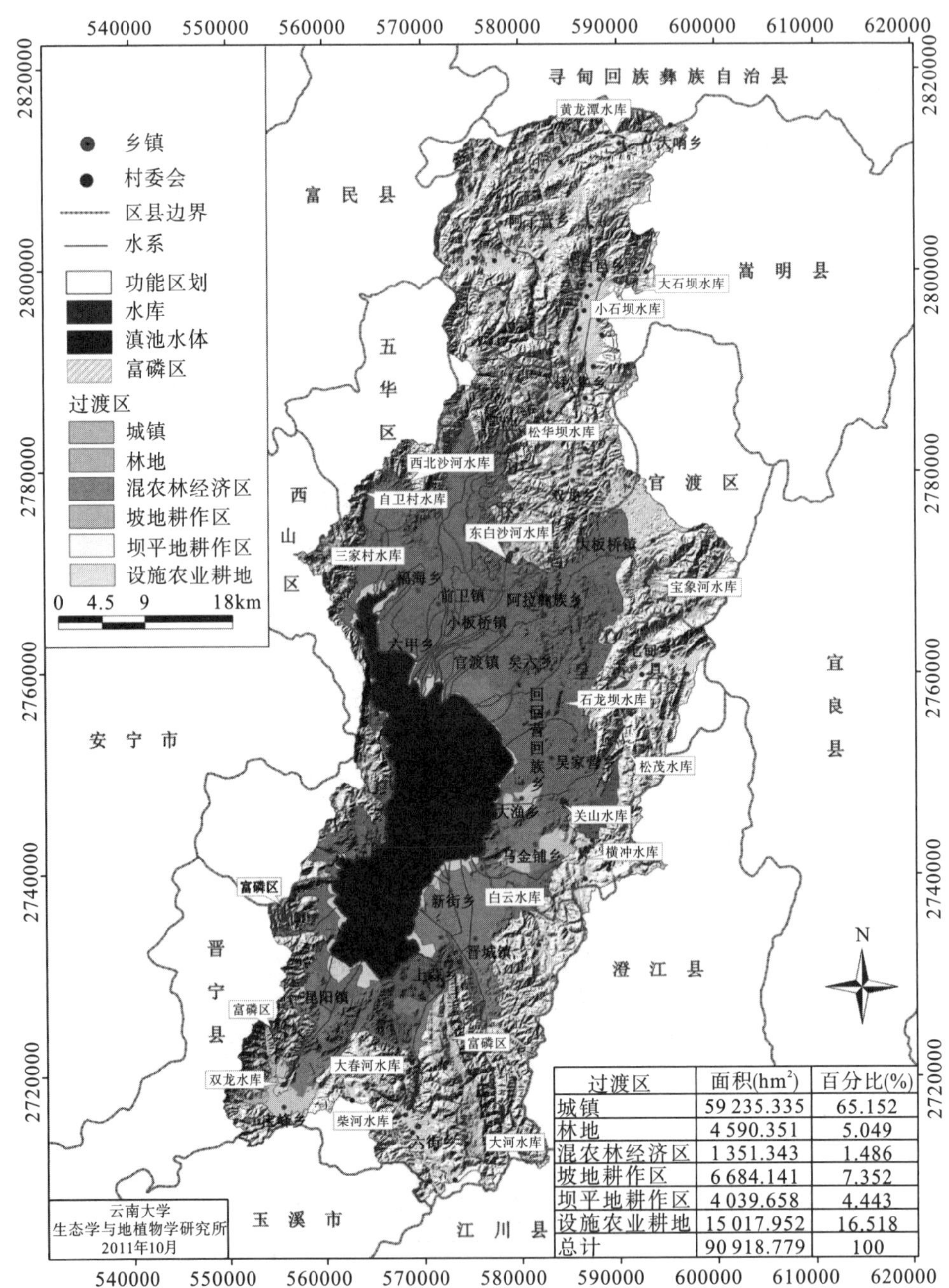

过渡区	面积(hm²)	百分比(%)
城镇	59 235.335	65.152
林地	4 590.351	5.049
混农林经济区	1 351.343	1.486
坡地耕作区	6 684.141	7.352
坝平地耕作区	4 039.658	4.443
设施农业耕地	15 017.952	16.518
总计	90 918.779	100

图 4-3 滇池流域过渡区面源污染防控方案示意图

(1) 坡耕地区域农业面源污染削减

坡耕地区的面源污染综合控制方案是：测土配方施肥，从源头削减污染物输入量；坡改梯，减少径流量，降低冲刷强度；采取固土控蚀种植措施，减少农田土壤养分的流失量；建立集水补灌设施，回收利用水资源和径流中的养分，具体见图 4-4。

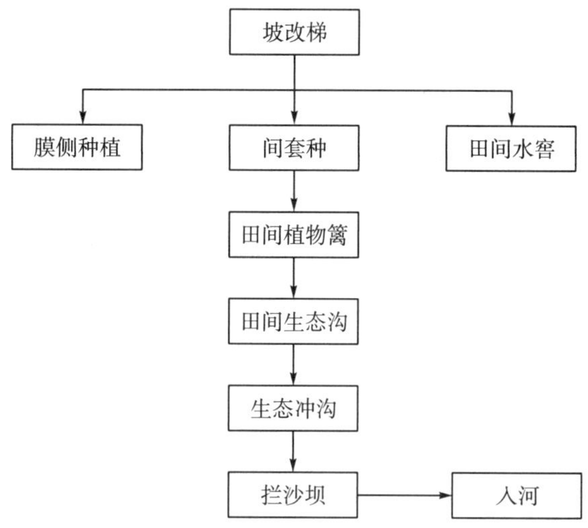

图 4-4　坡耕地径流区面源污染顺流控制方案

通过上述综合措施，实现田间水分流失量降低 30%，土壤流失降量低 30%，径流中总氮、总磷和 COD 流失量下降 30%。

(2) 坝平地农业面源污染削减

坝平地露地种植区是目前保存的良田区，首先，面源污染控制的主要思路是采取精准施肥、缓释肥技术，减少肥料浪费，从源头控制污染。其次，采用间套种技术，高干作物和低矮作物混合种植，提高田间植被覆盖率，减少冲刷导致的水土养分流失。在有上一季的秸秆的前提下，采取秸秆覆盖，既可以保持水分，大幅度减少水土和养分流失，又可以提高秸秆的资源化利用。采用沟灌，禁用漫灌，减少侧渗和漫渗。最后，为田间配套水窖，对田间径流进行收集和回用，同时实现径流中养分的回收利用。当径流利用率达到 30%时，其中的养分也可相应达到 30%的回收利用。由于滇池流域旱季缺水，该技术的推广具有较大潜力。

坝平地农业面源污染削减整体方案见图 4-5。

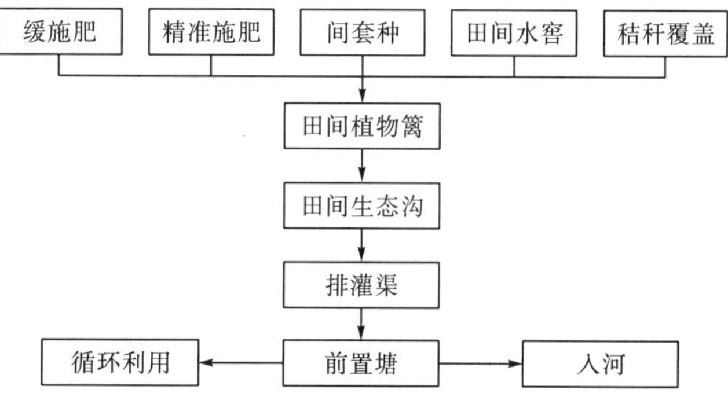

图 4-5　坝平地农业面源污染削减整体方案

(3) 设施农业区域农业面源污染削减

设施农业区农业面源污染控制技术总体方案设计分为 4 个基本步骤：第一步是推广精准施肥与滴灌捆绑技术，减少肥料浪费，提高作物对养分的利用率。第二步是在大棚间田埂上种植作物，吸收利用大棚侧渗流失的养分。第三步是在大棚地势较低一侧设收集水池，对大棚顶部产生的径流进行收集，进一步回收利用径流水资源及其挟带的养分(包括侧渗流失、土壤潜流流失)。第四步是在水池上设田间固废发酵池，对田间固废资源化利用，避免进入水环境。通过上述措施，可以实现大棚区面源污染输出量降低 30%以上。

设施农业区农业面源污染削减方案见图 4-6。

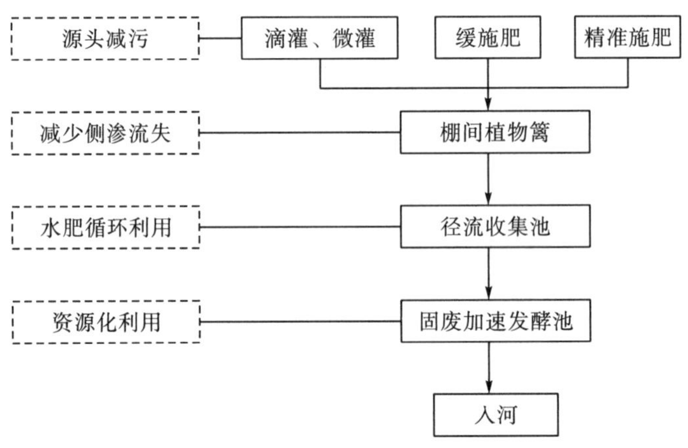

图 4-6 设施农业区农业面源污染削减方案

(4) 富磷区面源污染系统控制

通过生物固磷锁磷，从源头控制磷输移；对退化林地以封山育林、集中管护为主；磷矿开采区以水土流失控制工程为主；山坡地采用植物网格化增强径流入渗、减少土壤冲刷；在沟渠径流输送区域采用仿肾型收集处理系统减少磷素的输移(图 4-7)，形成分地块、多层次、立体化的防控方案，降低富磷山区土壤及磷的向外输移，削减面源污染负荷。

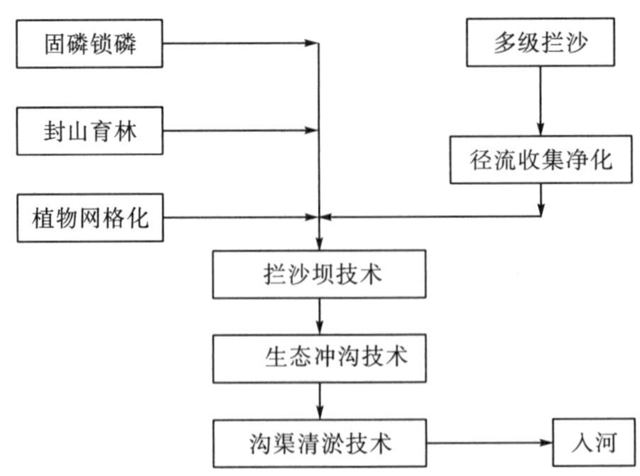

图 4-7 富磷区面源污染系统控制方案

(5) 农村生活面源污染控制

农村生活废水生态处理排放：采用近自然污水处理方式。首先，保证粪便得到资源化利用，不会排入水体，尽可能降低污水量。其次，利用现场地势和用地条件，开展污水收集沟渠的建设工作，对杂排水进行收集，在低洼处通过土地处理、塘处理等措施，实现污水有效处理，达标排放。尽可能降低动力消耗、管理投入，保证设施的长期运行。

村庄污水近自然处理方案见图 4-8。

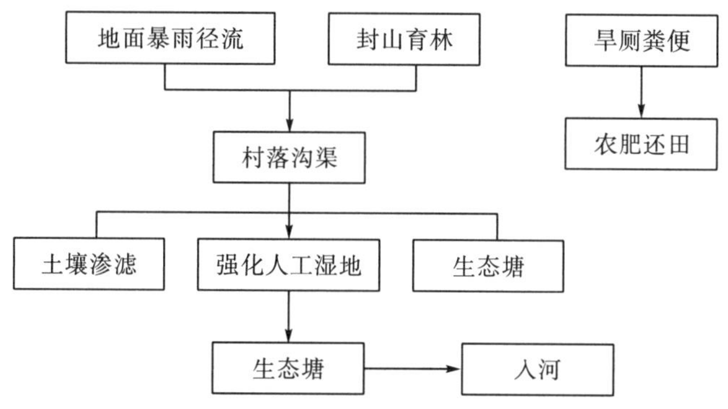

图 4-8　村庄污水近自然处理方案

在完善村庄污水收集管网的基础上，筛选高效低耗的适用技术，研制强化土壤渗滤系统填料和高效脱氮除磷组合填料模块化单元，应用生物技术和生态工程技术互补结合，形成成套系统集成的村庄污水处理技术。

邻近滇池边和河流边的村落采用生态填料植物床+氧化沟工艺处理工艺；山区、半山区村落采用生物接触氧化+土壤渗滤系统(图 4-9)；村落周边土地较为紧张的村庄采用一体式净化槽+人工强化湿地系统(图 4-10)。

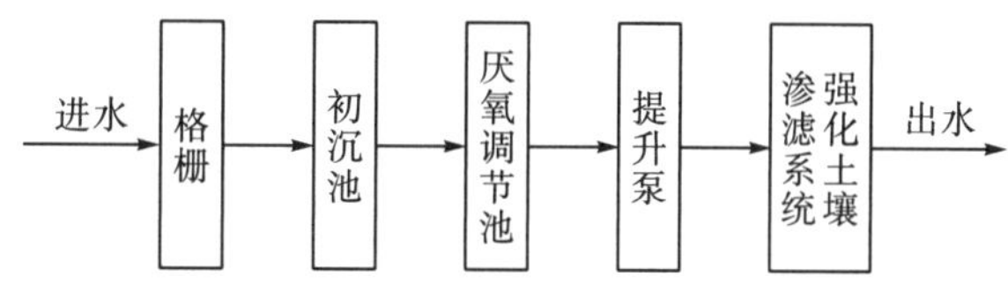

图 4-9　生物接触氧化+土壤渗滤系统工艺

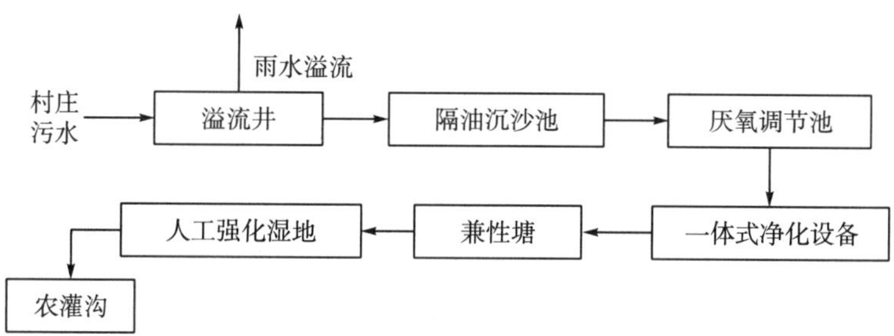

图 4-10　一体式净化槽+人工强化湿地系统工艺

农村生活垃圾收集清运体制：遵照昆明市农村环境综合整治行动计划，实行“组保洁、村收集、乡(镇)集中、县(市)区处理”农村生活垃圾处理模式，村配备专职保洁人员，建立完善的村庄卫生管理制度。

4.1.3 湖滨区

1. 湖滨区面源污染特征

根据 SWAT 模型，估算湖滨区面源污染负荷 TN 为 53.82t，占全流域的 1.14%，TP 为 1.63t，占 0.53%。单位面积负荷 TN 为 12.23kg/hm^2，TP 为 0.37kg/hm^2。本区自身的面源污染负荷并不显著，但作为污染物入湖的通道和屏障，输移量要远大于其产排量。

2. 湖滨区防控方案

(1)整体布局

在滇池湖滨带全面开展“四退三还一护”工程及“迁村并点”项目建设，通过实施“退塘、退田、退人、退房”，实现“还湖、还湿地、还林”，实现“护水”。为保持与现有规划方案的一致性，同时也为了更有效地实现湖滨区面源污染的防控目标，特别是为了确保滇池湖滨区充分发挥滇池湖滨湿地对流域污染末端控制的作用，本方案将滇池湖滨区分为 5 个区域，即北岸(含主城区)、呈贡片、晋宁片、昆阳片、西岸(含海口区)，防控方案见图 4-11。

开展“湿地”+“生态防护林”相结合的防控方案，去除原有围湖堤坝，以有利于湖周天然湿地尽早恢复，再辅以大量的人工湿地建设工程(含湿地公园)，利用湿地生态系统中物理、化学、生物三重协调作用，完成过滤、吸附、沉降、植物吸收、微生物降解，实现对污染物的高效分解与净化。同时通过天然湿地恢复建设，增强水体的自净能力，恢复湖滨湿地生态系统和生物多样性。

(2)天然湿地恢复与重建

随着 2009 年“四退三还一护”工程的开展，残存的天然湿地正逐渐得到恢复。湖滨区天然湿地恢复与重建应从以下几方面出发。

首先，滇池保护核心区界桩以内应以水体保护目标为主的天然湿地恢复为主。其次，去除现有围湖堤坝是天然湿地恢复或重建的前提条件，只有去除围湖堤坝后才能确保干季湿地能蓄纳水分，进而有利于天然湿地的恢复。最后，在遵循生态系统整体性、功能性、时间性等原则并尊重湿地生态过程的前提下，不仅要加大现有天然湿地的保护力度，还应辅以一定的人力物力促进残存天然湿地的恢复。

天然湿地植物群落人工重建植物配置方案：①茭草+慈姑+水芹+茵草；②水葫芦+金鱼草+水芹；③茭草+篦齿眼子菜+水芹+水蓼；④茭草+篦齿眼子菜+菱+棒头草；⑤菖蒲+金鱼草+水芹+茵草。

(3)人工湿地构建

在滇池大部分湖滨区，水体保护核心区界桩与环湖公路之间有一显著地带，这些地带多分布有滇池周边原居民的鱼塘、菜地等，随着“十一五”期间、“十二五”期间滇池保

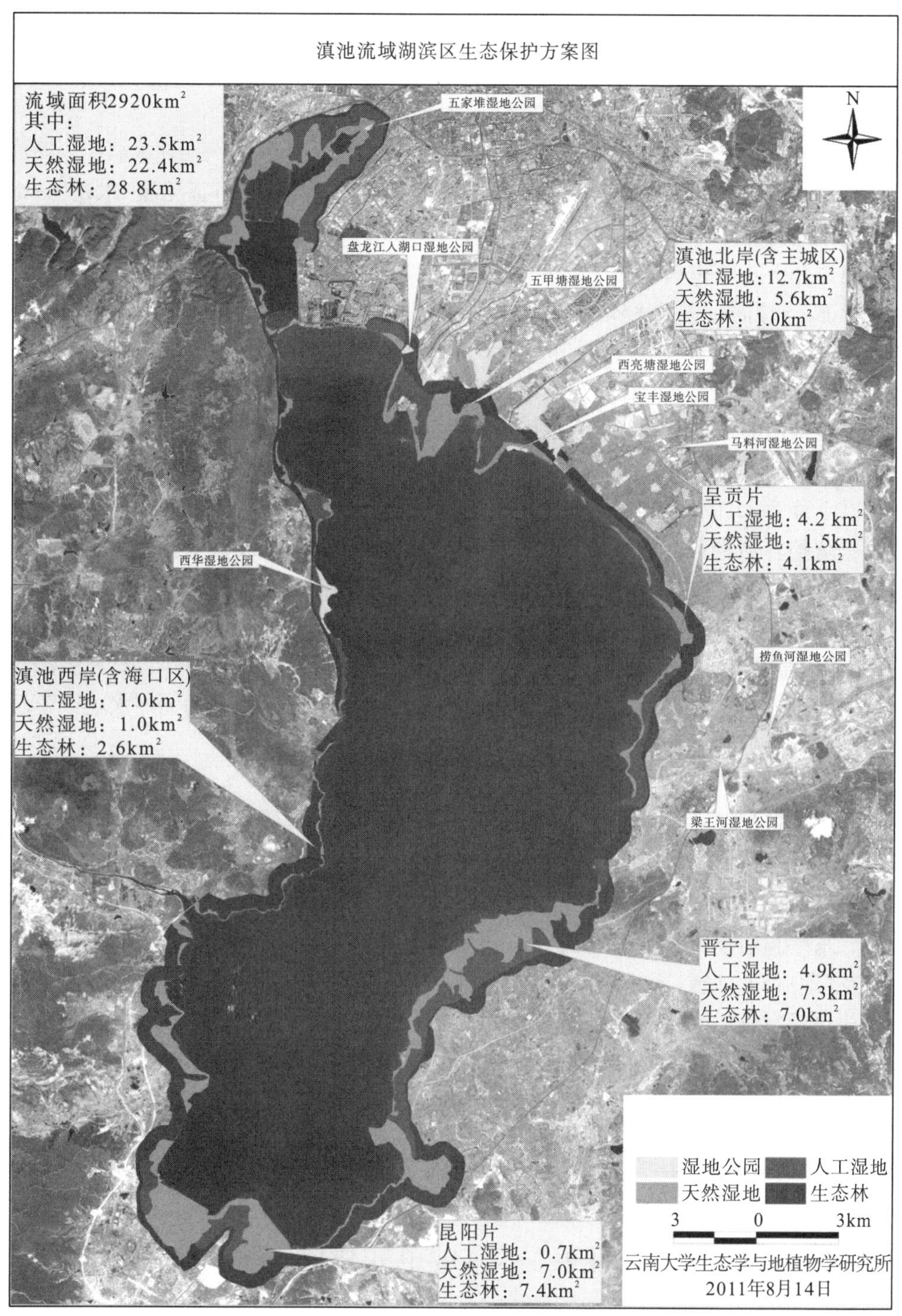

图 4-11　滇池流域湖滨区面源污染防控方案图

护工程的不断开展，特别是随着“四退三还”工程的开展，此类湖滨带的生态恢复便成了滇池湖滨区污染防控的关键所在，而在上述湖滨带开展建设人工湿地这一湖滨区污水处理最为有效的人工复合生态系统，将有助于实现滇池湖滨区污水防控的最终目标。

在各入湖河道、农灌渠、污水处理厂出水口修筑水渠，将湖滨河道用配水渠连通，配水渠的边坡人工种植根系发达的水生植物。在各片区潮水涨落带外围构建足够规模的人工湿地，污水处理厂出水经过配水渠均输送入人工湿地进行处理。

人工湿地植物群落配置方案：①黄花美人蕉+水花生+茵草+灯芯草+水蓼；②茭草+光冠水菊+芦苇+水葱+香蒲；③菖蒲+慈姑+水蓼+棒头草；④水葫芦+狐尾藻+水花生+水芹。

(4) 生态防护林

湿地是介于陆地和水体的过渡带，考虑到生态交错带的特点，其表现出一种脆弱和不稳定的特征，一方面，要在湿地周边环湖公路两侧建设缓冲带和隔离带，以防止或减缓陆地和水体对它的过度影响；另一方面，对于位于湖滨带范围内的陡岸实施退耕还林、封山育林、人工造林等生态防护林建设，将有助于有效控制沿岸陡岸带的水土流失。无论是位于人工湿地外围的生态防护林，还是位于湖滨带陡岸的生态防护林，均能很好地阻截对滇池水体的面源污染，达到保护滇池和提升景观功能的目的。在生态防护林建设中应注意遵循选择以土著乔木、灌木、草本为主的原则。

生态防护林植物群落配置方案：①云南松或华山松+麻栎或栓皮栎+西南栒子、小叶栒子或马醉木+扭黄茅或小菅草；②银荆+沙针、小叶栒子或小铁仔+扭黄茅或小菅草；③云南油杉+麻栎或栓皮栎+小铁仔+旱茅或锡金黄花茅；④干香柏或墨西哥柏+旱冬瓜+小铁仔+旱茅或锡金黄花茅；⑤滇青冈、黄毛青冈或元江栲+滇润楠+石楠+小铁仔+西南栒子或小叶栒子+扭黄茅或小菅草；⑥中山杉+垂柳+岩桑+女贞+火棘；⑦垂柳+水松或落羽杉+滇润楠+短萼海桐+桑树+冬樱花。

(5)“四退三还一护”成果巩固

依照“四退三还一护”的工作要求，“十一五”期间共完成退塘、退田 44 595 亩，退房 95.1 万 m^2，退人 16 525 人，开展湖滨带生态建设 53 814 亩，其中湖内湿地 11 220 亩，湖滨湿地 18 589 亩，河口湿地 3086 亩，湖滨林带 20 919 亩。“十二五”期间，在滇池北岸、东岸和南岸拆除防浪堤 50km，开展湖滨生态建设 47 300 亩。其中建设湖内湿地（含河口湿地）14 557 亩，湖滨湿地 15 336 亩。昆明市各级政府围绕滇池及其流域，新增 4 项湿地建设项目，至 2015 年共恢复湿地 46.77km^2，共去除污染物 COD 495t/a、总磷 17.1t/a、总氮 17.1t/a。

自“四退三还一护”工程开展以来，已取得显著成效，但也面临沿湖农村土地资源紧张、农村劳动力转移、退耕地复耕、鱼塘复养等压力。需巩固“四退三还一护”成果，严格执行滇池水体保护条例。

4.2 小流域单元控制

4.2.1 源强控制

面源污染发生的源头离散分布在不同的地块，景观的空间异质性与人为活动强度的差异性导致面源源强不同，不同小流域面源污染源强具有明显区别。将 16 个小流域面源污染总氮和总磷单位面积负荷分为水源控制区、过渡区、湖滨区进行对比分析，确定滇池流域面源污染源强控制的重点小流域和分区。

单位面积面源污染总氮负荷表明，盘龙江(无湖滨区)、宝象河、捞鱼河、东大河、大河、柴河、古城河小流域的水源控制区污染负荷高于其他区域，洛龙河、马料河、南冲河、和淤泥河小流域的过渡区污染负荷高于其他区域。

单位面积面源污染总磷负荷表明，盘龙江(无湖滨区)、船房河-采莲河、宝象河、捞渔河、大河、古城河、柴河、滇池西岸小流域的水源控制区污染负荷高于其他区域，过渡区单位面积面源污染总磷负荷最高的小流域是洛龙河、马料河、南冲河、淤泥河和东大河。马料河和洛龙河小流域过渡区的单位面积总磷负荷较高。

滇池流域不同小流域分区控制的源强分析见表 4-3。盘龙江小流域水源控制区、宝象河小流域水源控制区、捞鱼河小流域水源控制区、洛龙河小流域过渡区、马料河小流域过渡区、南冲河小流域过渡区和水源控制区，以及东大河、大河、柴河、古城河小流域的水源控制区为面源污染的源强区域，即分区控制的重点区域。

表 4-3　滇池流域面源污染源强分析

编号	小流域名称	分区控制		
		湖滨区	过渡区	水源控制区
1	盘龙江流域	—	+	+++
2	船房河-采莲河流域	+	+	—
3	新河-运粮河	+	+	++
4	东白沙河流域	+	+	+
5	金汁河-枧槽河流域	+	+	+
6	宝象河流域	+	+	+++
7	捞鱼河流域	+	++	+++
8	洛龙河流域	++	+++	++
9	马料河流域	++	+++	++
10	南冲河流域	++	+++	+++
11	淤泥河流域	+	++	++
12	东大河流域	+	++	+++
13	大河流域	+	+	+++
14	古城河流域	++	++	+++
15	柴河流域	++	++	+++
16	滇池西岸	+	+	+

注：+. 弱；++. 中；+++. 强；—. 无相应区域

4.2.2　输移过程控制

地表径流是面源污染输移的主要通道，小流域的入湖水量与流域径流深、挟带的面源污染物相关。单位面积入湖氮量最高的是古城河流域，为 29.854kg/hm^2，其次是船房河-采莲河流域、南冲河流域、大河流域和柴河流域，分别为 28.122 kg/hm^2、26.408kg/hm^2、

25.153kg/hm^2 和 21.416kg/hm^2；最低的是盘龙江流域(2.000kg/hm^2)，其次是马料河流域、新河-运粮河流域和滇池西岸，分别为 4.097kg/hm^2、5.786kg/hm^2 和 6.292kg/hm^2。单位面积入湖氮量最高流域是最低流域的 14.93 倍。

各月入湖氮、磷负荷与入湖水量呈正相关关系，与雨季土壤侵蚀及作物施肥相关。氮、磷 6～11 月入湖量明显高于 12 月至次年 5 月，但二者入湖特征表现不一致。氮在 8 月入湖量最大，7～11 月均保持较高水平，而磷则为 7 月入湖量最大，6 月和 11 月较大，8～10 月相对较低，12 月至次年 4 月入湖量几乎为零。

单位面积入湖磷量最高的是船房河-采莲河流域，为 3.917kg/hm^2，其次是洛龙河流域、宝象河流域、东白沙河流域和金汁河-枧槽河流域，分别为 1.779kg/hm^2、1.549kg/hm^2、1.352kg/hm^2 和 1.323kg/hm^2；最低的是盘龙江流域，为 0.150kg/hm^2，其次为淤泥河流域(0.221kg/hm^2)。单位面积入湖磷量最高流域是最低流域的 26.11 倍。

单位面积入湖氮浓度最高的是南冲河流域，为 15.547g/m^3，其次是古城河流域和捞鱼河流域(分别为 13.383g/m^3 和 12.224g/m^3)；最低的是盘龙江流域(1.347g/m^3)，其次是新河-运粮河流域、马料河流域和金汁河-枧槽河流域，分别为 1.610g/m^3、2.272g/m^3 和 2.581g/m^3。单位面积入湖氮浓度最高流域是最低流域的 11.54 倍。

单位面积入湖磷浓度最高的是船房河-采莲河流域，为 1.214g/m^3，其次是洛龙河流域、宝象河流域，分别为 0.714g/m^3 和 0.658g/m^3；最低的是盘龙江流域，为 0.101g/m^3，其次为柴河流域和新河-运粮河流域，分别为 0.133g/m^3 和 0.152g/m^3。单位面积入湖磷浓度最高流域是最低流域的 12.02 倍。

4.2.3 入湖前控制

滇池流域面源污染物入湖的途径主要有三种形式：一是由地表径流汇入河道后入湖，二是经湖岸、河岸地表散流直接入湖，三是经由地下渗流入湖，当然第三种形式也是地表污染物向地下转移后发生的。在每种入湖形式发生过程中，污染物都经不同的渠道、介质发生转移、吸附、汇集、降解等过程。因此，入湖前末端控制的关键与重点，就是强化这些削减污染负荷的过程。

末端控制方案主要包括：湿地重建与河道管理、湖滨-河岸生态防护林构建、环湖截污管网、生态沟渠河道削减(图 4-12)。

4.2.4 小流域控制

1. 盘龙江流域

盘龙江流域包含昆明市最重要的饮用水源——松华坝水库，流域面源污染控制主要围绕松华坝水源保护区水源保护开展工作。根据流域生态环境现状，设计重点项目 3 项，即松华坝水源保护区水源林建设工程、松华坝水源保护区水污染防治工程和松华坝水源保护区小流域综合治理工程，总投资 3673 万元。

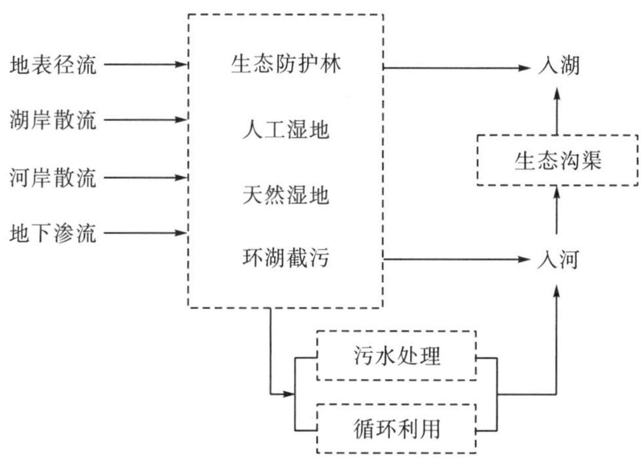

图 4-12　滇池小流域入湖前控制方案

2. 宝象河流域

宝象河流域内有宝象河水源保护区及较大面积的农业耕作区和城市区域，面源污染控制包括水源保护区修复、农耕区农业面源污染控制和城市面源污染控制几个方面。根据区域生态环境现状，设计面源污染控制重点项目 3 项，包括宝象河水源保护区生态修复工程、都市农业面源污染综合防控示范工程，以及测土配方、缓/控施肥及有害生物综合治理(IPM)示范工程，总投资 16 130 万元。

3. 柴河流域

柴河流域内有柴河水源保护区及较大面积的农耕区。面源污染控制包括水源保护区修复、农耕区农业面源污染控制。根据区域生态环境现状，设计面源污染控制重点项目 4 项，包括柴河水源保护区生态修复工程，农业废物再利用及农田污水控制示范工程，测土配方、缓/控施肥及 IPM 示范工程，以及柴河流域小流域综合治理工程，总投资 12 400 万元。

4. 大河流域

大河流域内有大河水源保护区及较大面积的农耕区。面源污染控制包括水源保护区修复、农耕区农业面源污染控制。根据区域生态环境现状，设计面源污染控制重点项目 3 项，包括大河水源保护区生态修复工程，农业废物再利用及农田污水控制示范工程，以及测土配方、缓/控施肥及 IPM 示范工程，总投资 8790 万元。

5. 捞鱼河流域

捞鱼河流域内有较大面积的农耕区，根据区域生态环境现状，设计农业废物再利用及农田污水控制示范工程项目，采用生物菌种喷施秸秆快速发酵、秸秆直接还田或堆沤还田，示范建设双室堆沤池 200 套；进行农灌沟渠改造，在农灌沟渠内及沟渠两边种植水草，示范建设集水水窖 20 000m^3，投资 1800 万元。

6. 东大河流域

根据东大河流域生态环境现状，设计农业废物再利用及农田污水控制示范工程项目，采用生物菌种喷施秸秆快速发酵、秸秆直接还田或堆沤还田，示范建设双室堆沤池 200 套；进行农灌沟渠改造，在农灌沟渠内及沟渠两边种植水草，示范建设集水水窖 20 000m^3，投资 1800 万元。

“十二五”期间，面源污染控制主要针对上述区域（小流域）进行设计，各小流域的湖滨区统一纳入环湖湖滨带湿地和生态林带建设工程。其他区域（小流域）主要做好现有植被的保护以减少水土流失，根据相关规定完成“禁花减菜”、禁止养殖、禁止使用化肥农药以减少农业面源污染物排放，城市建成区域实施雨污分流工程以减少污染物入湖。

4.3 重要环节控制

根据滇池流域农业农村面源污染特征及滇池流域面源污染源强特征，确定面源污染控制的重要环节（图 4-13）。

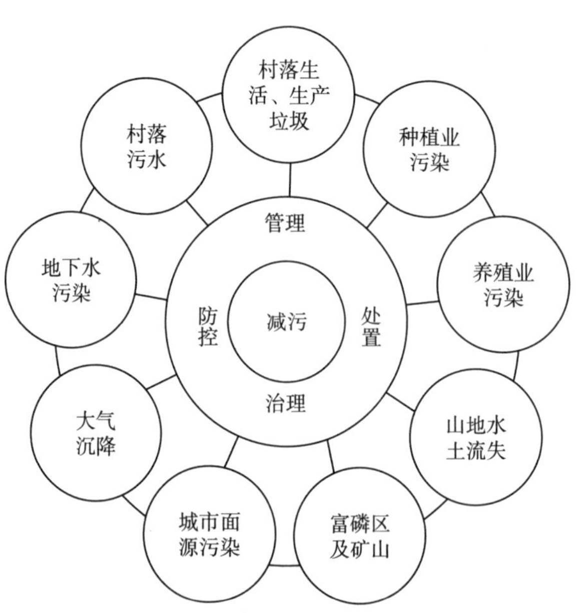

图 4-13 滇池流域面源污染控制重要环节

4.3.1 村落污水管理、收集和处理

建设城市（县区）污水处理厂-集镇污水处理站-村庄分散污水收集和处理设施三位一体的流域生活污水收集与处理体系（图 4-14）。

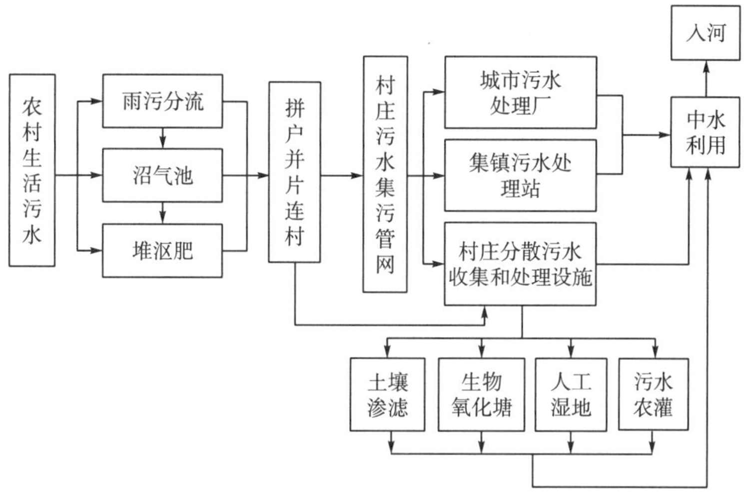

图 4-14　滇池流域农村生活污水收集与处理体系

滇池流域现有村庄办事处 330 个，其中在 11 个昆明市污水厂、各县区污水厂纳污半径以外的农村办事处有 157 个，这 157 个村庄分散处理设施建设投资规模预计 12 670 万元(图 4-15)。

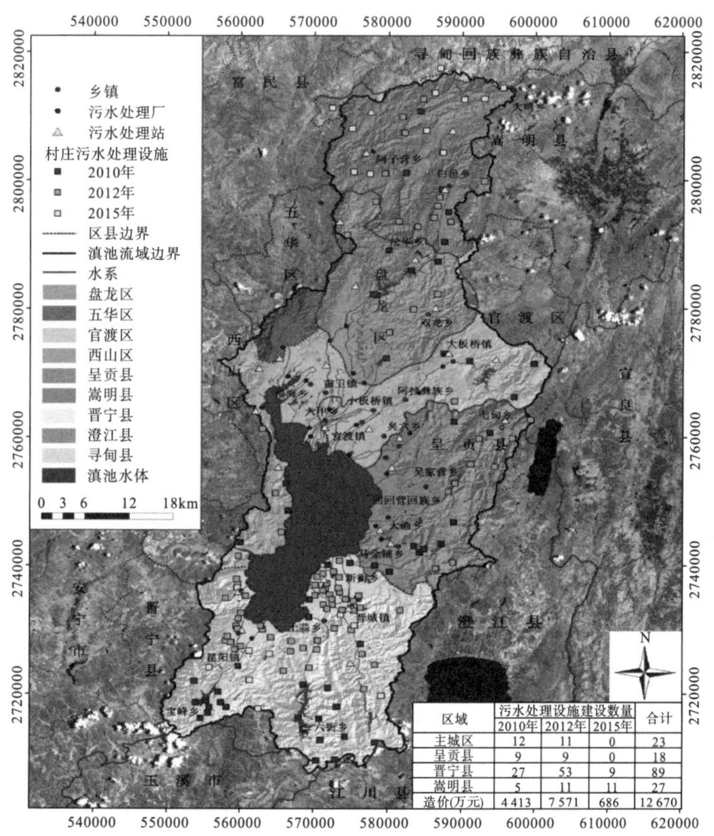

区域	污水处理设施建设数量			合计
	2010年	2012年	2015年	
主城区	12	11	0	23
呈贡县	9	9	0	18
晋宁县	27	53	9	89
嵩明县	5	11	11	27
造价(万元)	4 413	7 571	686	12 670

图 4-15　滇池流域农村分散式污水处理设施建设方案

控制目标：2015 年实现滇池流域村落生活污水处理率≥90%。具体步骤和进行设施建设的行政村数量见表 4-4。

表 4-4　滇池流域农村分散式生活污水处理设施建设方案

区域	2010 年	2012 年	2015 年	合计
昆明市主城区	12	11	0	23
呈贡县①	9	9	0	18
晋宁县	27	53	9	89
嵩明县	5	11	11	27
合计	53	84	20	157

注：①呈贡县于 2011 年撤县设区，但此表仍用呈贡县

4.3.2　村落生活和生产垃圾管理、收集和处理

1. 生活垃圾

按照“六清六建”昆明市农村环境综合整治行动与“三清一绿”清洁工程，实行清理垃圾，建立垃圾集中处理制度。实行“组保洁、村收集、乡(镇)集中、县(市)区处理”模式，村配备专职保洁人员，50 户设置 1 垃圾收集点，生活垃圾定点存放、统一收集、定时清理、集中处置(图 4-16)。按滇池流域农村户籍户数估算，应配备专职保洁工作人员 4500 名以上。

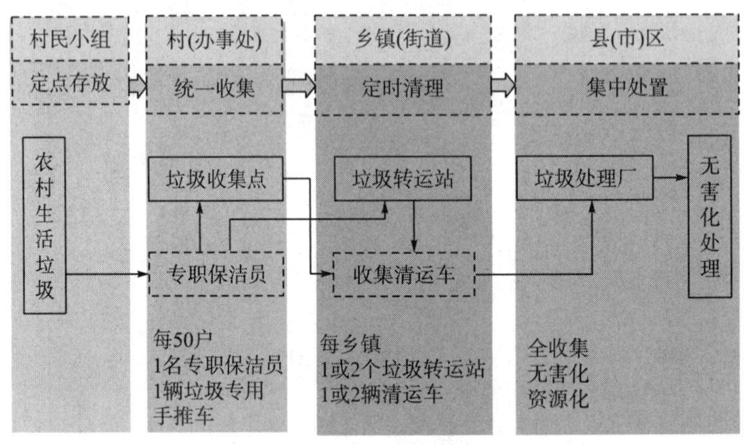

图 4-16　滇池流域农村生活垃圾收集清运体系

2. 生产垃圾

农业生产废弃物是指农业生产、农产品加工、畜禽养殖业生产过程中排放的废弃物的总称。这里主要指农田固体废弃物，对农业生产环境影响较大的有作物秸秆和农用地膜两类，其管理、收集和处理要以促进农田生产废弃物资源化综合利用为原则，以农业清洁生产和农村清洁能源建设为基础，实现农业循环经济的可持续发展道路。

(1) 作物秸秆能源化利用

以沼气建设为核心，把“一池三改”农村沼气建设与农民生活、农业生产、生态环境保护、农业面源污染治理和农民增收结合起来。以农户为基本单元，利用人畜粪便、废弃秸秆、生活污水进行沼气无害化处理，施行政府补贴的推广计划。重点水源区、流域北部区县建设“一池三改”沼气池，每口补助 2000 元；节柴改灶每台配套补助 100 元。项目补助经费主要用于建池材料费、配套物资采购和技术人员工资。

开展秸秆气化集中供气工程建设。选择有一定集体经济实力的小城镇、中心村、安置小区作为示范点，以农作物秸秆为原料，建设秸秆气化集中供气站，生产清洁燃料，实行集中供气。

(2) 作物秸秆还田资源化利用

滇池流域种植业秸秆产生量每年 21.38×10^4t，利用率 79.47%，低于昆明市的平均水平 (92.86%)。农作物秸秆中含有丰富的有机质、氮、磷、钾、钙、镁等养分，可以改良土壤，提高土壤肥力，减少化学肥料施用，有利于降低生产成本，减轻农业面源污染。

机械粉碎还田：如水稻、小麦在机收过程中一次性粉碎还田；覆盖栽培还田：秸秆覆盖栽培技术，减少土壤水分蒸发、增加地表温度、抑制田间杂草生长、减少施肥量；堆沤还田：将农作物秸秆通过双室堆沤发酵技术，作为有机肥还田，培肥地力，降低农业成本，生产有机、绿色食品，促进农业生态系统良性循环；鲜汁秸秆直接还田：主要是蔬菜秸秆，喷施微生物菌剂直接还田，养分在田间降解并被利用。政府对秸秆机械粉碎还田每亩给予 30 元补助；每个堆沤还田池 ($2m^3$) 给予 500 元补助。

(3) 可降解生物地膜替代塑料地膜

农用地膜的大量使用对土壤造成了严重的污染，破坏耕作层结构，妨碍耕作，影响土壤通气和水肥传导，对农作物生长发育不利。而且，农用地膜不易回收，难于再利用，是农业固体废弃物的顽疾。

滇池流域种植业地膜使用量为 1817.21t，残留量 161.80t，回收率 91%。通过可降解地膜筛选和推广试验示范，逐年加大可降解地膜推广面积，逐步替代塑料地膜。到 2013 年，滇池流域 50%耕地使用可降解生物地膜，政府每亩补助 50 元；2015 年全流域禁止使用塑料地膜。

4.3.3　种植业污染管理和处理

种植业污染防治的重点是肥料、农药和农田用水的管理与处理，紧密与生态村建设工程、清洁农业生产工程、无公害花卉蔬菜农业生态园区、都市生态农业观光园区建设相结合，统筹实施，全盘考虑。

设施农业生产逐步推行清洁农业生产农户准入制度，建设生态农业观光园区，市场引导绿色农业、有机农业的托管种植生态经营模式。在滇池流域设施农业重点区域，全面实施作物品种搭配、精准平衡施肥、植保有害生物综合治理 (IPM)、双室或三室堆沤池、滴灌微水灌溉系统、农用沟渠生物氧化塘、人工湿地恢复等多种技术措施组装的清洁农业生产技术。在包产增值的前提下，减量施肥，农业生产的固体废弃物资源化处理，禁止秸秆田间焚烧还田，降低面源氮、磷等污染物的排放量，减轻农业面源污染负荷。

测土配方施肥是农业节本增效、减少化肥流失、降低面源污染负荷的主要技术措施之一。加快在流域范围内传统农业种植区全面推广测土配方施肥，建立流域不同土壤、不同作物区域类型的施肥指标体系，加大生物有机肥、缓/控施肥的推广运用。禁止秸秆田间焚烧，通过农户堆沤肥、户用沼气池、大型沼气站等实行完全的资源化利用。农田配套建设拦蓄截留储水系统，保障旱期灌溉用水，实现农田径流的循环利用。

推行生物综合防治技术，到 2015 年现行化肥农药“双禁”。引导农民安全、合理使用农药，禁用、禁售用高毒、高残留农药。全面在流域内推广病虫害高毒高残留农药替代技术，并给予财政扶持。加大财政投入，建立“IPM 示范村”。开展“IPM 农民田间学校”培训，让农民学习掌握并在生产中使用各类物理、生物技术和高效低毒无残留农药。

重点实施“五个一”工程集成技术，即“一盏灯”(物理灭虫灯)、“一张纸”(黄板)、“一瓶水”(性诱剂)、“一所学校”(IPM 农民田间学校)、“一袋肥”(生物肥料)，推广农业生物多样性种植模式和抗病抗虫无公害农产品、品种。

实施农田径流水的减排技术，采取生物拦截工程和湿地处理相结合，恢复农田耕地生态沟渠建设，种植水生植物，实施氮、磷拦截过滤工程，减少氮、磷流失，因地制宜地建设生态湿地，末端处理氮、磷流失，达到清洁排放。

4.3.4 养殖业的污染管理

流域内畜禽养殖仍以分散型传统饲养为主，产业化经营程度低，畜牧生产体系基础薄弱，也形成了养殖业污染难于管理和治理的局面。

2009 年实现滇池水体及滇池环湖公路面湖一侧区域(含湖面)和 35 条入滇河流与河道两侧各 200m 范围内两个区域的全面禁养(图 4-17)。滇池流域畜禽养殖业污水产生量 $45.63\times10^4\text{m}^3/\text{a}$，粪便量 $55.52\times10^4\text{t/a}$(2009 年)，2015 年滇池流域畜禽粪便综合利用率实现≥95%的目标，全流域实现畜禽养殖污染物“零排放”。2009 年实行“全面禁养”后，养殖业污染总体负荷应不会超过这一基数。

“一湖两江”流域保护区实施畜禽禁养的政策后，流域养殖业的发展面临重新布局，以市场导向、服务城市、富裕农村为原则，以产业化经营为方针，推行绿色高效、可持续发展的养殖业。畜禽禁养后减少的产量和产值需通过重塑产业链、提高产业集中度和推行现代化养殖进行弥补与提高，大力发展畜牧水产规模化标准化健康养殖。

在养殖业发展中，积极推广“畜禽—沼气—种植”生产模式和自然养猪法等循环经济发展模式。提高滇池流域养殖业项目环境准入门槛，依法执行环境影响评价审查、审批程序。强化现场管理与监督，对已有养殖场、区排污超标坚决实行“关、停、并、转、迁”及限期治理。流域内规模化养殖场和养殖小区必须建设畜禽粪便处理设施，并与大中型沼气池在农村综合环境整治中，按“六清六建”工作要求，清理粪便，建立人畜粪便规范化处理制度。将农村养殖污染物与作物秸秆综合利用结合，作为“一池三改”户用沼气池的原料，实现完全的无害化处理和资源化利用。

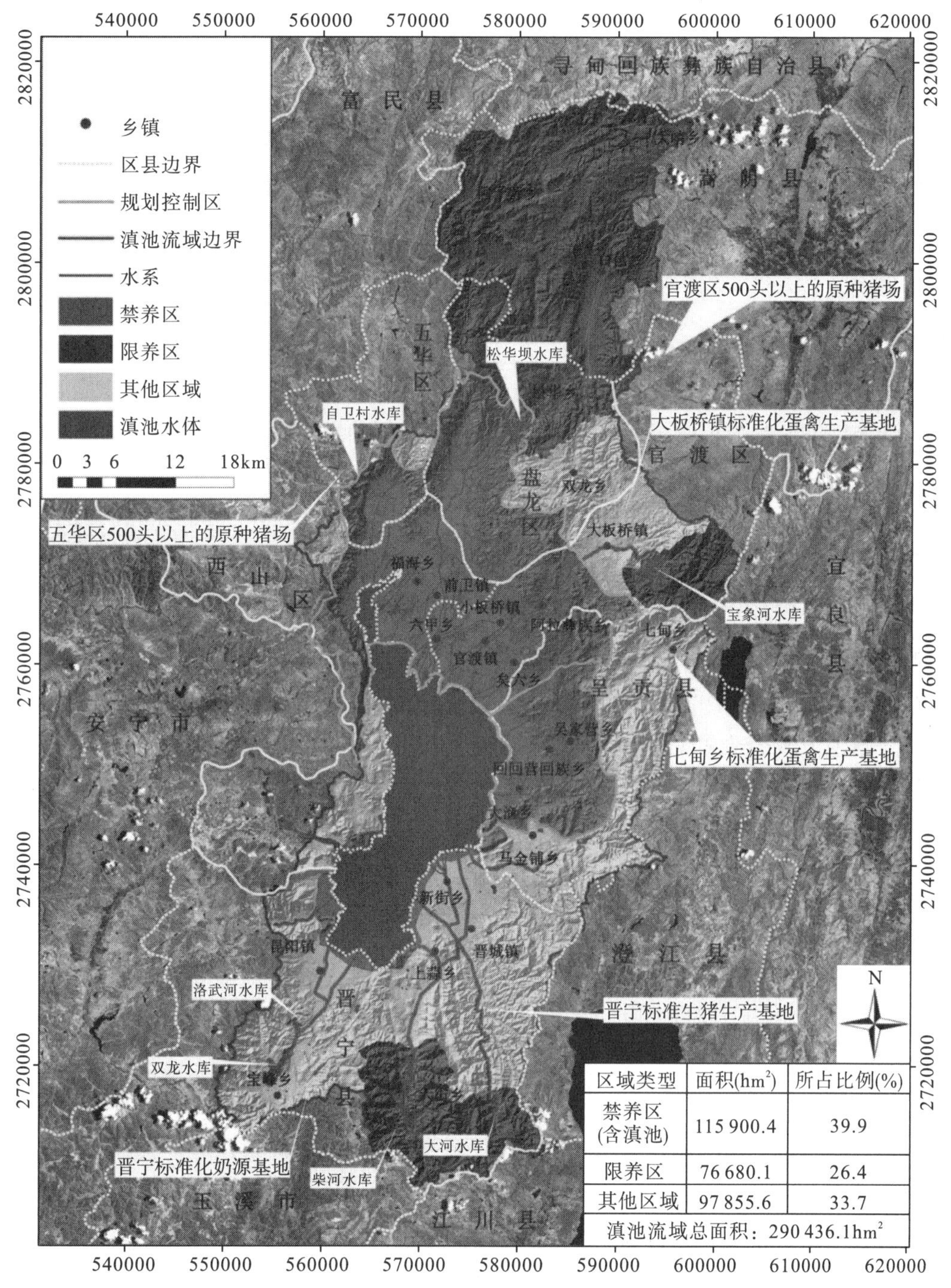

区域类型	面积(hm^2)	所占比例(%)
禁养区(含滇池)	115 900.4	39.9
限养区	76 680.1	26.4
其他区域	97 855.6	33.7
滇池流域总面积：290 436.1hm^2		

图 4-17　滇池流域畜禽养殖面源污染防控方案示意图

流域内的养殖业管理应对流域内猪、奶牛、肉牛、蛋鸡、肉鸡专业养殖户和规模养殖户的存栏、出栏及生产污水排放等情况以县级为单位进行统计上报，通过折算，分析畜禽粪便、污水排放量。

4.3.5 山地及水土流失产生的面源污染管理与治理

山地面源污染的关键问题是水土流失，应以固土控蚀为重点，开展管理和治理工作，包括以下几方面。

1. 集中式饮水源区生态建设

松华坝、宝象河、柴河水库等集中式饮水源区，加强水源涵养林和水土保持林保护工程建设。

2. 滇池流域面山管理

滇池面山及控制保护区、松华坝水源保护区、滇池国家级风景名胜区、昆明新机场保护区范围及滇池盆地区，为禁采区。滇池流域面山管理划分为面山范围和面山保护控制区。滇池流域面山范围指以1900m等高线为内缘线、以滇池周边标志性山峰为外缘线的区域，面积为 283km^2；滇池保护控制区指滇池面山以外、第一层主山脊线以内的区域，面积为311km^2。禁采区关停挖砂采石取土矿山，全面开展生态恢复治理。

3. 面山绿化工程和“五采区”植被修复工程

依据《昆明市“一湖两江”流域绿化建设管理技术规范》(2008年)进行面山绿化。

随着滇池流域房地产与城镇基础设施建设规模的不断扩大，石材的需求量急剧增加，采石场在昆明市周边遍地开花，成为导致水土流失和生态景观严重破坏的“城市疮疤”。滇池流域“五采区”数量、面积统计见表4-5。

表4-5 滇池流域“五采区”数量、面积统计

区县	西山区	晋宁县	呈贡县	官渡区	盘龙区	五华区	嵩明县	总计
数量	11	61	10	8	12	5	1	108
面积（hm^2）	309.5	1001.56	444.5	217.56	338.3	133.42	1.38	2446.22
占比(%)	12.65	40.94	18.17	8.90	13.83	5.45	0.06	100

注：根据2009年、2010年 SPOT5 卫星遥感影像提取

采石场形成的山体创面包括废石堆放场、采石边坡、坑口迹地和废弃采石壁，其中后两者是绿化的重点和难点。采石场植被修复方案见图4-18。在对采石场进行生态修复和绿化的同时，可通过景观再造将采石场开辟成公园、游乐园、野生动物栖息地、生态廊道、雕塑等观光游览景点。

4. 生态公益林建设工程

在集体林权制度改革的工作基础上，制定配套的公益林建设制度和改革措施，全面保护林地资源。通过人工造林、封山育林增加公益林地面积，改造低效林，提升林地的生态质量和景观价值。生态公益林建设与城市森林郊野公园、风景游憩林和绿化带、通道结合，构建融湖光山色的城市森林体系。

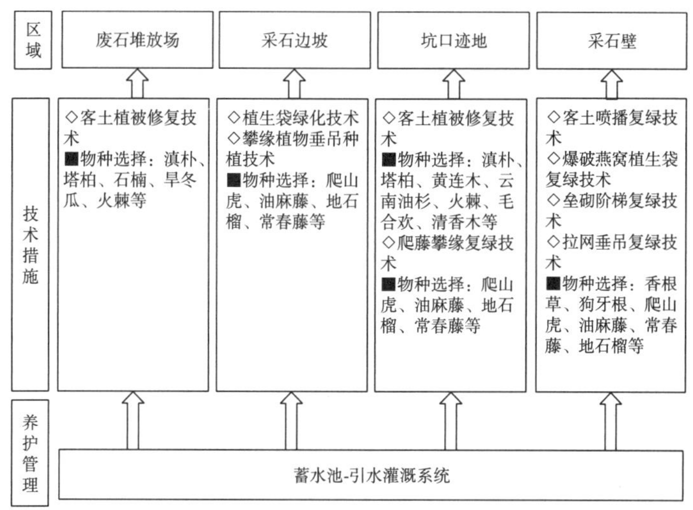

图 4-18　滇池流域采石场植被修复方案

滇池流域山地面源污染防控管理与治理方案见图 4-19。

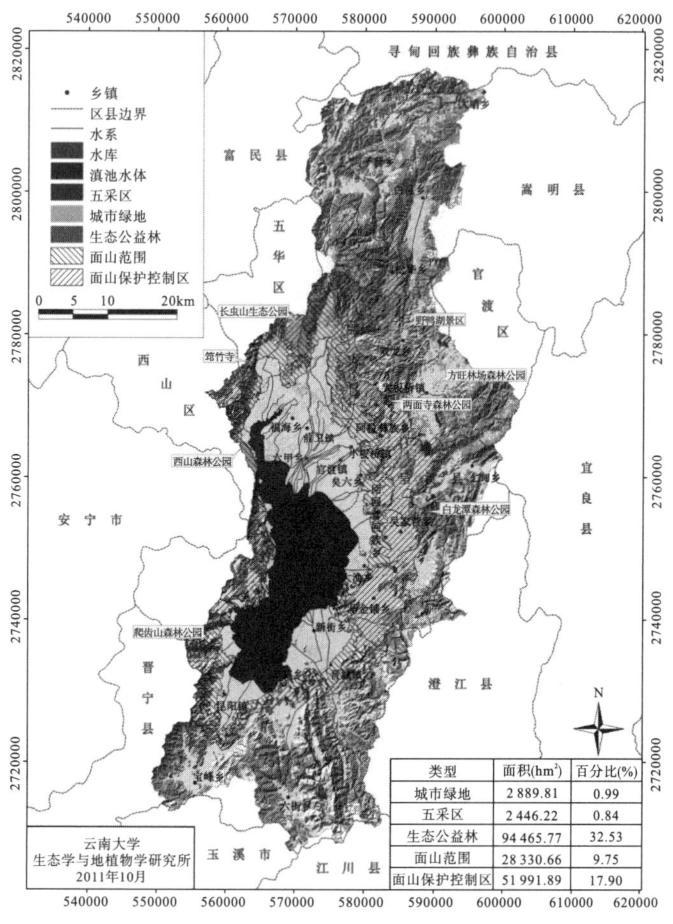

类型	面积(hm^2)	百分比(%)
城市绿地	2 889.81	0.99
五采区	2 446.22	0.84
生态公益林	94 465.77	32.53
面山范围	28 330.66	9.75
面山保护控制区	51 991.89	17.90

图 4-19　滇池流域山地面源污染管理与治理方案图

4.3.6 富磷区及矿山面源污染管理与治理

滇池流域富磷区及五采区分布见图 4-20，富磷区面积统计见表 4-6。

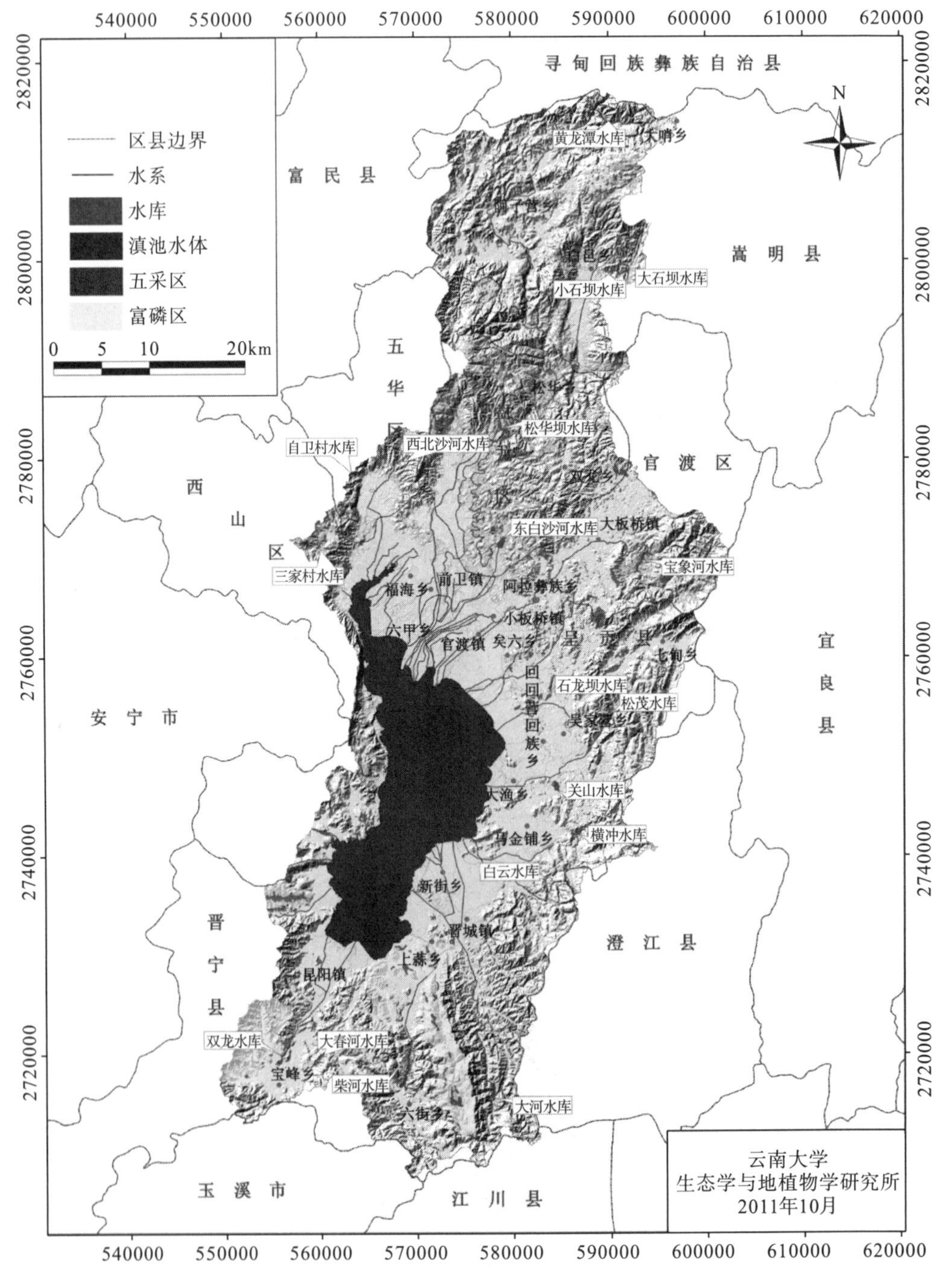

图 4-20 滇池流域富磷区及五采区分布示意图

表 4-6　滇池流域富磷区面积统计

区域	面积 (hm^2)	占比 (%)
柴河流域富磷区	8 360.61	64.75
东大河流域富磷区	3 579.07	27.72
古城河流域富磷区	972.16	7.53
合计	12 911.84	100

富磷区面源污染管理与治理的关键问题从三方面考虑：山地富磷区水土流失控制、富磷区耕地面源污染控制、矿山迹地的植被修复。

1. 山地富磷区水土流失控制

富磷区面源污染削减的核心就是涵养水源、固磷锁磷，水土保持。通过遴选固磷锁磷的植物，优化设计群落结构，构建适合不同立地条件下实现基本水土保持功能的最小有效植物群落结构。因此，有别于其他山地的植树造林和天然林保护工程，富磷区的水土保持植被恢复需要优选固磷锁磷的植物、配置复层植物群落、构建网格化群落单元。

2. 富磷区耕地面源污染控制

富磷区耕地面临磷背景值高、作物无法有效利用的问题，释磷解磷提高土壤磷肥含量并被作物有效吸收利用，不仅可减少磷肥施用量降低生产成本，还可达到除磷的目的。富磷区耕地应禁止使用磷肥，代以施用释磷解磷的微生物菌剂。

严格控制富磷区耕地形成的农田径流、山地坡面流经路面向下坡向地块、支流、河道的输移，以沟渠-窖池-库塘多级拦截收集回用雨季产生的地表径流。

3. 矿山迹地的植被修复

滇池流域是中国大型露天磷矿石的生产基地之一，昆阳矿区是国内最大的露天磷矿采区。露天采矿生产对地表扰动较大，矿区雨季地表径流冲刷入滇的磷流失不容忽视，生产中应采取控制水土流失和地质灾害的作业方式，如等高线作业面开采、削坡卸载加固作业面、矿区地表径流的拦截和利用等。以企业为主承担磷矿采空区、废弃区的水土流失治理，控制尾矿渣冲刷流失和土壤磷素淋溶，以工程治理为主，以复土植被修复、封山育林等为辅。目前，云南磷化集团昆阳磷矿已成为国家首批 37 个绿色矿山之一，2007 年起开展实施“尖山磷矿高陡边坡治理工程”，2011 年采用“客土喷播厚层基质坡面绿化”技术进行植被修复，通过平整坡面-安装锚杆-挂网施工-喷浆覆土-播草灌种进行边坡绿化，初见成效；2011 年 8 月云南磷化集团启动“矿山废弃区植被恢复造林”工程项目。

4.3.7　城市面源污染管理与治理

随着西南桥头堡、东南亚大通道、新昆明国际大都市和滇池流域城乡一体化建设的进程，流域城市建成区面积迅速扩展。1974～2010 年流域城市建成区扩展强度增长了 4 倍，预计“十二五”期间流域城市化率将达到 90.9%。依据《昆明市总体规划修编(2008—

2020)》，截至 2020 年，流域内城市面积将达 1037km^2，其中昆明市主城区 568km^2、呈贡新区 160km^2、空港经济区 54km^2、高新区 85km^2、晋宁新城 91km^2、海口新城 68km^2、海口 10km^2。城市将占据滇池流域湖盆区的 81.62%。

旧城区面源污染控制的城市改造步履艰难，现有“城中村”改造的同时新“城中村”在城市扩展中大量涌现，形成城市面源污染加剧的态势。从空间变化来看，近 5 年来城市建成区重心向东南转移了 5.5km。目前，滇池外海东岸呈贡新区的城市生活污水、城市面源污染将取代这一区域原有以花卉蔬菜种植为主的农业面源污染。

2007 年对滇池入湖河道的研究表明，无论是旱季还是雨季，流经昆明主城区的河道入湖口氮、磷污染物的浓度远高于流经呈贡县和晋宁县的河道，流经呈贡县的河道入湖口氮、磷污染物的浓度比流经晋宁县的河道高。按滇中城市经济群的发展，昆明市除主城四区及呈贡县以外的 9 个县(市)区，以 2007 年为基础，县城建设常住人口 5 年倍增，滇池流域城市面源污染防控日趋严峻。

城市地表沉积物包含许多污染物质，有固态废物碎屑(城市垃圾、动物粪便、城市建筑施工场地堆积物)、化学药品(草坪施用的化肥农药)、空气沉降物和车辆排放物等。

1. 滇池流域城市区域下垫面特征

根据昆明市土地利用规划、2009 年 SPOT 影像确定城市区域地表覆盖的特征，城市区域下垫面特征见表 4-7。

表 4-7 滇池流域城市各类型下垫面面积统计

城区	不透水下垫面				透水下垫面		合计面积(hm^2)
	道路		建筑物				
	面积(hm^2)	占比%	面积(hm^2)	占比%	面积(hm^2)	占比%	
主城区	12071.3	21.3	20561.3	36.2	24151.8	42.5	56784.4
呈贡新区	2839.0	17.7	7228.9	45.1	5960.3	37.2	16028.2
空港经济区	613.6	11.3	2733.1	50.2	2094.1	38.5	5440.8
高新区	343.0	4.0	3176.4	37.2	5010.2	58.7	8529.6
晋宁新城	671.9	7.4	4073.8	44.9	4336.7	47.7	9082.4
海口新城	1334.1	19.6	2001.4	29.4	3477.3	51.0	6812.8
海口	260.1	25.3	241.2	23.5	525.6	51.2	1026.9
合计	18133	15.2	40016.1	38.1	45556	46.7	103705.1

按新昆明“一湖四片”的城市格局，共有主城区、呈贡新区、空港经济区、高新区、晋宁新城、海口新城和海口 7 个城市区域。晋宁新城透水下垫面占 47.7%，主城区占 42.5%，呈贡新区 37.2%。晋宁新城不透水下垫面占 52.3%，其中道路 7.4%，建筑物 44.9%。在建的呈贡新区地面扰动较大，许多建筑工地现在表现为不透水下垫面。

2. 昆明城市河流格局

城市河流是城市面源污染物入湖的重要通道。昆明市主城区城市河流密度为 4.39km/km^2，宽度 3m 以上的河流密度为 0.723km/km^2。昆明主城区宽度 3m 以上河流廊道密度现为 0.52km/km^2，不到 1980 年(1.81km/km^2)的三分之一。多数河岸植被带宽度达不到有效防治面源污染的目的，大部分城市河流曲度低，蜿蜒性较差；流经能吸纳、截留污染物的“汇”景观的河流仅占 8.8%，应加强城市河流的合理规划和生态修复。

3. 城市面源污染防控

根据城市景观空间格局与城市面源污染之间的关系，确定面源污染治理的重点，采用合适的管理措施，达到控制面源污染的目的。城市面源污染控制方案设计基于滇池流域的整体系统，面源污染控制技术体系以管理为主、以工程为辅。将多样化技术实施合理组合在流域尺度上的源-流-汇过程中。

滇池流域城市面源污染防控分区方案见表 4-8，图 4-21 为滇池流域城市面源污染防控区划图。城市区域包括主城区规划范围 620km^2、呈贡新区 160km^2，以及空港经济区、高新区、晋宁新城和海口。道路不透水下垫面及河岸两侧 10m 范围确定为重点防控区(18 555.1hm^2)，占城市区域的 17.9%；建筑物不透水下垫面及河岸外延 10～50m 为中等防控区，面积 40 544.4hm^2，占城市区域的 39.1%；此外为透水下垫面，为一般防控区，占 43.0%。

表 4-8　滇池流域城市面源污染防控分区方案

防控区	面积(hm^2)	占比(%)	备注
一般防控区	44 605.6	43.0	透水下垫面
中等防控区	40 544.4	39.1	建筑物不透水下垫面；河岸外延 10～50m
重点防控区	18 555.1	17.9	道路不透水下垫面；河岸外延 0～10m
合计	103 705.1	100	

具体控制技术：①城市面源污染的源控制，如地表绿化的促渗和控污、透水路面设计、城市雨水的资源化利用；②城市面源污染的过程控制，如植草沟技术、人工湿地技术、缓冲带技术、生态护岸技术；③城市面源污染的汇控制。

4.3.8 大气沉降引起的面源污染及其治理

2009 年滇池流域雨季 5～8 月总氮沉降量达 19kg/hm^2，其中雨水的氮浓度约为 2.0mg/L，远大于水体富营养氮浓度阈值。

大气沉降带来的面源污染问题从源头上来说是大气污染的延伸，产业结构宏观调控，由能耗高、污染重的产业转变为能耗低、污染轻的产业是解决问题的根本手段，此外，可以从以下几个具体方面考虑。

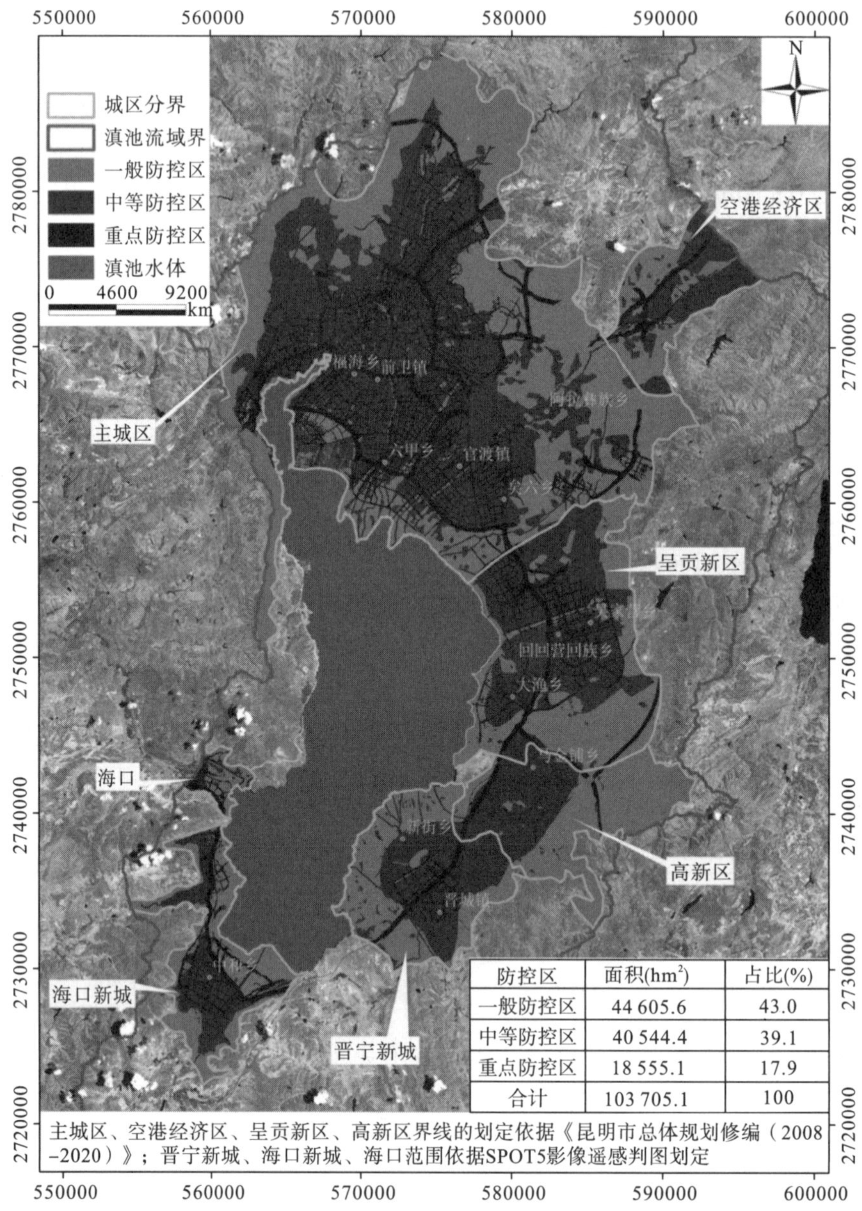

防控区	面积(hm^2)	占比(%)
一般防控区	44 605.6	43.0
中等防控区	40 544.4	39.1
重点防控区	18 555.1	17.9
合计	103 705.1	100

图 4-21 滇池流域城市面源污染防控区划图

1) 工业源含氮废气达标排放。

2) 机动车尾气的控制。

3) 节能减排及重点污染源的综合整治。

4) 能源结构调整与清洁能源使用。

5) 规模化畜禽养殖固体废弃物的沼气化利用。

6) 2015 年全流域禁止使用含氮化肥。

7) 加强城市面源污染治理。

4.3.9　地下水面源污染及其治理

滇池流域地下水硝酸盐含量属于Ⅲ类标准(2.0～20mg/L)的仅为 30%，Ⅳ类(20～30mg/L)的为 20%，Ⅴ类(≥30mg/L)的为 50%，地下水硝酸盐合格率仅为 30%。从地理分布来看，由于呈贡片区为云南省蔬菜、花卉的主产区，种植密度高，大多采用简易塑料竹棚种植，地下水硝酸盐污染较官渡、晋宁严重，农户为追求高产，盲目大量投入化肥，尤其以氮肥居多，超过了作物需要量，大量氮素进入土壤，最终以易淋溶的硝酸盐形式进入地下水，造成对地下水的污染。滇池流域地下水硝酸盐含量与氮肥施用量有明显的相关性。

1. 滇池流域地下水风险评价与防控区划

参考 DRASTIC 模型，采用多因子综合分析方法对其风险程度进行评价。滇池流域地下水污染风险评价因子的选取原则主要从以下几方面考虑：①选择对地下水脆弱性影响大且容易获得的水文地质条件作为评价因子；②从地表水与地下水统筹兼顾的角度出发，突出地表水汇集区与其他区域不同的地下水防污性能特征；③针对地下水受污染程度和预期危害性，突出地下水污染负荷影响。

滇池流域地下水污染风险评价因子包括含水层介质、地形(坡度)、河网距离、硝酸盐氮负荷(SWAT 模型估算)。利用层次分析法计算最大特征根及对应特征向量，计算评价因子权重。各因子按 1、2、3 三个等级分别评分，叠加分析后用 ArcGIS 软件自然中断法进行重分类，将滇池流域地下水污染风险分为敏感区、易污染区和一般防控区(不包含水体)。

滇池流域地下水污染防控区划见图 4-22。其中重点防控的敏感区为 84 494.41hm^2，占 32.75%；中等防控的易污染区 86 564.17hm^2，占 33.55%；一般防控区 86 978.84hm^2，占 33.70%(表 4-9)。

表 4-9　滇池流域地下水污染防控分区统计表

地下水防控分区	面积(hm^2)	评价因子等级	面积百分比(%)			
			含水层介质	河网距离	坡度	硝酸盐氮负荷
一般防控区	86 978.84	1	10.33	40.07	20.12	0.02
		2	37.95	50.27	56.76	17.62
		3	51.72	9.66	23.12	82.36
易污染区	86 564.17	1	18.86	44.95	10.39	45.48
		2	28.40	39.40	51.12	36.65
		3	52.74	15.65	38.49	17.87
敏感区	84 494.41	1	13.98	64.76	39.01	99.33
		2	70.60	31.52	60.18	0.66
		3	15.42	3.72	0.81	0.01

易污染区地势相对平缓。含水层介质主要为黏质砂土、沙质黏土及灰岩、白云岩，地下水脆弱性相对较高。该区河网密集，地表水体中的污染物易污染地下水，被污染的地下

水又会进一步污染滇池及各大河流。

敏感区主要位于呈贡县和晋宁县，地下水污染风险最大，硝酸盐氮单位面积平均含量高，约有82.37%的区域硝酸盐氮单位面积负荷在20kg/hm^{2}以上。含水层介质主要为玄武岩、碎屑岩和页岩，坡度多分布于2°～18°。该区是滇池流域主要的磷矿区、蔬菜花卉及传统农业种植区，污染来源广，污染负荷产生量大且容易释放，需要进行重点控制。

一般防控区地势较高，硝酸盐氮单位面积平均含量低，河流分布少，含水层介质主要为砂岩、碳酸盐，地下水脆弱性低且污染负荷小，对其进行一般防控。

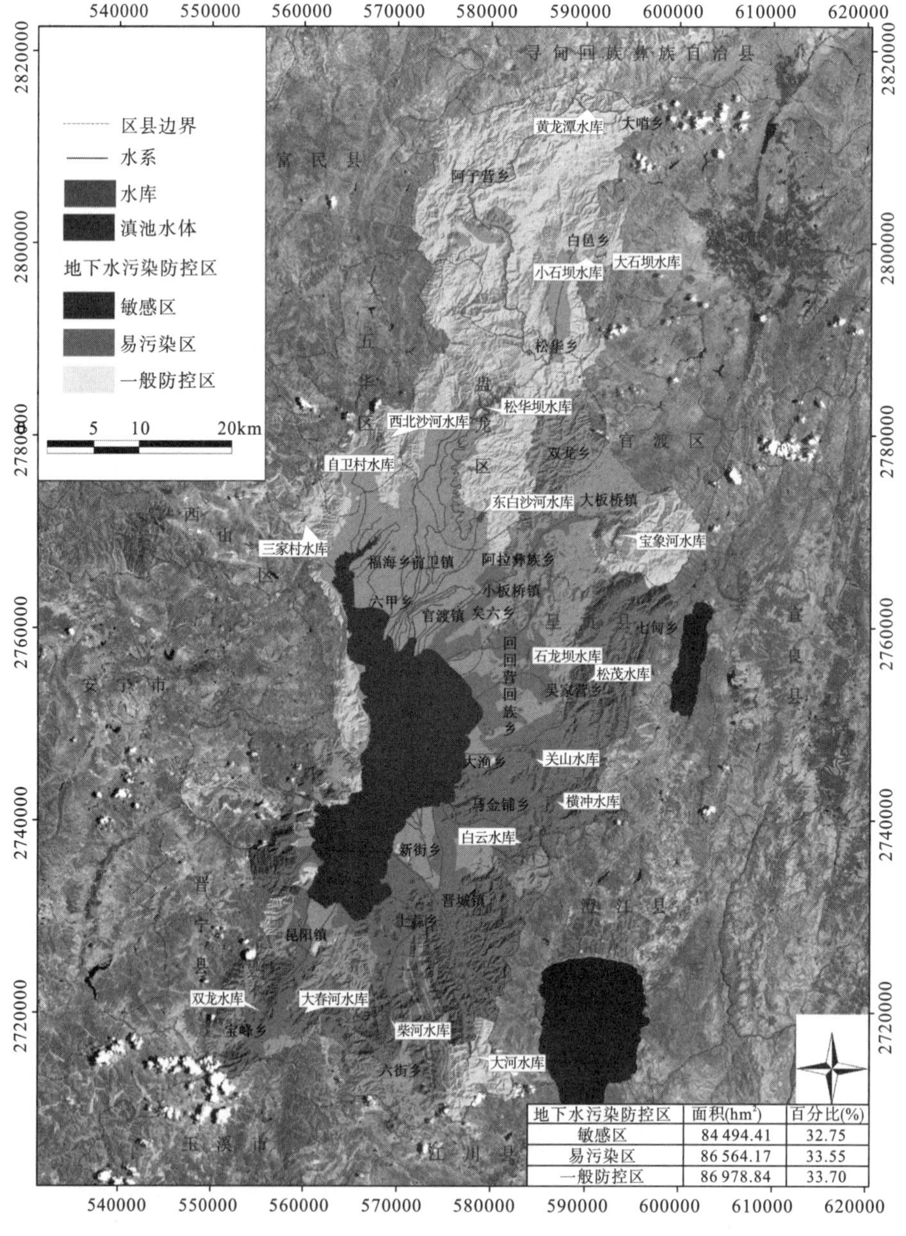

地下水污染防控区	面积(hm^2)	百分比(%)
敏感区	84 494.41	32.75
易污染区	86 564.17	33.55
一般防控区	86 978.84	33.70

图4-22 滇池流域地下水污染防控区划图

2. 滇池流域地下水污染防治方案

滇池流域地下水面源污染防控治理方案见图 4-23。

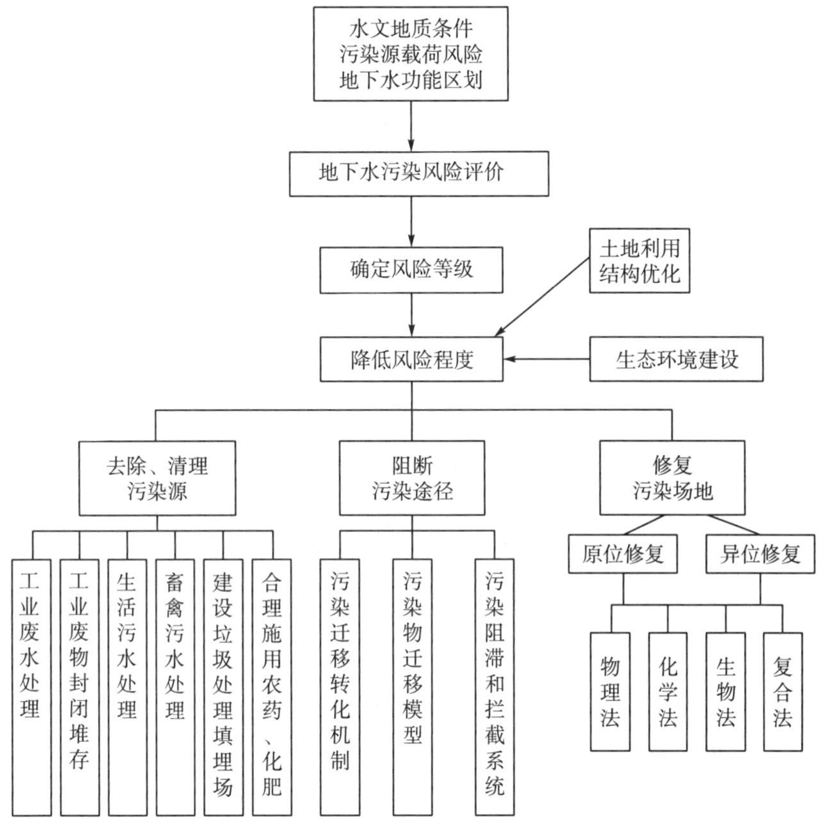

图 4-23　滇池流域地下水面源污染防控治理方案

控制与治理污染地下水的关键首先是去除和清理污染源，切断进入地下含水层中的污染物来源，为后续的污染治理奠定基础。就滇池流域而言，首先做好有毒有害工业废物的封闭堆存，禁止垃圾乱堆乱放，生活污水达标排放，施药施肥技术科学合理，提高作物对氮、磷的利用率，节水灌溉，提高用水率。优化土地利用结构，减少水土流失，从而减少地下水面源污染，进行生态环境建设，提高植被覆盖率，提高地表对雨水的保持和入渗功能。

第 5 章　滇池流域面源污染的分区防控与设计

滇池流域按照自然生态系统的特点和面源污染防控的功能要求，主要设为水源地、过渡区、湖滨区。不同区域的面源污染发生特点不同，控制要求和目标不同，从而要采取不同的防控思路和工程设计。

5.1　水源地生态保护与治理工程

根据集中式饮用水源地污染防治措施要求，一级保护区：清除所有排污口，移民搬迁，清退花卉、蔬菜等的种植，完成退耕还林、水源涵养和生态修复等保护工作，禁止一切生产和生活活动。二级保护区：调整农业产业结构，实施“农改林”，逐步实行退耕还林，重点发展有机农业和经果林；通过减少农药化肥的使用，建设村庄截污沟、坡耕地治理等加强面源控制，减少污染物的排放；逐步将工业企业迁出水源地保护区；限制餐饮服务业发展；准保护区内禁止新建、扩建对水体污染严重的建设项目，实行测土配方施肥，推广有机生物肥和化肥用量少的作物。

5.1.1　松华坝水库饮用水源地保护区生态保护与治理工程

松华坝水库饮用水源地保护区总面积 58 221.12hm^2，范围涉及嵩明县阿子营乡、滇源镇(大哨乡和白邑乡合并)和盘龙区松华乡、龙泉街道办事处(部分)、双龙乡(部分)等 5 个乡镇(街道办事处)44 个村委会 283 个村民小组。区内共有 22 462 户，人口 85 613 人，平均人口密度 144 人/km^2，根据 2005 年数据，一级保护区内需搬迁人口数为 6942 人。

1. 松华坝水库饮用水源地保护区功能区划

一级保护区面积为 2353.76hm^2；二级保护区面积为 18 828.14hm^2；准保护区面积为 37 039.26hm^2 。

2. 松华坝水库饮用水源地保护区面源污染防控生态设计

依据各区域特点，分别对各区域进行水源地面源污染控制生态设计。通过各项措施，提升水源区林分质量和水源涵养功能。具体设计内容主要包括以下几个方面。

封山育林 1035.81hm^2，林分改造 369.12hm^2，灌木林地补植面积约 3943.88hm^2，疏林地补植面积约 348.27hm^2，荒草地人工造林 2049.21hm^2，退耕还林 535.52hm^2，改坡耕地为梯田或台地 7158.76hm^2。“双禁”及测土配方耕作 3704.78hm^2，水库周边及河口滩涂湿地恢复 40.03hm^2，河岸生态防护林建设 312.1hm^2。

3. 松华坝水库饮用水源地保护区面源污染防控方案预测分析

对方案实施后进行预测分析，有林地总面积将达到 38 965.77hm^2，占整个水源区的 67.27%，湿地面积增加到 97.44hm^2。相对于优化设计前，各土地利用类型的保土保肥、涵养水源能力及生态功能将明显增强。

按土地利用模型估算，TN 削减率平均为 69.51%，TP 削减率平均为 65.78%。

5.1.2 宝象河水库水源地保护区生态保护与治理工程

宝象河水库水源地保护区总面积 68.51km^2，由宝象河水库径流区组成。径流区内分布有大板桥镇 4 个办事处(一朵云、新发、沙沟和阿底)共 13 个自然村，以及方旺林场、阿拉乡飞地。宝象河水库产水量 1858 万 m^3/a，饮用水供水量 1368 万 m^3/a，出库河流为宝象河。宝象河水库水质状况不容乐观，经 2009 年水质监测，宝象河水库水质类别为Ⅳ类，总氮是主要的超标因子。按滇池流域水污染防治“十二五”规划，保护区搬迁人口 2864 人。

1. 宝象河水库饮用水源地保护区功能区划

一级保护区面积为 581.58hm^2；二级保护区面积为 3969.28hm^2；准保护区面积为 2299.75hm^2。

2. 宝象河水库饮用水源地保护区面源污染防控生态设计

林分改造 64.40hm^2，华山松林封山育林 94.04hm^2，荒草地造林 64.50hm^2，一级保护区退耕还林 89.27hm^2，二级水源保护区和准保护区退耕还林 104.68hm^2，坡改梯(台)854.79hm^2，测土配方耕作 562.22hm^2，水库库尾滩涂湿地恢复 72.37hm^2。一级保护区进行人口搬迁工程，移民生活和生产安置在本村委会与本乡镇解决。拆除建筑用地，面积为 1.64hm^2，建设河岸生态防护林 146.09hm^2。

3. 宝象河水库饮用水源地保护区面源污染防控方案预测分析

水源涵养林总面积将达到 5219.91hm^2，一级保护区和二级保护区实行“双禁”，从源头控制农业污染物的排放。等高线耕作地为 854.79hm^2，平耕地为 312.8hm^2，测土配方耕作地为 562.22hm^2。相对于优化设计前，各土地利用类型的保土保肥、涵养水源能力及生态功能增强。

按土地利用模型估算，TN 削减率平均为 59.72%，TP 削减率平均为 56.15%。

5.1.3 柴河水库饮用水源地保护区生态保护与治理工程

柴河水库水源地保护区总面积 121.88km^2，由柴河水库径流区组成。柴河水库水质情况不容乐观，总氮和总磷是主要的污染因子，2008 年柴河水库水质类别为III类。按滇池流域水污染防治“十二五”规划，一级保护区搬迁人口 570 人。

1. 柴河水库饮用水源地保护区功能区划

一级保护区面积为 1090.7hm^2；二级保护区面积为 4780.3hm^2；准保护区面积为 6316.7hm^2 。

柴河水库径流区有部分区域属于富磷区，且有露天采矿区分布，流域矿区土壤主要为山地红壤，成土母岩以石英砂岩为主。富磷区总面积 1800hm^2，其中所占面积比例最大的是有林地，其次是耕地和矿区建设用地。

2. 柴河水库饮用水源地保护区面源污染防控生态设计

整个水源地保护区禁止使用化肥和农药，同时根据功能区的保护目标和面源污染防治重点，分别对三种功能区的水源地面源污染控制进行生态设计。

(1) 一级保护区

所有耕地退耕还林，面积为 309.83hm^2。水库库尾滩涂湿地恢复 7.6hm^2。桉树林林分改造面积 39.95hm^2。人口搬迁，拆除建筑用地，面积 14.13hm^2，生态防护林建设 108.03hm^2。

(2) 二级保护区

封山育林 603.98hm^2，荒草地造林面积 36.3hm^2，退耕还林 44.3hm^2，坡改梯(台) 502.72hm^2，坝平耕地测土配方耕作 925.65hm^2。

(3) 准保护区

对准保护区进行封山育林、林分改造、矿区植被修复等生态工程建设。

3. 柴河水库饮用水源地保护区面源污染防控方案预测分析

方案实施后有林地总面积将达到 8649.22hm^2，占整个水源区的 70.97%。等高线耕作地为 1273hm^2，平耕地为 1871.5hm^2，测土配方耕作地为 1391.78hm^2。相对于优化设计前，各土地利用类型的保土保肥、涵养水源能力及生态功能明显增强。

按土地利用模型估算，TN 削减率平均为 83.07%，TP 削减率平均为 82.77%。

5.1.4 大河水库饮用水源地保护区生态保护与治理工程

大河水库水源地保护区位于滇池流域东南部，总面积 37.81km^2，由大河水库径流区组成，包括化乐乡的八家、火石坡、关岭 3 个村委会。经过近年来的大力整治，水库的总体水质出现好转，2009 年大河水库水质类别为III类，总氮和总磷是主要的超标因子。按滇池流域水污染防治“十二五”规划，保护区搬迁人口 1599 人。

1. 大河水库饮用水源地保护区功能区划

一级保护区面积为 272.95hm^2；二级保护区面积为 2372.35hm^2；准保护区面积为 1135.47hm^2。

2. 大河水库饮用水源地保护区面源污染防控生态设计

经济林、桉树林林分改造分别为 35.25hm^2 和 19.62hm^2，一般用材林封山育林

585.69hm^2，灌木林地、疏林地补植乔木分别为 416.37hm^2 和 85.96hm^2，人工造林面积 138.36hm^2，一级保护区退耕还林 104.84hm^2，二级保护区和准保护区各退耕还林 201hm^2。耕地实行双禁，坡改梯(台)691.61hm^2，实施测土配方施肥 349.51hm^2，一级保护区实施移民搬迁，6.64hm^2 建筑用地改造为水源涵养林，水库周边及河口滩涂湿地建设 38.78hm^2，建设河岸生态防护林 44.79 hm^2。

3. 大河水库饮用水源地保护区面源污染防控方案预测分析

方案实施后有林地面积将增加到2818.11hm^2，占整个水源地保护区面积的74.54%，其中水源涵养林面积达到 2123.52hm^2，比设计前提高了 25.48%。耕地面积减少为 809.46hm^2，森林覆盖率提高，各土地利用类型的保土保肥、涵养水源能力及生态功能增强。

按土地利用模型估算，TN 削减率平均为 66.94%，TP 削减率平均为 63.95%。

5.2 过渡区典型设计

选择未来滇池流域农业发展的重点区域晋宁柴河流域和东部处于城市发展格局变动的宝象河流域进行过渡区的典型设计。

5.2.1 柴河流域过渡区典型设计

柴河流域过渡区总面积 6503.74hm^2，包括上蒜镇、昆阳镇和晋宁镇，涉及上蒜、牛恋、石寨等 16 个村委会。耕地面积 3652.55hm^2，以坡耕地和设施农业为主，占过渡区总面积的 56.16%，坡耕地面积为 1926.73hm^2，占 29.62%，设施农业耕地 1315.2hm^2，多为近年由坝平地转换而来。富磷区面积为 3629.8hm^2，占过渡区总面积的 55.8%，磷矿开采区 280.5hm^2，占过渡区总面积的 4.3%。

1. 柴河流域过渡区面源污染特征

经 SWAT 模型估算柴河流域过渡区内的面源污染负荷，总氮为 14.57kg/hm^2，总磷为 0.33kg/hm^2。柴河流域过渡区是典型的滇池南岸农耕区，也是未来滇池流域农业发展的重点区域。本区面源污染大部分来自农田水肥流失和农村生活污染源。另外，滇池南岸磷矿开采区也集中分布于此，区内有大范围的富磷区域，该地区面积的一半以上属于富磷区，固磷控蚀成为该区的主要生态问题，同时也增加了农业面源污染防控的难度。农村村庄分布集中，农业人口密度较高，生活污水排放量达 995t/a，农村生活污染物普遍缺乏有效处理。

面源污染防控的重点确定为以下几个方面：①种植业面源污染控制技术的集成和应用；②农村生活污染处理；③富磷区锁磷固蚀；④磷采区生态修复。

2. 柴河流域过渡区面源污染防控方案设计

(1)农村面源污染重点防控区

过渡区总常住人口数为 32 321 人，污水产生量、排放量分别为 1105t/d 和 995t/d，根据各村委会污水排放量的大小，建设不同规模的分散式污水处理设施，并采用生态填料植物床+人工强化湿地的处理工艺和表面流湿地工艺对生活污水进行处理。

(2) 坡耕地面源污染防控区

坡耕地总面积 1926.73hm^2，根据富磷区特征，将坡耕地分为坡耕地富磷区(63.2%)和坡耕地非富磷区(36.8%)并分别进行面源污染控制设计。富磷区坡耕地采用微生物固磷锁磷技术、固磷控蚀人工群落抚育、测土配方施肥技术、大流量多功能复合型固液旋流分离技术、坡面径流截留拦蓄再利用技术、富磷区坡耕地植物网格化固土技术等。坡耕地非富磷区面积 709.5hm^2，采用退耕还林、高效抑流植物篱构建技术、固土控蚀耕作技术、集水截污补灌技术、膜侧种植耕种技术等。

(3) 坝平地面源污染防控区

过渡区坝平地总面积 410.6hm^2，占过渡区总面积的 6.3%，分为坝平地富磷区和坝平地非富磷区进行面源污染控制设计。

富磷区面积 193.9hm^2，采用微生物固磷锁磷技术、富磷植物固磷锁磷技术、仿肾型农田径流收集技术等；非富磷区面积为 216.7hm^2，采用农田径流回灌技术等进行面源污染控制。

(4) 设施农业面源污染重点防控区

设施农业耕地面积为 1315.2hm^2，占过渡区总面积的 20.2%，占过渡区耕地面积的 36%，是该区的一种主要耕作方式，该区域以“污染防控型肥料+氮磷素减量+节肥施用”的方案组合，采用高效精准农药和化肥施用技术，利用滴灌、植物篱等技术减少氮磷流失。

(5) 磷矿开采区

磷矿开采区面积为 280.5hm^2，占过渡区总面积的 4.3%，该地区重金属含量极高，对植物生长产生毒害作用，水土流失严重，加剧了流域面源污染程度。在该区域，采用微生物固磷锁磷技术、覆土植被恢复技术和固磷控蚀人工群落抚育等进行面源污染控制。

(6) 其余区域防控措施

富磷区及非富磷区果园采用面源污染防控技术减少区域磷素输移，富磷区人工林、暖温性灌丛及暖温性稀树灌木草丛采用微生物固磷锁磷技术等，改造成为水土保持林。

3. 柴河流域过渡区面源污染防控方案预测

按模型估算，柴河流域过渡区面源污染负荷预计 TN 削减 58.4%，TP 削减 54.67%。

5.2.2 宝象河流域过渡区典型设计

宝象河流域过渡区总面积 11 759.47hm^2，包括官渡区阿拉彝族乡、大板桥镇、小板桥镇、官渡镇和矣六乡，涉及板桥、阿拉、石坝等 29 个村委会。土地利用类型主要为建筑用地，其次为耕地 3206.46hm^2，占 27.27%，其中设施农业耕地 1332.50hm^2，集中连片分布在靠近滇池的区域。

1. 宝象河流域过渡区面源污染现状

宝象河流域过渡区内面源污染负荷总氮为 3.53kg/hm^2，总磷为 0.56kg/hm^2。本区主要为城乡结合部，面源污染物大部分来源于生活污染源及农田水肥流失。生活污水产污量较大，其中人口密度最大的晓东社区居委会污水排放量为 124 560.25L/(d • km^2)，人口密度最小的李其村村委会污水排放量为 6264.39L/(d • km^2)。目前，已建多个污水处理厂和污水处理站，纳污面积覆盖本区的大部分区域。

宝象河流域过渡区处于昆明主城区与呈贡新城区交接部，随着城乡一体化的发展，近郊村庄逐步城镇化，相应的耕作区转换为城市区域。设施农业等重污染区如何适应区域功能转变形成可持续发展的都市观光农业是面源污染防控的发展方向。城镇县区污水处理厂的建设逐步将村庄排污接纳，相应的农村生活污染问题会减弱。与此同时，城市面源污染的问题需要引起重视，目前不透水建筑用地面积达 7279.31hm^2，占 61.90%。本区是空港区及昆明市东线交通的重要通道，交通线两侧的绿化景观带是面源污染防控的重要工程。

2. 宝象河流域过渡区面源污染防控方案设计

针对本区特点设计相应的面源污染防控方案，包括：官渡镇和矣六乡的设施农业发展生态农业观光园面积 1221.00hm^2；机场高速路建设绿化带 182.35hm^2；城市化区域耕地退耕为城市绿地面积 224.81hm^2；过渡区接近湖滨区的区域建设生态公益林 219.03hm^2，宝象河和新宝象河两侧 50m 范围内建生态护岸林 407.79hm^2；人工林低效林改造和抚育 519.54hm^2；灌木林地抚育造林 369.00hm^2；园林化混农林系统建设 553.62hm^2；坡耕地改造 357.33hm^2；设施农业耕地优化 37.97hm^2；坝平地耕作优化 410.88hm^2；农村污水处理设施建设。

3. 宝象河流域过渡区面源污染防控方案预测

方案实施后，流域内面源污染防控的生态单元大幅增加，各类林地面积合计占 24.16%，另有 10.38%的生态农业观光园区，将促进本区农业可持续发展和农村劳动力转移。

按模型估算，宝象河流域过渡区面源污染负荷预计 TN 削减 66.21%，TP 削减 61.28%。

5.3　湖滨区典型设计

依据滇池湖滨区 5 个片区(即北岸片区、呈贡片区、晋宁片区、昆阳片区、西岸片区)的面源污染特征，选择碧鸡村、福保村、马金铺、安乐村、兴旺村、富善村共 6 个具体地段进行典型方案设计，方案设计中涉及的“迁村并点”项目实施区，可参考本设计开展湿地恢复和生态防护林建设。

(1) 碧鸡村

工程总投资 3076.99 万元。建设生态防护林 20.96hm^2，工程估算 314.31 万元；人工湿地 22.42hm^2，工程估算 2610.5 万元；天然湿地 12.69hm^2，工程估算 152.18 万元。

(2) 福保村

工程总投资 16 203.52 万元。建设生态防护林 117.81hm^2，工程估算 1767.1 万元；人工湿地 107.38hm^2，工程估算 12 885.48 万元；天然湿地 129.25hm^2，工程估算 1550.94 万元。

(3) 马金铺

工程总投资 12 504.51 万元。建设生态防护林 713.15hm^2，工程估算 10 697.25 万元；人工湿地 147hm^2，工程估算 1764.6 万元；天然湿地 3.56hm^2，工程估算 42.66 万元。

(4) 安乐村

面积 324.04hm^2，工程总投资 12 157.99 万元。建设生态防护林 170.54hm^2，工程估算 2558.05 万元；人工湿地 77.22hm^2，工程估算 8684.48 万元；天然湿地 76.28hm^2，工程估算 915.46 万元。

(5) 兴旺村

兴旺村位于滇池南岸昆阳湖滨片区，湖滨区总面积 582.64hm^2。工程总投资 16 877.58 万元。建设生态防护林 323.51hm^2，工程估算 4852.58 万元；人工湿地 106.45hm^2，工程估算 10 192.94 万元；天然湿地 152.68hm^2，工程估算 1832.06 万元。

(6) 富善村

设计区面积 51.83hm^2，工程总投资 1514.62 万元。建设生态防护林 44.81hm^2，工程估算 672.1 万元；人工湿地 7.02hm^2，工程估算 842.52 万元。

(7) 湖滨区典型方案设计评析

6 个典型设计区域建设生态防护林 1390.78hm^2，工程投资 20 861.39 万元，形成湖滨区的水土流失控制区。根据资料，宽 50m 防护林可以减少 TN 和 TP 的入湖量 80%以上。

建设人工湿地 467.49hm^2，天然湿地 374.46hm^2。一个生长季节按人工湿地草本植物平均氮、磷积累量分别为 200kg/hm^2 和 30kg/hm^2，天然湿地草本植物平均氮、磷积累量分别为 120kg/hm^2 和 20kg/hm^2 进行估算，一个生长季节 N、P 积累量分别为 111.96t 和 17.54t (表 5-1)。如果考虑及时收割利用，积累量将成倍增加。

表 5-1 湖滨区典型设计湿地一个生长季节 N、P 积累量估算

区域	人工湿地		天然湿地	
	N 积累量(t)	P 积累量(t)	N 积累量(t)	P 积累量(t)
碧鸡村	4.48	0.67	1.52	0.25
福保村	21.48	3.22	15.51	2.59
马金铺	2.94	0.44	0.43	0.07
安乐村	15.44	2.32	9.15	1.53
兴旺村	21.29	3.19	18.32	3.05
富善村	1.40	0.21	0.00	0.00
合计	67.03	10.05	44.93	7.49

第6章　滇池流域面源污染防控方案组织实施的支撑技术

面源污染防控往往需要根据不同类型的面源污染采取多种技术、多种措施集成组合，在汇水区上降低污染整体负荷水平，在输移层面上进行拦截滞留，在末端输出层面上加强污水的循环利用，在全环节、全链条上降低面源污染。

6.1　以村庄为单元的农村面源污染控制方案设计及示范

6.1.1　高效脱氮除磷组合填料模块化单元的研究

(1) 试验装置的设计

系统采取自上而下的连续进水方式。生活污水由填料上面的主穿孔布水管进入填料层，主布水管上每隔 70mm 固定一个次布水管，次布水管斜向下 45° 开孔，目的是均匀布水。生物填料为陶粒，沿填料高度设置取样孔(距填料表面 500mm)，通过闸门收集出水水样，如图 6-1 所示。

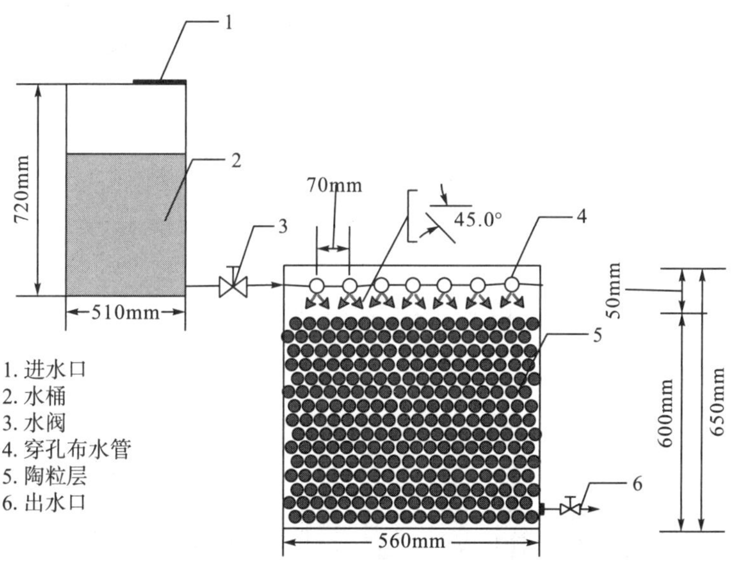

图 6-1　高效脱氮除磷组合填料试验装置

采用不同孔隙率、不同粒径、不同温度烧制的陶粒(装置 1：中温陶粒；装置 2：高温陶粒；装置 3：低温陶粒)装填，填料厚度为 550mm。生态填料系统的进水为昆明一中中水处理设备中初沉池的水样，取水频率为 1 次/周。

(2)运行效果

在前期静态试验结束后，挑选出中温和高温陶粒进行现场试验。正式运行两个周期(7d)，进水 pH 为 6.0～7.3，温度为 19～26℃。试验设计流量分别为 50L/d、20L/d。水力负荷分别为 $0.16m^3/(m^2 \cdot d)$、$0.064m^3/(m^2 \cdot d)$。测定每个周期的出水水质，每天检测 1 次水质指标，取距填料顶层 500mm 处的水样，检测其出水固体悬浮物(SS)、COD_{Cr}、TN、NH_3-N 和 TP 等指标。两种陶粒去除效果(水力负荷为 $0.16m^3/(m^2 \cdot d)$)见图 6-2～图 6-9。

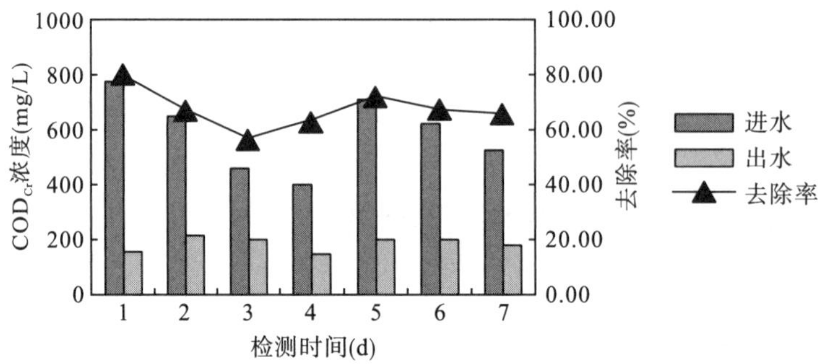

图 6-2 中温陶粒 COD_{cr} 去除性能

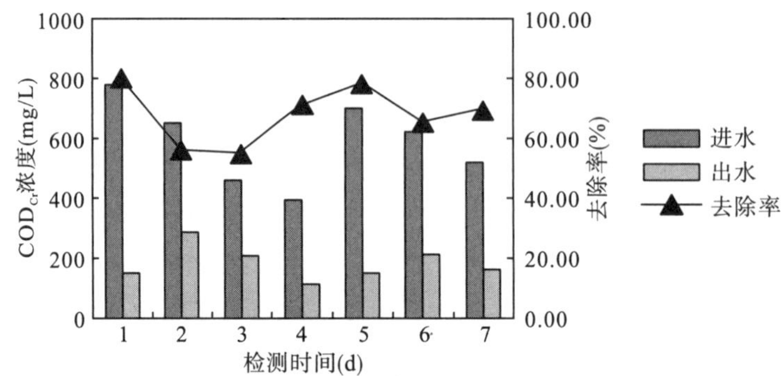

图 6-3 高温陶粒 COD_{cr} 去除性能

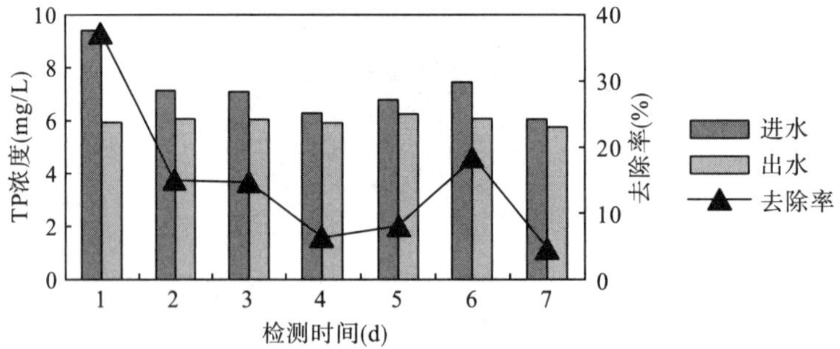

图 6-4 中温陶粒 TP 去除性能

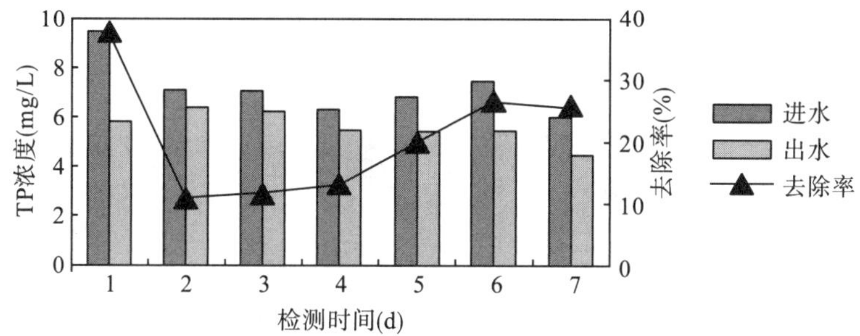

图 6-5　高温陶粒 TP 去除性能

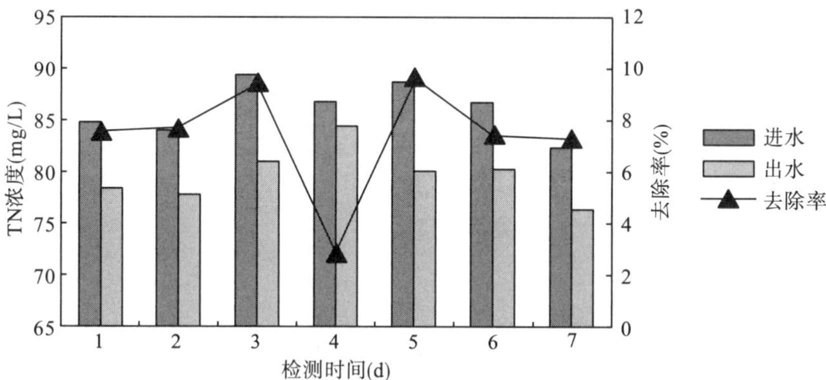

图 6-6　中温陶粒 TN 去除性能

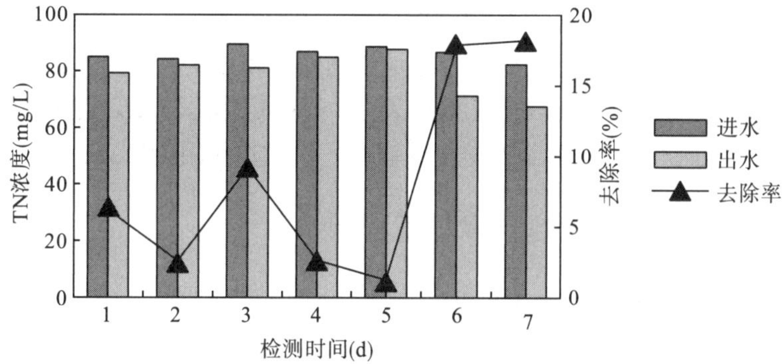

图 6-7　高温陶粒 TN 去除性能

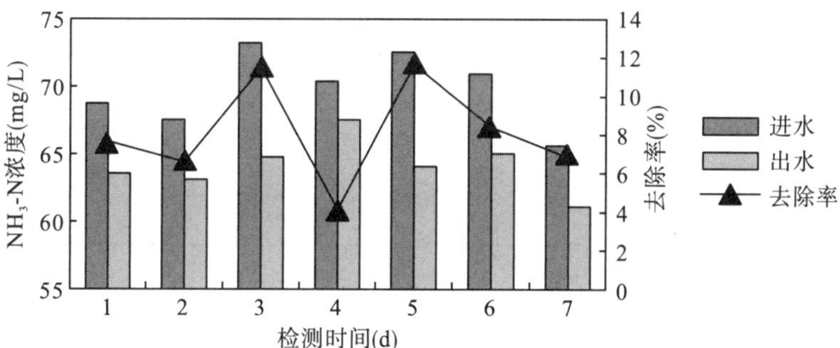

图 6-8　中温陶粒 NH_3-N 去除性能

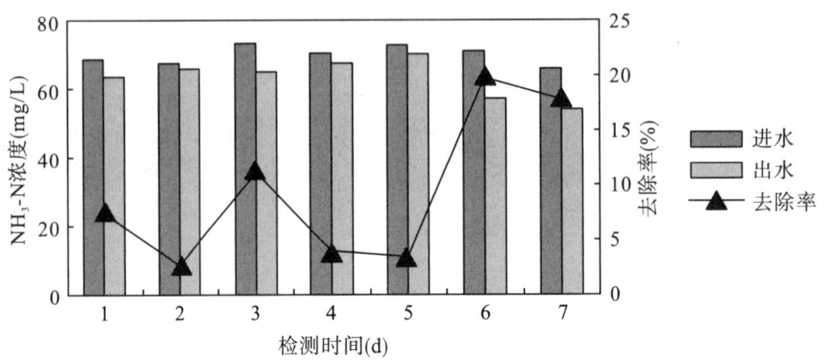

图 6-9　高温陶粒 NH_3-N 去除性能

分析图 6-4、图 6-5 得知，在这个水力负荷条件下，高温陶粒对 TP 的去除率要好于中温陶粒，两种陶粒对 TP 的去除率为 5%～37%，P 主要是通过物理截留、化学沉淀及生物降解等的共同作用得以去除的。高温陶粒比表面积、表面粗糙度和孔隙率大于中温陶粒，这也是影响陶粒对 TP 去除效果的主要因素。

(3) 主要结论

1) 系统的启动时间为 15～30d。

2) 水力负荷为 $0.064m^3/(m^2 \cdot d)$ 时对 COD_{Cr}、NH_3-N 和 TN 去除效果影响明显，磷的去除与水力负荷没有显著相关性。

3) 污染物出水指标与填料厚度有关，填料厚度以 550mm 为宜。

4) 由于进水污染物浓度负荷高，需定期排泥，于运行 6～7 天时排泥为宜。

5) 在装置布水期，对有机污染物的去除是生物降解和非生物作用的共同结果，其中微生物起主导作用。装置中氮转化以硝化效果为主，反硝化作用较弱，氮的降解以生物降解为主。装置对于磷酸盐的去除以非生物作用为主，以生物作用为辅。

6.1.2　不同村落面源污染控制技术与工程示范

(1) 段七村面源污染控制的技术设计与工程示范

段七村日产生污水量为 $72.16m^3/d$，污水处理规模取 $100m^3/d$。段七村污染负荷产生量参见表 6-1。

表 6-1　段七村污染负荷产生量

污 染 源	日产生量 (t/d)	年产生量 (t)	COD (t/a)	TN (t/a)	TP (t/a)
生活污水	78	28 470	18.92	2.11	0.42
生活垃圾	2.253	822.35	—	12.34	0.66
合　计	—	—	18.92	14.45	1.08

污水处理设计采取工艺为一体化净化设备+人工强化湿地处理技术。在充分利用现有沟渠的基础上新建排污沟，分南、中、北三个点进行截留式合流制污水收集处理，将污水

引至村落低洼农田处进行处理。在污水收集工程方面，一是加强村庄污水沟网建设，新建污水收集管网-排污沟渠约 1000m，提高污水收集率至 70%以上，同时对村内主要排污沟排污口设置多级格栅，拦截大的悬浮物、漂浮物；二是对村内已有的 2600m 排污沟进行定期清理清淤。

生活垃圾收集处置：新建垃圾收集装置。按照村庄环境规划要求，每 250～300 人需配备 1 座垃圾房(尺寸：$L \times B \times H = 4.0\text{m} \times 2.5\text{m} \times 2.4\text{m}$，砖混结构)，段七村需新建垃圾房 8 座。另需配置保洁员 3 名，并配备 3 辆人力三轮车和清理工具。进一步落实“户清扫、组保洁、村收集、乡转运、县处理”的垃圾处置机制，确保实现垃圾集中倾倒、统一收集、统一处理工作顺利进行。根据村落人口分布特点，对村庄垃圾池建设位置进行确定。其中村内市场两侧各新建 1 座，村落其他位置新建 6 座。

运行情况和工程效果：污水处理设计工程运行效果见图 6-10。监测结果表明，段七村污水处理系统进水口 COD、TN、氨氮、TP 浓度分别为 899mg/L、64.14mg/L、57.752mg/L、3.711mg/L，出水口分别达到 49mg/L、6.654mg/L、4.822mg/L、0.913mg/L，达到 GB 18918—2002《城镇污水处理厂污染物排放标准》一级 A 标准。COD、TN、氨氮、TP 的去除率分别达到 94.5%、89.6%、91.7%、75.4%。污水收集系统和处理工程使农村污水收集处理率达到 70%以上；垃圾收集模式的推广与实施，可使项目区域的垃圾收集清运率达到 90%以上，有效解决村庄脏、乱、差的现象，改善村落环境和村容村貌；通过在项目区域内建设堆肥场，将村落畜禽粪便集中的堆肥场进行集中堆肥处理，使粪便资源化利用率达 90%以上，在达到粪便腐熟增加肥效的同时，减少村庄内零星处理带来的潜在水污染问题。

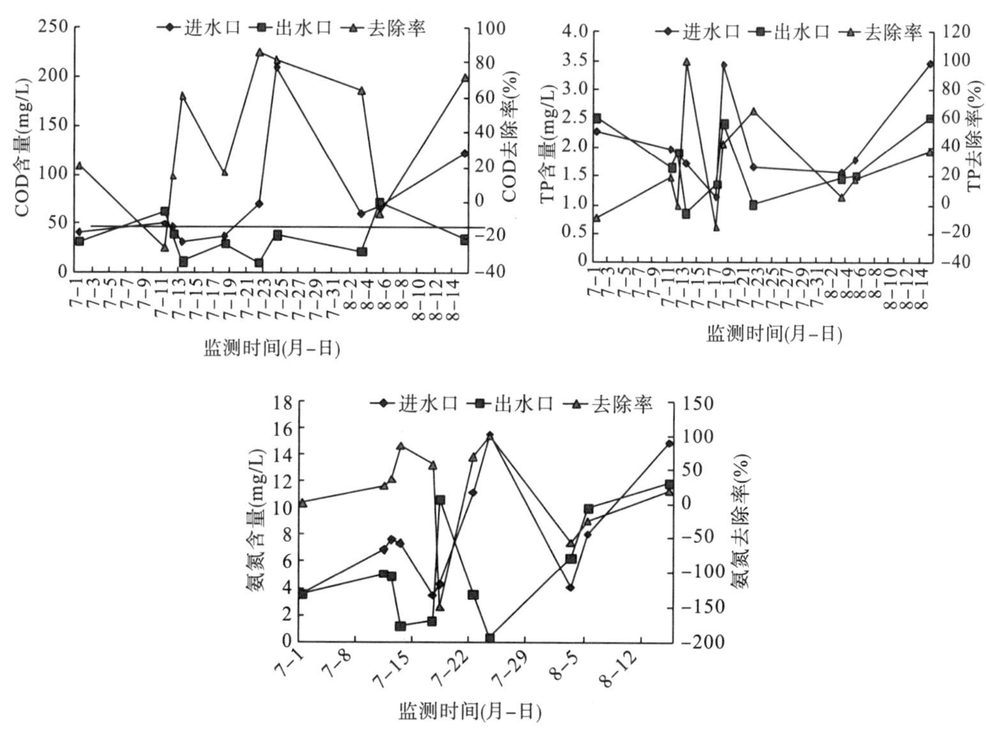

图 6-10　工程运行监测结果

通过工程的实施，段七村每年可以削减 COD 40.03t、TN 15.05t、TP 1.63t。

(2) 石头村面源污染控制的技术设计与工程示范

根据《云南省地方标准　用水定额》(DB53.T 168—2006) 及石头村的实际情况，用水量按 60L / (人 • d) 计算，目前石头村有人口 165 人，按照人口自然增长率 6‰计算，预计到 2020 年人口将增长为 176 人。污水转化率取 85%，污水收集率取 90%，生活污水产生量=165×0.06×85%×90%=7.57 (m^3/d)。目前全村有牛 9 头，猪 30 头，羊 106 只，根据《云南省地方标准　用水定额》(DB53.T 168—2006)，牛、猪、羊用水分别取 60L/(头 • d)、30L/(头 • d)、8L/(只 • d) 计算。考虑到畜禽粪便的渣、液回田，因此，畜禽污水收集率取 60%。畜禽污水产生量=(9×0.06+30×0.03+106×0.008) ×60%=1.37 (m^3/d)。

项目区内生活污水与畜禽污水总量为 8.95m^3/d，考虑到部分初期雨水及其他变动因素，污水处理系统设计总规模为 12m^3/d。本工程采用“生态填料土地处理系统”处理工艺，村落污水通过收集管收集后进入沉砂池，对污水进行初步沉淀后进入高位调节池。高位调节池的主要作用是将污水汇集储存、均衡水质，在调节池中可降解少部分有机污染物质，并去除颗粒物，减轻后续的污水处理系统的压力。高位调节池出水再进入生态填料土地处理单元进行处理，处理后的水排入附近农田。

污水收集工程：针对石头村的排污沟现状，设计采用雨污合流制的排水体系。采用 DN200 的 HDPE 管将污水沿干渠及村内的主排污沟收集至村东南侧，管道总长 600m。

运行情况及实施效果：运行监测结果见图 6-11。通过工程的实施，农村污水收集处理率达到 70%以上；石头村每年可以削减 COD 1.184t、TN 0.104t、TP 0.024t，分别占村落生活污染物产生总量的 80%、65%、80%，具体见表 6-2。

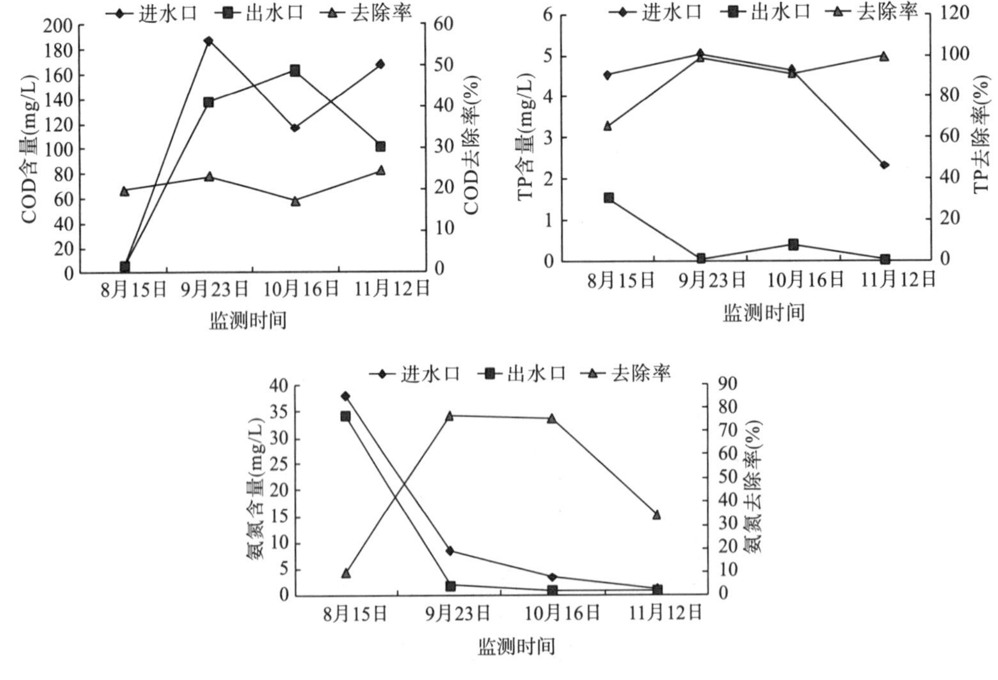

图 6-11　工程运行监测

表 6-2 污染物削减量

污染源	COD	TN	TP
产生量(t/a)	1.48	0.16	0.03
削减比例(%)	80	65	80
削减量(t/a)	1.184	0.104	0.024

通过在晋宁县上蒜产段七村(一体式净化槽+人工湿地系统)、石头村(土壤渗滤技术+人工湿地系统)、李官营村(三池处理技术)、宝兴村(土壤净化槽技术)4 个村委会进行工程示范，处理村庄生活污水规模 225m^3/d，主要污染物去除率达到 50%以上，污染物年削减量为 COD_{Cr} 53.7t、TN 14.54t、TP 1.85t。农村生活垃圾收集率和清运率达到 90%以上。

其中段七村新建污水收集管网-排污沟渠约 1000m，提高污水收集率至 70%以上，同时对村内主要排污沟排污口设置多级格栅，拦截大的悬浮物、漂浮物；对村内已有的 2600m 排污沟进行定期清理清淤。段七村产生污水量为 72.16m^3/d，污水处理规模取 100m^3/d。石头村新建村庄下游拦截收集管 200m，提高污水收集率至 70%以上，同时对村内主要排污沟、排污口设置格栅，拦截大的悬浮物、漂浮物；对村内已有的排污沟进行清淤、修缮。石头村产生污水量为 8.95m^3/d，污水处理规模 12m^3/d。

6.2 设施农业面源污染控制技术设计及示范

6.2.1 集成控制的主要技术

集成技术体系由下列技术进行优化组装：节水控污技术；节肥调控技术；水肥循环利用技术；防污控害产品与技术和农业固废资源化利用技术。

1. 节水控污技术

(1)不同用水条件下的试验结果

不同灌溉条件、养分管理条件对黄瓜产量、产值、土壤环境质量的影响试验分析结果见表 6-3～表 6-12，综合分析可以看出，滴灌比浇灌省水[滴灌耗水量为 46.21m^3/亩，仅为浇灌耗水量(84.25m^3/亩)的 54.8%]，并且产量、产值、经济效益、养分农学效率、氮磷利用率都优于浇灌，在黄瓜生产中建议采用滴灌方式进行灌溉。

表 6-3 不同灌溉条件下氮养分管理对产量的影响

处理	滴灌		浇灌	
	产量(kg/亩)	标准差	产量(kg/亩)	标准差
N0	2 565.3bA	132.5	2 088.9cB	96.932 5
N1	2 723.7abA	104.0	2 406.4bA	102.858 4
OPT	2 822.7aA	96.9	2 569.4aA	88.126

续表

处理	滴灌		浇灌	
	产量(kg/亩)	标准差	产量(kg/亩)	标准差
N3	2 759.9aA	142.5	2 515.7abA	47.862 3
方差分析	处理间：均方 48 106.82，F 值 3.313，显著水平 0.057 1；处理内：均方 14 520.54		处理间：均方 185 082.7，F 值 24.651，显著水平 0.000 0；处理内：均方 7508.189	

注：N0.不施氮肥；N1.施控失氮肥 10kg/亩；OPT.N2P2K2(控失氮肥 20kg/亩、P_2O_5 10kg/亩、K_2O 23kg/亩)；N3.施控失氮肥 30kg/亩。小写字母表示各处理间显著性差异，大写字母表示灌溉方式间显著性差异(P=0.05 水平)，下同

表 6-4 不同灌溉方式下氮养分管理对产值的影响

处理	滴灌		浇灌	
	产值(元/亩)	标准差	产值(元/亩)	标准差
N0	5 130.5bA	264.975 7	4 177.8cB	193.865 1
N1	5 447.5abA	208.061 3	4 812.7bA	205.716 7
N2	5 645.4aA	193.795 3	5 138.7aA	176.252
N3	5 519.8aA	285.082 7	5 031.5abA	95.7246
方差分析	处理间：均方 192 429.8，F 值 3.313，显著水平 0.057 1；处理内：均方 58 082.6		处理间：均方 740 330.8，F 值 24.651，显著水平 0.000 0；处理内：均方 30 032.76	

表 6-5 不同灌溉条件下氮养分管理对黄瓜经济效益的影响

处理	滴灌(元/亩)			±OPT(%)	浇灌(元/亩)			±OPT(%)
	经济收益	成本	净收益		经济收益	成本	净收益	
N0	5130.50	256.16	4874.34	−6.09	4177.80	256.16	3921.64	−16.27
N1	5447.50	370.03	5077.47	−2.18	4812.70	370.03	4442.67	−5.15
OPT	5645.40	454.80	5190.60	0.00	5138.70	454.80	4683.90	0.00
N3	5519.80	540.38	4979.42	−4.07	5031.50	540.38	4491.12	−4.12

注：肥料价格为硝铵磷 5 元/kg，磷酸一铵 4.5 元/kg，尿素 2.8 元/kg，普钙 0.4 元/kg，硫酸钾 5 元/kg，氯化钾 5 元/kg；黄瓜 2 元/kg

表 6-6 不同灌溉条件下氮养分管理对养分农学效率和利用率的影响

处理	养分农学效率(元/kg)		氮利用率(%)		磷利用率(%)		钾利用率(%)	
	浇灌	滴灌	浇灌	滴灌	浇灌	滴灌	浇灌	滴灌
N0	—	—	—	—	5.2	5.6	11.9	12.1
N1	31.69	63.49	70.3	70.2	6.3	6.8	13.8	14.1
OPT	25.74	48.05	38.2	39.6	6.8	7.5	14.4	15.2
N3	12.98	28.46	25.8	26.3	7.0	7.6	14.1	15.1

注：农学效率=(施肥处理产值-空白处理产值)/施该养分量；养分利用率=植株氮养分含量(kg/亩)÷该养分用量(kg/亩)×100/100

表 6-7　不同灌溉条件下氮养分管理对土壤磷形态的影响

处理	灌溉方式	全磷 (mg/kg)	有效磷 (mg/kg)	Al-P 量 (mg/kg)	Fe-P 量 (mg/kg)	O-P 量 (mg/kg)	Ca-P 量 (mg/kg)	有机磷 (mg/kg)
N0	滴灌	2989.40	83.95	75.68	305.15	827.78	827.22	953.57
N1		3040.96	87.13	106.06	316.82	793.70	767.36	1057.02
OPT		3013.22	84.89	100.77	339.19	792.22	763.74	1017.30
N3		3131.60	95.67	100.68	359.23	801.48	767.87	1102.35
N0	浇灌	2978.60	64.99	75.68	257.40	975.93	904.32	765.27
N1		3004.75	72.19	98.02	268.88	957.41	907.22	773.23
OPT		3001.96	81.53	96.72	285.61	864.44	897.43	857.75
N3		3096.63	89.90	94.57	308.43	838.10	835.30	1020.24

表 6-8　不同灌溉方式下磷养分管理对产量的影响

处理	滴灌		浇灌	
	产量(kg/亩)	标准差(kg/亩)	产量(kg/亩)	标准差(kg/亩)
P0	2 574.7bB	66.289 5	2 530.1aA	87.187 4
P1	2 716.8abAB	76.505 8	2 661.9abA	61.412 5
P2	2 822.7aA	96.897 7	2 713.0abA	51.271
P3	2 783.7aA	120.814 2	2 669.4AaB	181.290 5
方差分析	处理间：均方 47 517.87，*F* 值 5.552，显著水平 0.012 6；处理内：均方 8 558.17		处理间：均方 24 914.95，*F* 值 2.126，显著水平 0.150 2；处理内：均方 11 717.02	

表 6-9　不同灌溉方式下磷养分管理对产值的影响

处理	滴灌		浇灌	
	产值(元/亩)	标准差	产值(元/亩)	标准差
P0	5 149.5bB	132.579 1	5 060.3bA	174.374 8
P1	5 433.6abAB	153.011 6	5 323.9abA	122.825
P2	5 645.4aA	193.795 3	5 425.9aA	102.541 9
P3	5 567.5aA	241.628 5	5 338.7abA	362.580 9
方差分析	处理间：均方 190 071.5，*F* 值 5.552，显著水平 0.012 6；处理内：均方 34 232.68		处理间：均方 99 659.81，*F* 值 2.126，显著水平 0.150 2；处理内：均方 46 868.08	

注：黄瓜价格 2 元/kg

表 6-10　不同灌溉条件下磷养分管理对黄瓜经济效益的影响

处理	滴灌(元/亩)			±OPT (%)	浇灌(元/亩)			±OPT (%)
	产值	成本	净收益		产值	成本	净收益	
P0	5149.50	341.29	4808.21	−7.37	5060.30	341.29	4719.01	−5.07
P1	5433.60	430.78	5002.82	−3.62	5323.90	430.78	4893.12	−1.57
OPT	5645.40	454.80	5190.60	0.00	5425.90	454.80	4971.10	0.00
P3	5567.50	484.89	5082.61	−2.08	5338.70	484.89	4853.81	−2.36

注：肥料价格为硝铵磷 5 元/kg，磷酸一铵 4.5 元/kg，尿素 2.8 元/kg，普钙 0.4 元/kg，硫酸钾 5 元/kg，氯化钾 5 元/kg；黄瓜 2 元/kg

表 6-11 不同灌溉条件下磷养分管理对养分农学效率、利用率的影响

处理	氮利用率(%)		磷养分农学效率(元/kg)		磷利用率(%)		钾利用率(%)	
	浇灌	滴灌	浇灌	滴灌	浇灌	滴灌	浇灌	滴灌
P0	31.3	31.7	—	—	—	—	11.4	11.8
P1	36.3	36.7	43.93	47.35	9.9	9.8	11.9	12.3
OPT	40.4	41.1	36.57	49.59	6.1	6.0	12.8	12.6
P3	40.9	42.0	18.57	27.86	4.2	4.1	11.6	12.5

注：农学效率=(施肥处理产值-空白处理产值)/施该养分量；养分利用率=植株氮养分含量(kg/亩)÷该养分用量(kg/亩)×100/100

表 6-12 不同灌溉条件下磷养分管理对土壤磷形态的影响

处理	灌溉条件	全磷(mg/kg)	有效磷(mg/kg)	Al-P 量(mg/kg)	Fe-P 量(mg/kg)	O-P 量(mg/kg)	Ca-P 量(mg/kg)	有机磷(mg/kg)
P0	滴灌	2667.09	85.14	104.74	271.93	798.81	656.06	835.56
P1		2832.40	88.08	113.98	297.09	796.67	790.70	833.97
OPT		2913.22	107.72	120.77	295.61	792.22	863.74	840.87
P3		3007.18	118.53	131.53	299.11	807.78	869.39	899.37
P0	浇灌	2554.22	64.89	109.21	270.63	800.52	624.17	749.68
P1		2784.12	72.96	117.71	295.18	804.29	754.30	812.64
OPT		2841.96	94.17	126.72	299.19	789.44	807.43	819.18
P3		2901.05	106.28	135.71	292.36	795.24	819.30	858.44

在示范区选择黄瓜、番茄、辣椒 3 种蔬菜和玫瑰 1 种花卉进行控污滴灌与农民习惯浇灌的同田对比试验。每种作物分别实施同田对比试验 5 组，分别记载每组试验的产量、灌溉用水量、肥料用量、农药用量和用工量。同一作物 5 组试验结果进行加权平均后，得出的同田对比试验结果见表 6-13。

从黄瓜同田对比试验结果可以看出：滴灌在比浇灌节水 45.15％的省水情况下增产 33.3%；滴灌比浇灌节肥 35.2%；滴灌减少杂草和病虫害生长，减少了化学农药对土壤的污染，滴灌比浇灌省药 26.3%；滴灌比浇灌省工 4500 元/hm^2。

从番茄同田对比试验结果可以看出：滴灌在比浇灌节水 68.85％的省水情况下增产 26.5%；滴灌比浇灌节肥 30.8%；滴灌比浇灌省药 19.7%；滴灌比浇灌省工 2900 元/hm^2。

表 6-13 同田对比试验结果（n=20）

作物	灌溉方式	增产		节水		节肥		省药		省工	
		产量(kg/hm^2)	增产率(%)	用水(m^3/hm^2)	节水率(%)	节肥(元/hm^2)	节肥率(%)	用药(元/hm^2)	省药率(%)	元/hm^2	±(元/hm^2)
黄瓜	滴灌	79 980	33.3	4 114	45.15	953.5	35.2	147.4	26.3	2 250	4 500
	浇灌	60 000	—	7 500	—	1 471.5	—	200	—	6 750	—
番茄	滴灌	110 447	26.5	4 000	68.85	939.7	30.8	160.6	19.7	2 400	2 900
	浇灌	87 310	—	12 841	—	1 358	—	200	—	5 300	—

续表

作物	灌溉方式	增产		节水		节肥		省药		省工	
		产量(kg/hm²)	增产率(%)	用水(m^3/hm²)	节水率(%)	节肥(元/hm²)	节肥率(%)	用药(元/hm²)	省药率(%)	元/hm²	±(元/hm²)
辣椒	滴灌	54 503	20.13	3 800	35	843.6	29.7	122.1	18.6	1 800	2 580
	浇灌	45 370	—	5 846	—	1 200	—	150	—	4 380	—
玫瑰	滴灌	219 569	21.27	2 000	75	1 197	33.5	194.7	35.1	2 400	4 700
	浇灌	181 058	—	8 000	—	1 800	—	300	—	7 100	—
合计	滴灌		25.3		56		32.3		24.9		3 670
	浇灌		—								

注：玫瑰产量用枝/(季·hm²)表示

从辣椒同田对比试验结果可以看出：滴灌在比浇灌节水35%的省水情况下增产20.13%；滴灌比浇灌节肥29.7%；滴灌比浇灌省药18.6%；滴灌比浇灌省工2580元/hm²。

从玫瑰同田对比试验结果可以看出：滴灌在比浇灌节水75%的省水情况下增产21.27%；滴灌比浇灌节肥33.5%；滴灌比浇灌省药35.1%；滴灌比浇灌省工4700元/hm²。

(2)大范围应用综合效果

2009年在晋宁县竹园村委会安装节水控污设备126户(其中包括125户农户和一个集体所有户)，节水控污温室大棚灌溉面积为13hm²，共有混凝土结构大棚400栋，工程涉及晋宁县上蒜乡竹园村委会迁移户小组。该工程利用适宜的低成本滴灌设备，结合种植结构调控、肥水优化配套技术在上蒜乡柴河流域竹园村委会设施农业示范基地进行应用。2010年节水控污面积扩大到250hm²，产生了突出的环境、经济、社会效益，表现在：滴灌比浇灌节肥32.3%，防止产生地表径流和土壤深层渗漏，有效控制设施农业面源污染；滴灌减少杂草和病虫害生长，减少了化学农药对土壤的污染，滴灌比浇灌省药24.9%；滴灌比浇灌省工3670元/hm²；在比浇灌节水35%～75%的省水省工情况下增产25.3%。

2. 污染防控型肥料的使用(不同N、P形态肥料肥效比较试验)

不同氮、磷肥形态及施用条件对经济作物产量及其生态经济效应的影响的试验结果见表6-14～表6-20。

表6-14　不同形态氮、磷肥与玫瑰产量的关系

序号	处理	平均产量(枝/hm²)	标准差	5%显著水平	1%显著水平
1	对照1-N0	175 855	8 911.63	def	ABC
2	对照2-P0	180 615	10 045.84	bcdef	ABC
3	对照3-N0P0	164 965	4 828.79	f	C
4	磷酸一铵	171 090	18 990.16	ef	BC
5	磷酸二铵	187 755	6 688.59	abcde	ABC
6	硝磷酸铵	186 060	18 602.7	abcde	ABC
7	多肽氮肥	176 535	7 355.33	cdef	ABC

续表

序号	处理	平均产量(枝/hm²)	标准差	5%显著水平	1%显著水平
8	尿素	175 855	6 791.49	def	ABC
9	硫包衣尿素	193 880	10 803.17	ab	AB
10	树脂包衣尿素	197 955	4 446.08	a	A
11	施可丰复合肥	191 835	6 688.59	abcd	AB
12	榕风缓释肥	193 535	4 820.33	abc	AB

注：方差分析结果为处理间 F 值=3.065**；区组间 F 值=0.0105

表 6-15　不同形态氮、磷肥对 0～20cm 耕层土壤氮的影响

序号	处理	硝态氮(g/kg 烘干土)		铵态氮(mg/kg 烘干土)	
		施肥前	收获时	施肥前	收获时
1	CK(原始土样)	0.411		25.461	
2	对照 1-N0	0.415	0.119	26.443	25.303
3	对照 2-P0	0.454	0.262	25.426	25.323
4	对照 3-N0P0	0.496	0.103	25.09	25.089
5	磷酸一铵	0.536	0.761	24.596	59.624
6	磷酸二铵	0.485	0.717	25.538	61.431
7	施可丰复合肥	0.495	0.931	24.667	61.765
8	硝磷酸铵	0.439	0.536	25.467	52.511
9	多肽氮肥	0.479	0.624	26.443	51.781
10	榕风缓释肥	0.410	1.031	24.427	84.853
11	树脂包衣尿素	0.477	1.195	25.58	84.424
12	硫包衣尿素	0.461	1.238	25.505	81.143
13	尿素	0.435	0.954	25.483	43.637

注：施肥前日期 2009 年 7 月 23 日，收获时日期 2009 年 9 月 5 日

表 6-16　不同形态氮、磷肥对 20～40cm 耕层土壤氮的影响

序号	处理	硝态氮(g/kg 烘干土)		铵态氮(mg/kg 烘干土)	
		施肥前	收获时	施肥前	收获时
1	CK(原始土样)	0.302		20.325	
2	对照 1-N0	0.331	0.779	20.089	19.425
3	对照 2-P0	0.391	0.692	20.382	19.578
4	对照 3-N0P0	0.352	0.325	19.866	19.326
5	磷酸一铵	0.402	2.188	19.868	76.127
6	磷酸二铵	0.341	2.527	20.003	79.539
7	施可丰复合肥	0.432	2.075	19.893	84.395
8	硝磷酸铵	0.391	2.747	20.227	72.808
9	多肽氮肥	0.344	3.626	20.133	78.71

续表

序号	处理	硝态氮(g/kg 烘干土)		铵态氮(mg/kg 烘干土)	
		施肥前	收获时	施肥前	收获时
10	榕风缓释肥	0.449	0.874	20.196	48.314
11	树脂包衣尿素	0.337	0.727	20.252	37.681
12	硫包衣尿素	0.387	0.689	19.942	42.289
13	尿素	0.341	3.609	20.379	80.729

注：施肥前日期 2009 年 7 月 23 日，收获时日期 2009 年 9 月 5 日

表 6-17　不同形态氮、磷肥对 40～60cm 耕层土壤氮的影响

序号	处理	硝态氮(g/kg 烘干土)		铵态氮(mg/kg 烘干土)	
		施肥前	收获时	施肥前	收获时
1	CK(原始土样)	0.294		14.258	
2	对照 1-N0	0.17	0.089	13.972	13.323
3	对照 2-P0	0.275	0.268	14.481	14.086
4	对照 3-N0P0	0.23	0.238	15.666	15.115
5	磷酸一铵	0.273	1.202	16.697	61.309
6	磷酸二铵	0.334	1.186	14.685	54.042
7	施可丰复合肥	0.24	1.397	11.094	57.707
8	硝磷酸铵	0.284	1.319	15.523	52.337
9	多肽氮肥	0.286	1.058	14.52	54.004
10	榕风缓释肥	0.274	0.203	11.347	32.167
11	树脂包衣尿素	0.213	0.246	13.15	36.027
12	硫包衣尿素	0.215	0.315	14.806	35.36
13	尿素	0.283	1.997	13.069	66.212

注：施肥前日期 2009 年 7 月 23 日，收获时日期 2009 年 9 月 5 日

表 6-18　不同形态氮、磷处理对 0～60cm 耕层土壤磷的影响

序号	处理	0～20cm 耕层土壤		20～40cm 耕层土壤		40～60cm 耕层土壤	
		全 P (%)	速效磷 (mg/kg)	全 P (%)	速效磷(mg/kg)	全 P (%)	速效磷 (mg/kg)
1	CK(原始土样)	2.79	57.6	2.42	33.1	3.16	34.7
2	对照 1-N0	4.57	77.89	5.89	91.4	4.08	85.8
3	对照 2-P0	2.98	37.1	3.06	56.1	2.04	46.6
4	对照 3-N0P0	4.32	65.1	2.92	43	2.02	47.9
5	磷酸一铵	3.37	96	2.3	79.8	2.13	63.5
6	磷酸二铵	3.69	96.7	2.28	79	2.16	65.0
7	施可丰复合肥	2.55	53.4	3.12	55.1	1.93	13.0
8	硝磷酸铵	1.56	34.5	1.13	19.7	1.02	13.0
9	多肽氮肥	2.26	76	1.65	60.3	1.35	43.28

续表

序号	处理	0～20cm 耕层土壤		20～40cm 耕层土壤		40～60cm 耕层土壤	
		全 P (%)	速效磷 (mg/kg)	全 P (%)	速效磷(mg/kg)	全 P (%)	速效磷 (mg/kg)
10	榕风缓释肥	3.22	54.5	1.78	46.0	1.27	35.4
11	树脂包衣尿素	2.35	78.3	1.68	66.7	1.24	43.2
12	硫包衣尿素	2.66	71.7	1.37	62.9	1.39	41.4
13	尿素	2.11	77.9	1.37	66.3	1.36	42.1

表 6-19　不同养分管理对玫瑰植株吸收氮、磷的影响

序号	处理	TN(kg/hm^2 干基)	TP(kg/hm^2 干基)
1	对照 1-N0	72.18	21.31
2	对照 2-P0	75.23	20.36
3	对照 3-N0P0	72.10	20.12
4	磷酸一铵	80.36	22.47
5	磷酸二铵	81.28	22.63
6	硝磷酸铵	76.25	22.33
7	多肽氮肥	77.31	21.26
8	尿素	80.02	22.97
9	硫包衣尿素	85.34	24.45
10	树脂包衣尿素	87.91	24.77
11	施可丰复合肥	80.39	22.12
12	榕风缓释肥	84.15	24.00

表 6-20　不同形态氮、磷肥对地下水氮、磷的影响

序号	处理	TN(mg/L)	TP(mg/L)
1	对照 1-N0	26.468	0.695
2	对照 2-P0	32.681	0.758
3	对照 3-N0P0	23.115	0.548
4	磷酸一铵	50.979	0.713
5	磷酸二铵	43.064	0.726
6	硝磷酸铵	59.277	0.954
7	多肽氮肥	53.787	1.674
8	尿素	48.000	1.929
9	硫包衣尿素	35.512	1.926
10	树脂包衣尿素	36.081	1.758
11	施可丰复合肥	53.787	0.759
12	榕风缓释肥	42.383	0.631

注：收获时日期 9 月 7 日

从以上结果可以看出以下几方面。

1) 不同形态氮、磷肥形态对玫瑰产量有很大的影响。相同氮、磷水平下，缓释肥处理的产量相对较高。

2) 不同形态氮、磷肥处理对土壤氮、磷含量有很大的影响。缓释肥处理 0～20cm 耕层土壤硝态氮、铵态氮含量较高，下层土壤硝态氮、铵态氮含量较低；而施用速效氮磷肥上层土壤硝态氮、铵态氮含量较低，下层土壤硝态氮、铵态氮含量较高。不同形态氮、磷肥对玫瑰种植地不同层次土壤磷的影响较大。施用磷酸一铵、磷酸二铵的处理全磷含量和速效磷含量最高，施用硝磷酸铵的处理全磷含量和速效磷含量最低，施用普通过磷酸钙的处理全磷含量和速效磷含量居中。

3) 不同形态氮、磷肥对玫瑰植株吸收氮、磷的影响较大。缓释肥处理植株吸收 TN 和 TP 量比施用速效氮磷肥的处理植株吸收 TN 和 TP 量多。

4) 不同形态氮、磷肥对玫瑰种植地地下水氮、磷有一定的影响。施用速效氮肥的处理地下水 TN 含量较高，缓释态氮地下水 TN 含量较低；施用复合态和缓释态磷处理地下水 TP 含量较低，施用单一速效态磷的处理地下水 TP 含量相对较高。

3. N、P 肥减量技术

(1) 蔬菜 N、P 肥减量试验结果

蔬菜 N、P 肥减量试验研究结果见图 6-12。在青椒试验中，本研究土地氮磷条件下，降低氮磷用量可以增加青椒产量。与农户习惯施肥(氮磷用量 1320kg/hm^2)相比，氮磷用量降低 30%～65%均有不同程度的增产效果，增产幅度 15 135～23 610kg/hm^2。从肥料效应看，处理 30% CK 的氮磷用量均可。其中，N 用量为 225kg/hm^2，P_2O_5 用量为 225kg/hm^2，K_2O 用量为 225kg/hm^2。

在结球生菜试验中，本研究土地氮磷条件下，降低氮磷化肥用量具有明显的增产效果。与农户对照相比，生菜氮磷化肥用量降低一半(处理 50% CK)，增产幅度高达 29.64%，产值较 CK 增加 13 478.4 元/hm^2；氮磷化肥用量降低 60%(处理 40% CK)，增产幅度为 10.98%。从肥料增产效应看，处理 50% CK 至 60% CK 的氮磷钾用量较为合适。其中 N 用量为 225～300kg/hm^2，P_2O_5 用量为 90～150kg/hm^2，K_2O 用量为 225～300kg/hm^2。

在西芹试验中，与农户对照(氮磷总量 2010kg/hm^2)相比，氮磷用量降低 40%(处理 60% CK)，西芹产量不减反升；氮磷用量降低 65%(处理 35% CK)，产量只下降 1.74%。施肥过高对作物已没有增收效应。从肥料效应看，处理 35% CK 的氮磷钾肥料用量较为合适。其中，N 用量为 300kg/hm^2，P_2O_5 用量为 225kg/hm^2，K_2O 用量为 450kg/hm^2 左右。

集约化蔬菜基地氮磷化肥用量减少，蔬菜可食部位硝酸盐含量降低。生菜氮磷用量降低 50%，生菜(净菜，可食部位)硝酸盐含量平均为 1147mg/kg，比农户习惯施肥处理的 1591mg/kg 减少了 28%(图 6-13、图 6-14)。

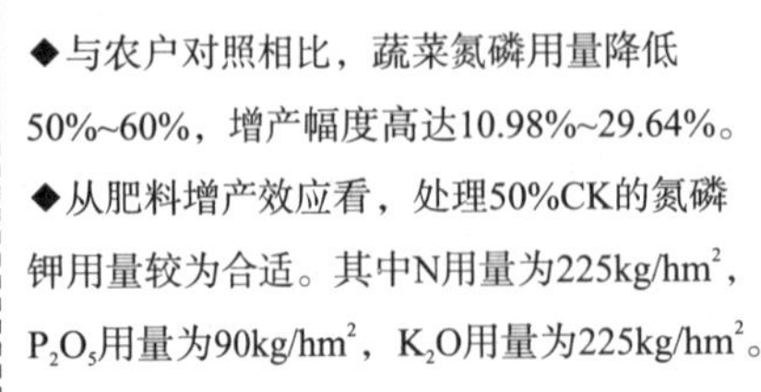
◆与农户对照相比，蔬菜氮磷用量降低50%~60%，增产幅度高达10.98%~29.64%。
◆从肥料增产效应看，处理50%CK的氮磷钾用量较为合适。其中N用量为225kg/hm²，P_2O_5用量为90kg/hm²，K_2O用量为225kg/hm²。

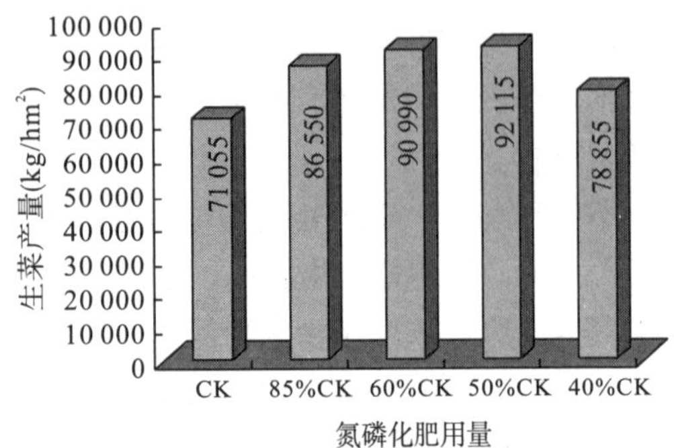

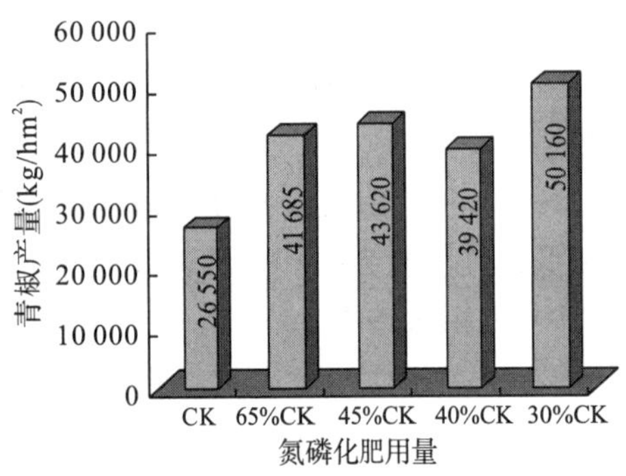

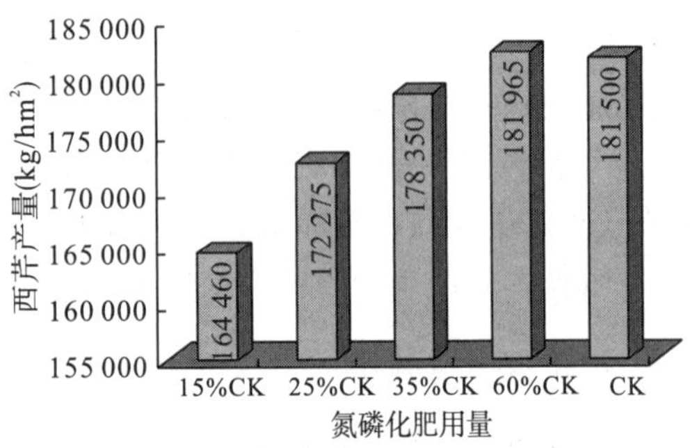

图 6-12　氮磷化肥用量对蔬菜产量的影响

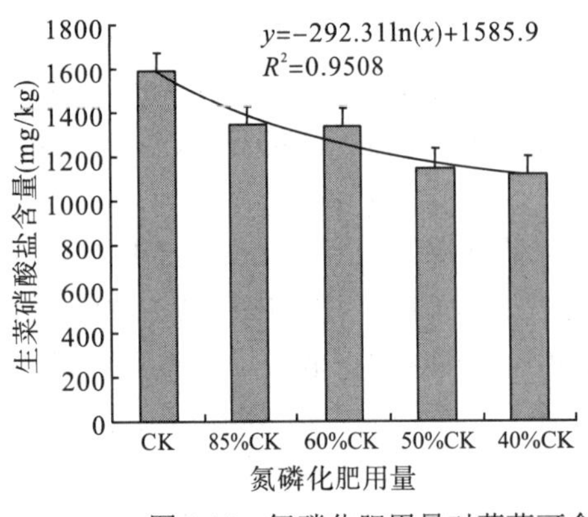

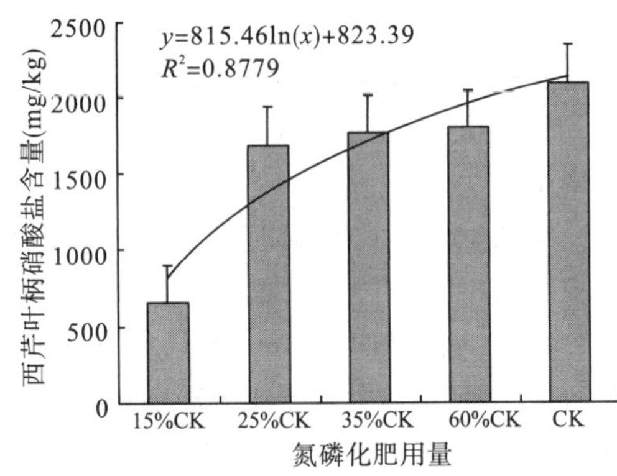

图 6-13　氮磷化肥用量对蔬菜可食部位硝酸盐含量的影响(左：生菜；右：西芹)

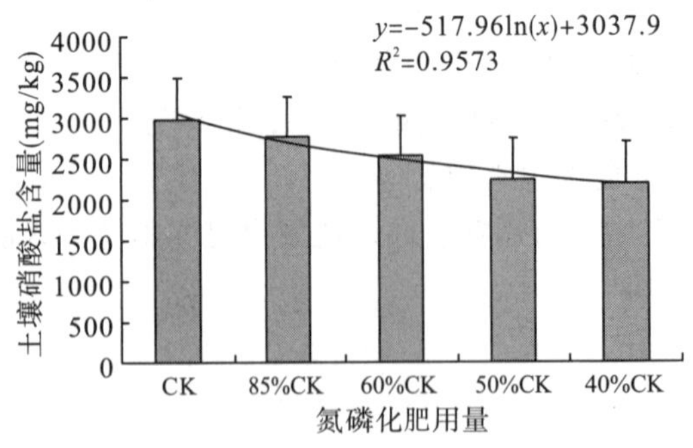

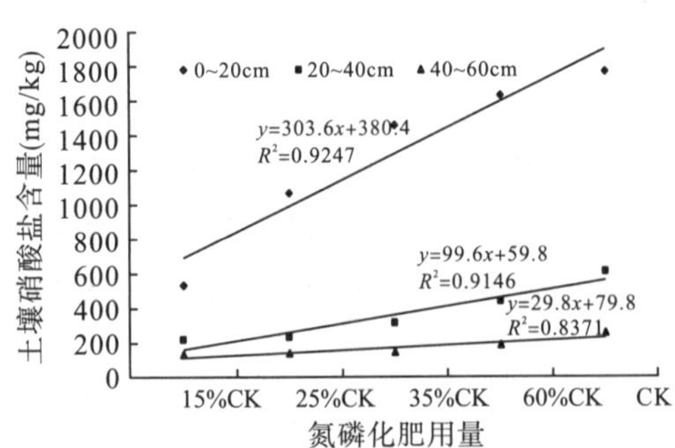

图 6-14　氮磷化肥用量对蔬菜土壤中硝酸盐残留的影响

左：0～20cm 生菜土壤；右：0～60cm 西芹土壤

(2) 花卉 N、P 肥减量试验结果

以滇池周边主要农业生产区晋宁县 3 个玫瑰、3 个康乃馨主栽品种为研究对象，在有 5 年以上栽花历史、连续高强度施肥的土壤上，以减少氮、磷肥流失为目标，研究养分精准管理影响产量、经济效益和植株、土壤、地下水氮含量的变化规律，进行 N、P 肥高效利用的污染防控型品种的筛选，提出 N、P 肥高效利用的最佳养分用量与配比。

不同施肥量对玫瑰、康乃馨不同品种产量和经济效益的影响，以及对土壤养分的影响结果见表 6-21～表 6-30。

表 6-21　不同品种、不同养分管理对玫瑰产量的影响

处理	超级		艳粉		黑玫	
	均值 (枝/hm^2)	标准差	均值 (枝/hm^2)	标准差	均值 (枝/hm^2)	标准差
N0	132 806bB	16 901.62	144 948abA	23 877.52	58 935aA	19 164.29
N1	135 840bB	17 221.29	153 579aA	9 221.85	69 049aA	15 425.63
N2	183 266aA	24 411.42	133 042abA	16 449.94	75 445aA	2 328.129
N3	135 274bB	18 763.8	129 768bA	3 073.949	74 171aA	7 164.73
	处理间 *F* 值：6.199 显著水平：0.008 7		处理间 *F* 值：2.062 显著水平：0.158 9		处理间 *F* 值：1.361 显著水平：0.301 5	

注：小写字母表示在 P=0.05 水平上存在显著性差异，大写字母表示在 P=0.01 水平上存在显著性差异。N0 代表不施肥；N1 代表 N3 减氮 50%；N2 代表 N3 减氮 25%；N3 代表农民习惯施肥

表 6-22　不同品种、不同养分管理对玫瑰经济效益的影响

处理	超级 (元/hm^2)		艳粉 (元/hm^2)		黑玫 (元/hm^2)	
	氮肥成本	经济效益	氮肥成本	经济效益	氮肥成本	经济效益
N0		88 931.4	0	71 789.4	0	42 569.4
N1	815.22	107 938.4	815.22	75 081.18	815.22	42 509.58
N2	1 222.83	108 736.8	1 222.83	78 602.97	1 222.83	44 044.17
N3	1 630.43	107 949.4	1 630.43	75 873.37	1 630.43	42 038.17

注：N0 代表不施肥；N1 代表 N3 减氮 50%；N2 代表 N3 减氮 25%；N3 代表农民习惯施肥。尿素：2000 元/t，经济效益仅为扣除氮肥成本而未考虑其他成本的经济效益；花价：按当时市场平均价 12 元/20 枝计算

表 6-23　收获时各处理不同土层土壤水解氮含量

项目	处理	超级			艳粉			黑玫		
		0～20cm	20～40cm	40～60cm	0～20cm	20～40cm	40～60cm	0～20cm	20～40cm	40～60cm
水解氮 (mg/kg)	N0	231	181	142	309	280	231	336	289	234
	N1	244	200	161	311	281	241	363	293	258
	N2	251	206	168	333	286	250	411	324	297
	N3	257	224	176	360	332	254	457	359	312

注：N0 代表不施肥；N1 代表 N3 减氮 50%；N2 代表 N3 减氮 25%；N3 代表农民习惯施肥

表 6-24 收获时各处理不同土层土壤全氮含量与氮总量情况

项目	处理	超级			艳粉			黑玫		
		0～20cm	20～40cm	40～60cm	0～20cm	20～40cm	40～60cm	0～20cm	20～40cm	40～60cm
全氮(g/kg)	N0	2.04	2.078	2.081	2.075	2.083	2.091	2.081	2.087	2.093
	N1	2.055	2.095	2.105	2.09	2.102	2.112	2.097	2.106	2.115
	N2	2.059	2.099	2.107	2.095	2.106	2.114	2.102	2.109	2.118
	N3	2.061	2.103	2.112	2.096	2.107	2.116	2.103	2.111	2.12
土壤氮总量(20cm 厚土层)(kg/hm^2)	N0	6327.2	6445.0	6454.3	6496.0	6514.7	6533.4	6601.8	6627.3	6652.7
	N1	6373.7	6497.7	6528.8	6545.9	6574.0	6602.1	6649.5	6687.7	6719.5
	N2	6386.1	6510.2	6535.0	6561.5	6583.4	6611.5	6665.4	6700.4	6725.9
	N3	6392.3	6522.6	6550.5	6564.6	6589.6	6617.7	6668.6	6703.6	6732.2
	基础	6345.8	6466.7	6485.3	6511.6	6533.4	6561.5	6614.5	6646.3	6671.8
土壤氮总量比基础样增减(20cm 厚土层)(kg/hm^2)	N0	−18.6	−21.7	−31.0	−15.6	−18.7	−28.1	−12.7	−19.0	−19.1
	N1	27.9	31.0	43.5	34.3	40.6	40.6	35.0	41.4	47.7
	N2	40.3	43.5	49.7	49.9	50.0	50.0	50.9	54.1	54.1
	N3	46.5	55.9	65.2	53.0	56.2	56.2	54.1	57.3	60.4
0～60cm 土层土壤氮总量亏盈($\pm kg/hm^2$)	N0		−71.3			−62.4			−50.8	
	N1		102.4			115.5			124.1	
	N2		133.4			149.9			159.1	
	N3		167.5			165.5			171.9	

注：N0 代表不施肥；N1 代表 N3 减氮 50%；N2 代表 N3 减氮 25%；N3 代表农民习惯施肥

表 6-25 不同品种、不同养分管理对花地地下水氮含量的影响

处理	超级		艳粉		黑玫	
	N 含量(mg/L)	比 N3(%)	N 含量(mg/L)	比 N3(%)	N 含量(mg/L)	比 N3(%)
N0	100.157	−29.3	99.832	−33.2	104.352	−36.6
N1	138.083	−2.5	139.372	−6.7	142.806	−13.3
N2	140.605	−0.7	143.352	−4.0	158.65	−3.7
N3	141.614	0	149.372	0	164.707	0

注：N0 代表不施肥；N1 代表 N3 减氮 50%；N2 代表 N3 减氮 25%；N3 代表农民习惯施肥

表 6-26 减少磷肥用量对玫瑰产量的影响

处理	超级		艳粉		黑玫	
	产量均值($枝/hm^2$)	标准差($枝/hm^2$)	均值($枝/hm^2$)	标准差($枝/hm^2$)	均值($枝/hm^2$)	标准差($枝/hm^2$)
P0	148 219aA	20 908.29	119 649aA	5 004.275	70 949bA	2 758.793
P1	181 256aA	24 866.72	126 494aA	9 592.124	72 208abA	2 223.696
P2	183 266aA	24 411.42	133 043aA	16 449.97	75 445aA	2 328.129
P3	182 633aA	21 668.37	129 173aA	7 110.217	72 781abA	1 516.94
	处理间 *F* 值：2.207 显著水平：0.140 0		处理间 *F* 值：1.162 显著水平：0.364 5		处理间 *F* 值：2.832 显著水平：0.083 2	

注：P0 代表不施肥；P1 代表 P3 减磷 50%；P2 代表 P3 减磷 25%；P3 代表农民习惯施肥

表 6-27　减少磷肥用量对玫瑰经济效益的影响　（单位：元/hm^2）

处理	磷肥成本	扣除磷肥成本后经济效益		
		超级	艳粉	黑玫
P0	0	88 931.4	71 789.4	42 569.4
P1	492.19	108 261.41	75 404.21	42 832.61
P2	738.28	109 221.32	79 087.52	44 528.72
P3	984.38	108 595.42	76 519.42	42 684.22

注：P0 代表不施肥；P1 代表 P3 减磷 50%；P2 代表 P3 减磷 25%；P3 代表农民习惯施肥。普通过磷酸钙：700 元/t，经济效益仅为扣除磷肥成本而未考虑其他成本的经济效益；花价：按当时市场平均价 12 元/20 枝计算

表 6-28　减少磷肥用量对玫瑰土壤速效磷含量的影响

项目	处理	超级(g/kg)			艳粉(g/kg)			黑玫(g/kg)		
		0～20cm	20～40cm	40～60cm	0～20cm	20～40cm	40～60cm	0～20cm	20～40cm	40～60cm
速效磷(g/kg)	P0	0.13	0.097	0.086	0.157	0.108	0.107	0.237	0.156	0.107
	P1	0.145	0.114	0.105	0.180	0.147	0.122	0.299	0.202	0.143
	P2	0.153	0.116	0.108	0.192	0.155	0.143	0.315	0.216	0.155
	P3	0.178	0.119	0.112	0.205	0.161	0.153	0.331	0.218	0.181

注：P0 代表不施肥；P1 代表 P3 减磷 50%；P2 代表 P3 减磷 25%；P3 代表农民习惯施肥

表 6-29　减少磷肥用量对玫瑰土壤磷的影响

项目	处理	超级			艳粉			黑玫		
		0～20cm	20～40cm	40～60cm	0～20cm	20～40cm	40～60cm	0～20cm	20～40cm	40～60cm
土壤全磷(g/kg)	P0	1.823	1.814	1.789	2.169	2.133	2.114	2.222	2.185	2.161
	P1	1.836	1.826	1.801	2.182	2.146	2.126	2.235	2.198	2.173
	P2	1.841	1.831	1.806	2.188	2.151	2.130	2.241	2.203	2.178
	P3	1.848	1.836	1.810	2.195	2.155	2.136	2.247	2.208	2.182
	基础	1.825	1.816	1.791	2.171	2.135	2.116	2.223	2.186	2.162
土壤磷总量(20cm 厚度)(kg/hm^2)	P0	5652.9	5624.7	5547.1	6770.7	6658.3	6599.0	7069.5	6951.8	6875.4
	P1	5694.4	5663.4	5584.3	6811.2	6698.9	6636.4	7110.9	6993.1	6913.6
	P2	5710.0	5678.9	5599.8	6830.0	6714.5	6648.9	7129.9	7009.0	6929.5
	P3	5731.7	5694.4	5613.8	6851.8	6727.0	6667.7	7149.0	7025.0	6942.2
	基础	5660.3	5632.4	5554.9	6776.9	6664.5	6605.2	7072.7	6955.0	6878.6
土壤磷总量比基础样增减(20cm 厚度)(kg/hm^2)	P0	-7.4	-7.7	-7.8	-6.2	-6.2	-6.2	-3.2	-3.2	-3.2
	P1	34.1	31.0	29.4	34.3	34.4	31.2	38.2	38.1	35.0
	P2	49.7	46.5	44.9	53.1	50.0	43.7	57.2	54.0	50.9
	P3	71.4	62.0	58.9	74.9	62.5	62.5	76.3	70.0	63.6
0～60cm 土层土壤磷总量亏盈(±kg/hm^2)	P0	-23.0			-18.7			-9.5		
	P1	94.6			99.9			111.4		
	P2	141.1			146.7			162.3		
	P3	192.3			199.8			210.0		

表 6-30 减少磷肥用量对花地地下水磷含量的影响

处理	水溶性总磷(mg/L)			总磷(mg/L)		
	超级	艳粉	黑玫	超级	艳粉	黑玫
P0	0.508	0.097	1.271	1.251	1.277	2.387
P1	0.542	0.162	1.432	1.369	1.716	3.484
P2	0.798	0.235	1.548	1.433	1.854	3.826
P3	0.835	0.241	1.846	1.482	1.934	4.112

注：P0 代表不施肥；P1 代表 P3 减磷 50%；P2 代表 P3 减磷 25%；P3 代表农民习惯施肥

综上所述，从产量、经济效益、植株带走的氮磷、土壤氮磷盈亏、对地下水氮磷污染风险等方面综合考虑，该试验条件下推荐氮磷高效、环境友好型玫瑰种植品种为超级，推荐施肥量为农民习惯减氮 25%，施氮量为 281.25kg/hm^2；农民习惯减磷 25%，施磷肥(P_2O_5)量为 168.75kg/hm^2；3 个康乃馨品种推荐化肥用量为 N 641kg/hm^2、P_2O_5 630kg/hm^2、K_2O 1199kg/hm^2，N∶P_2O_5∶K_2O 为 1∶0.98∶1.87。氮、磷高效利用品种为火焰。

(3)技术效果

通过对低肥力示范田块进行实际测产，结果表明，第一户示范户推荐处理(NPK)比习惯处理(NP)增产 2951 枝/亩，增产率 36.77%；第二户示范户推荐处理比习惯处理增产 2633 枝/亩，增产率 32.94%；第三户示范户推荐处理比习惯处理增产 2882 枝/亩，增产率 33.83%；低肥力田块上种植玫瑰平均增产 2822 枝/亩，增产率 34.50%(表 6-31)。

表 6-31 低肥力玫瑰同田对比产量实收结果

试验点	处理	肥料用量 (kg/亩)			产量(枝/亩)	增产(枝/亩)	增产率(%)
		N	P_2O_5	K_2O			
1	NP	4	2.5	0	8 024	0	
	NPK	4	2.5	6	10 975	2 951	36.77
2	NP	4	2.5	0	7 992	0	
	NPK	4	2.5	6	10 625	2 633	32.94
3	NP	4	2.5	0	8 521	0	
	NPK	4	2.5	6	11 403	2 882	33.83
平均	NP	4	2.5	0	8 179	0	
	NPK	4	2.5	6	11 001	2 822	34.50

通过对中肥力示范田块进行实际测产，结果表明，第一户示范户推荐处理比习惯处理增产 2714 枝/亩，增产率 28.71%；第二户示范户推荐处理比习惯处理增产 2796 枝/亩，增产率 28.28%；第三户示范户推荐处理比习惯处理增产 2731 枝/亩，增产率 28.18%；中肥力田块上种植玫瑰平均增产 2747 枝/亩，增产率 28.39%(表 6-32)。

表 6-32　中肥力玫瑰同田对比产量实收结果

试验点	处理	肥料用量(kg/亩)			产量(枝/亩)	增产(枝/亩)	增产率(%)
		N	P_2O_5	K_2O			
1	NP	6	5	0	9 452	0	
	NPK	6	5	8	12 166	2 714	28.71
2	NP	6	5	0	9 885	0	
	NPK	6	5	8	12 681	2 796	28.28
3	NP	6	5	0	9 691	0	
	NPK	6	5	8	12 422	2 731	28.18
平均	NP	6	5	0	9 676	0	
	NPK	6	5	8	12 423	2 747	28.39

通过对高肥力示范田块进行实际测产，结果表明，第一户示范户推荐处理比习惯处理增产 2504 枝/亩，增产率 24.00%；第二户示范户推荐处理比习惯处理增产 2533 枝/亩，增产率 23.70%；第三户示范户推荐处理比习惯处理增产 2680 枝/亩，增产率 27.15%；高肥力田块上种植玫瑰平均增产 2572 枝/亩，增产率 24.90%(表 6-33)。

表 6-33　高肥力玫瑰同田对比产量实收结果

试验点	处理	肥料用量(kg/亩)			产量(枝/亩)	增产(枝/亩)	增产率(%)
		N	P_2O_5	K_2O			
1	NP	8	7	0	10 431	0	
	NPK	8	7	10	12 935	2 504	24.00
2	NP	8	7	0	10 687	0	
	NPK	8	7	10	13 220	2 533	23.70
3	NP	8	7	0	9 872	0	
	NPK	8	7	10	12 552	2 680	27.15
平均	NP	8	7	0	10 330	0	
	NPK	8	7	10	12 902	2 572	24.90

通过对低肥力示范田块进行实际测产并计算产值，结果表明，第一户示范户推荐处理比习惯处理增收 1758.48 元/亩，增值率 36.56%；第二户示范户推荐处理比习惯处理增收 1567.6 元/亩，增值率 32.72%；第三户示范户推荐处理比习惯处理增收 1717.64 元/亩，增值率 33.63%；低肥力田块上种植玫瑰平均增收 1681.24 元/亩，增值率 34.29%(表 6-34)。

表 6-34　低肥力玫瑰同田对比产值

试验点	处理	肥料用量(kg/亩)			产值(元/亩)	净收益(元/亩)	增值率(%)
		N	P_2O_5	K_2O			
1	NP	4	2.5	0	4 814.68	4 810.33	
	NPK	4	2.5	6	6 585.04	6 568.81	36.56

续表

试验点	处理	肥料用量(kg/亩)			产值(元/亩)	净收益(元/亩)	增值率(%)
		N	P_2O_5	K_2O			
2	NP	4	2.5	0	4 795.32	4 790.97	
	NPK	4	2.5	6	6 374.80	6 358.57	32.72
3	NP	4	2.5	0	5 112.44	5 108.09	
	NPK	4	2.5	6	6 841.96	6 825.73	33.63
平均	NP	4	2.5	0	4 907.48	4 903.13	
	NPK	4	2.5	6	6 600.60	6 584.37	34.29

注：玫瑰平均价格 12 元/20 枝；尿素 2.25 元/kg；普钙 0.5 元/kg；氯化钾 3.3 元/kg

通过对中肥力示范田块进行实际测产并计算产值，结果表明，第一户示范户推荐处理比习惯处理增收 1612.52 元/亩，增值率 28.47%；第二户示范户推荐处理比习惯处理增收 1661.32 元/亩，增值率 28.04%；第三户示范户推荐处理比习惯处理增收 1622.4 元/亩，增值率 27.93%；中肥力田块上种植玫瑰平均增收 1632.08 元/亩，增值率 28.14%(表 6-35)。

表 6-35 中肥力玫瑰同田对比产值

试验点	处理	肥料用量(kg/亩)			产值(元/亩)	净收益(元/亩)	增值率(%)
		N	P_2O_5	K_2O			
1	NP	6	5	0	5 671.32	5 664.68	
	NPK	6	5	8	7 299.68	7 277.20	28.47
2	NP	6	5	0	5 931.24	5 924.60	
	NPK	6	5	8	7 608.40	7 585.92	28.04
3	NP	6	5	0	5 814.88	5 808.24	
	NPK	6	5	8	7 453.12	7 430.64	27.93
平均	NP	6	5	0	5805.81	5799.17	
	NPK	6	5	8	7453.73	7431.25	28.14

注：玫瑰平均价格 12 元/20 枝；尿素 2.25 元/kg；普钙 0.5 元/kg；氯化钾 3.3 元/kg

通过对高肥力示范田块进行实际测产并计算产值，结果表明，第一户示范户推荐处理比习惯处理增收 1482.16 元/亩，增值率 23.71%；第二户示范户推荐处理比习惯处理增收 1499.88 元/亩，增值率 23.42%；第三户示范户推荐处理比习惯处理增收 1588.52 元/亩，增值率 26.86%；高肥力田块上种植玫瑰平均增收 1523.52 元/亩，增值率 24.62%(表 6-36)。

表 6-36 高肥力玫瑰同田对比产值

试验点	处理	肥料用量(kg/亩)			产值(元/亩)	净收益(元/亩)	增值率(%)
		N	P_2O_5	K_2O			
1	NP	8	7	0	6 258.88	6 250.00	
	NPK	8	7	10	7 760.84	7 732.16	23.71
2	NP	8	7	0	6 412.40	6 403.52	
	NPK	8	7	10	7 932.08	7 903.40	23.42

续表

试验点	处理	肥料用量(kg/亩)			产值(元/亩)	净收益(元/亩)	增值率(%)
		N	P_2O_5	K_2O			
3	NP	8	7	0	5 922.96	5 914.08	
	NPK	8	7	10	7 531.28	7 502.60	26.86
平均	NP	8	7	0	6 198.08	6 189.20	
	NPK	8	7	10	7 741.40	7 712.72	24.62

注：玫瑰平均价格 12 元/20 枝；尿素 2.25 元/kg；普钙 0.5 元/kg；氯化钾 3.3 元/kg

从在不同肥力玫瑰地上进行的节肥调控示范结果中可以看出，低肥力田块上种植玫瑰增产 2822 枝/亩，增产率 34.50%，增值 1681.24 元/亩 ，增值率 34.29%；中肥力田块上种植玫瑰增产 2747 枝/亩，增产率 28.39%，增值 1632.08 元/亩，增值率 28.14%；高肥力田块上种植玫瑰增产 2572 枝/亩，增产率 24.90%，增值 1523.52 元/亩，增值率 24.62%。总之，花卉农业面源污染防控节肥调控技术具有节本增效的优点，不仅经济效益显著，而且社会效益和生态效益也很明显。

4. 设施农业污染防控型水肥循环利用技术

在示范区实施花卉水肥循环利用试验 10 组，蔬菜试验 10 组。每个试验 5 个处理，每个处理 400m^2，4 次重复。每个试验花卉或蔬菜品种相同。生物吸收过滤作物为黄豆，蓄积池 3m^3，固肥循环利用池 3m^3。试验研究结果见表 6-37。从表 6-37 可以看出，该技术可以提高径流中的养分利用率，减少径流中营养物质的外排。

表 6-37　设施农业污染防控型水肥循环利用效果

处理	生物吸收量(kg/hm^2)		径流循环利用量(kg/hm^2)		秸秆循环利用量(kg/hm^2)		合计(kg/hm^2)	
	TN	TP	TN	TP	TN	TP	TN	TP
①对照	—	—	—	—	—	—		
②导流	—	—	—	—	—	—		
③导流+生物吸收过滤	3 240	390	—	—	—	—	3 240	390
④导流+生物吸收过滤+蓄积利用	3 240	390	12 600	6 000	—	—	15 840	6 390
⑤导流+生物吸收过滤+蓄积利用+固肥循环利用	3 240	390	12 600	6 000	1 661	297	17 501	6 687

注：n=20

该技术于 2009 年和 2010 年在普达、竹园、宝兴、柳坝集约化花卉、蔬菜生产基地进行示范应用，示范面积 13hm^2。该技术农田径流每循环利用 1 次，氮流失减少 30%，磷流失减少 20%。田间固废循环利用率达 95%，与传统堆肥相比，处理周期可缩短 10～15 天，对霜霉病菌、白粉病菌的灭活率达 95%以上。

经济效益：该技术可实现每年雨季(6～9 月)农田径流循环利用量 1440m^3/hm^2(按雨季每月平均降雨量 200mm 计)，实现 135t/hm^2 秸秆的资源化利用，减少农田化肥施用量约

765kg/hm^2，折合降低化肥施用成本 2250 元/hm^2，降低农田生产综合成本＞750 元/hm^2。

6.2.2 技术应用与推广效果

(1)技术示范的监测效果

示范区推广技术及示范工程效果监测按照点面结合的原则，进行同田对比“点监测”和集水区“面监测”。

同田对比“点监测”：采用同田对比监测对不同防控措施下污染物质的流失规律及防治效果进行客观的评价。选择晋宁县上蒜乡柴河流域段七、柳坝、竹园、宝兴和下石美和石寨村委会作为滇池流域设施农业面源污染负荷削减典型区域，针对 6 种不同类型主栽蔬菜(叶菜类、茄果类、瓜类、豆类、葱蒜类、根菜类)、3 种主栽花卉 9 个品种(玫瑰：卡罗拉、艳粉、黑玫；康乃馨：红色恋人、火焰、马斯特；非洲菊：141、147、热带草原)进行旱季、雨季不同季节农业面源污染防控技术效果的定位观测。每个品种观测点位 10 个，面积不小于 1333m^2。

集水区“面监测”：在示范区选择具有代表性的集水小区，分别对比研究有无治理措施两种条件下的污染输出水平(图 6-15)。

图 6-15 示范集水区“面监测”点

核心示范区示范效果监测结果：核心示范区径流氮磷流失降低 20%～55%，减少氮磷肥投入量 15%～50%，氮磷化肥利用率提高 5～7 个百分点；化学农药投入量减少 40%以上，农药残留量(土壤、水、农产品)符合国家标准。

1)氮磷减量技术：氮磷用量减少 15%～50%可获得节本增收的效果。

2)氮磷高效利用品种的应用：减少氮磷投入量 30%。

3)节水控污技术：减少氮磷流失 30%～55%。

4)水肥循环利用技术：每循环利用 1 次，氮流失减少 30%，磷流失减少 20%。

(2)推广应用情况

在晋宁县上蒜乡洗澡堂、段七、竹园、宝兴、柳坝村委会建成示范区，建成污染防控型集约化花卉、蔬菜核心示范区。在进行种植结构调控的基础上，集成应用节水滴灌技术、农业固废综合处理技术、环境友好型肥料精准施用技术、农药绿色替代技术等。示范面积 2265hm^2。其中：①节水控污工程 250hm^2(竹园村委会)；②生物截污 15hm^2(竹园村委会和宝兴村委会)；③节肥调控技术 1000hm^2(竹园、段七、柳坝、普达村委会)；④防污控害技术 1000hm^2(竹园、宝兴村委会)。

6.3　坡台地传统种植业面源污染削减技术方案设计及示范

6.3.1　坡台地面源污染产生输移特征

(1) 坡耕地种植区主要种植模式调查

当地种植作物以蔬菜为主，作物种类有菜豌豆、西葫芦、西兰花、玉米等。各作物栽培方式基本为单作，零星分布有果树(主要为桃、苹果)与蔬菜间作的种植模式。坡耕地每年翻耕 2 次，耕深 10～15cm，早春作物用地膜覆盖。坡耕地每年种植 2 茬蔬菜作物，11 月至翌年 5 月间休闲。

(2) 坡耕地种植区土壤肥料调查

段七村坡耕地的土壤养分状况：土壤有机质含量为 12.6～26.6g/kg；土壤水解性 N 含量为 79.8～109mg/kg；土壤有效磷含量为 10.5～110mg/kg；土壤速效钾含量为 55.4～219.3mg/kg；土壤 pH 为 4.52～6.24。这表明坡耕地种植区土壤养分含量分布变异大。

坡耕地种植区每亩耕地的氮磷化肥用量为 100～150kg 纯养分($N+P_2O_5$)/a，无有机肥投入。每亩菜豌豆的施肥量为 70.0～100.0kg 纯养分($N+P_2O_5$)/季；玉米的施肥量为 50～70.0kg 纯养分($N+P_2O_5$)/季。根据种植作物的不同，有 1/3～1/2 氮肥作基肥施用，其余为追肥施用；钾肥、磷肥多作基肥施用，也有农户使用氮磷钾复合肥追施。肥料施用方式为撒施。氮磷肥料过量施用现象严重。

针对开展的示范工程，通过网格布点采集 60 个土壤剖面样品，分析土壤理化性质，将坡耕地示范区分为 4 个类型区(图 6-16)。类型区Ⅰ、Ⅲ土层深厚(均在 2.0m 以上)，土壤类型为山原红壤，质地较为黏重；类型区Ⅱ为古滑坡带，土层较薄(0.4～1.2m)，土壤砂砾含量高，为新成土。类型区Ⅳ土层较厚(1.6～2.0m)，土壤为砂夹黏，为新成土。类型区Ⅰ、Ⅱ、Ⅳ已经完成机械作业的坡改梯工程，田块面积大，田面坡度平均为 2°～5°。类型区Ⅲ的梯田与坡耕地并存，梯田田块狭长且面积小。

从图 6-17 可以看出，不同分区农田土壤剖面总氮(TN)、总磷(TP)、有机碳(SOC)的含量及分布差异较大。虽然同为山原红壤，但是类型区Ⅰ土壤养分含量明显高于类型区Ⅲ，同时类型区Ⅳ的土壤养分含量也明显好于类型区Ⅱ，这表明同类土壤的养分高低与其分布的地形部位有着密切的关系，位于小汇水区上段的土壤养分含量明显低于位于下段的土壤。图 6-17 还反映出，由于受到上段富磷区水土流失及采矿废渣堆积的影响，类型区Ⅱ土壤的总磷含量极高，显著高于其他类型区土壤。由于类型区Ⅳ位于冲沟的末端，受此影响，其土壤中总磷的含量也明显高于类型区Ⅰ、Ⅲ土壤。

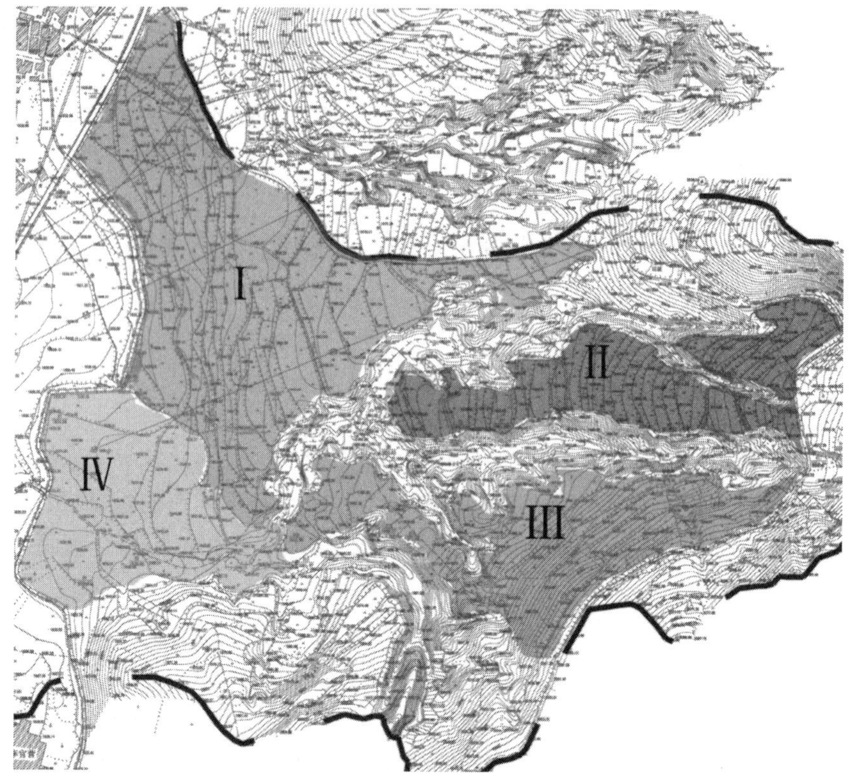

图 6-16 坡耕地示范区农田土壤分区

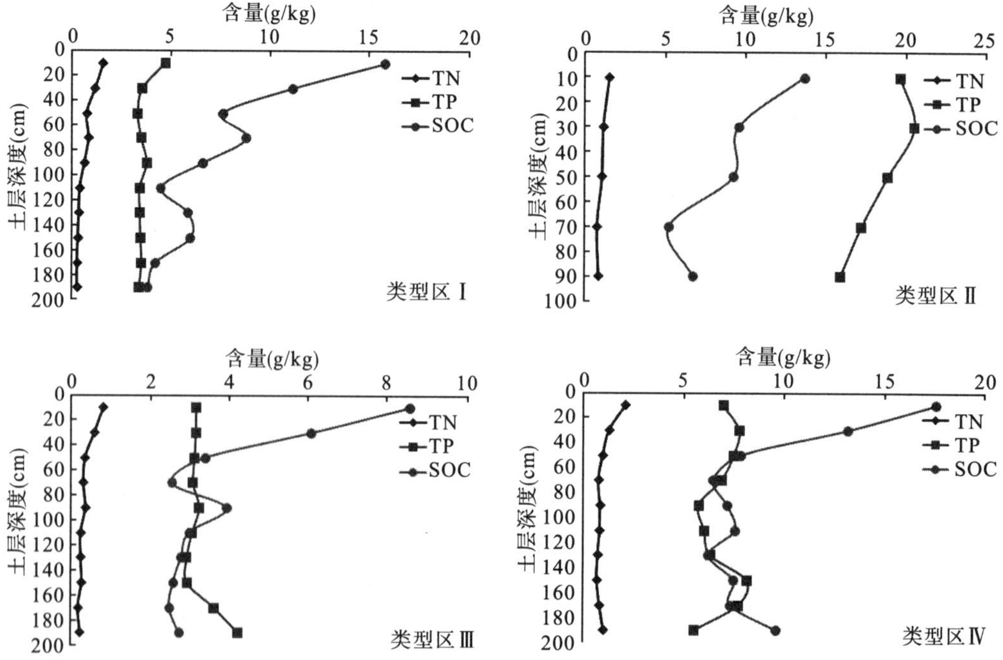

图 6-17 坡耕地示范区农田分区土壤养分调查

(3)坡耕地种植区的农田灌溉和集水方式调查

当地的集水设施主要为敞口式水窖，由于设计缺陷，多数水窖失去集水功能，难以达到集水效果；坡耕地种植区无配套沟渠，农田灌溉难以实施。

(4)坡耕地种植区面源污染产生输移特征

坡耕地种植区面源污染产生的输移以农田水土流失方式为主(图 6-18)。由于过渡区内坡耕地大多采用垄沟+地膜覆盖耕作技术，作物种植在垄上，垄上覆膜，垄沟内无覆盖。在雨季，由于约占农田面积一半的田垄被地膜覆盖，降水无法入渗，因此农田内的田垄形成了较大的产流区，而垄沟则成为农田汇流区域。同时加之顺坡开沟起垄和垄沟内无作物种植，在垄沟内汇集的农田径流对土壤的侵蚀作用十分强烈。

垄沟水土流失

坡面地埂水土流失

路面水土流失

路面水土流失

图 6-18　坡台地面源污染产生输移特征调查情况

6.3.2　固土控蚀农作技术

通过少免耕技术结合秸秆覆盖技术，减少农田表土的扰动，增加表层土壤有机质和土壤结构的稳定性，从而增强表层土壤抗雨滴溅蚀的能力；通过秸秆覆盖和膜侧种植技术结合，增加田间汇水垄沟的表面粗糙度，增加土壤对径流的入渗能力，提高土壤含水量，延缓径流产生时间及其冲刷侵蚀力；通过菜-粮轮作技术、测土施肥技术和植保综合技术，提高农田复种指数，延长农田作物覆盖时间，降低裸露农田表土遭受雨滴溅蚀的影响，减少肥料和农药的过量施用，从而降低污染物在表层土壤中的累积。

1. 主要技术要点

1)保护性耕作技术　采用小型旋耕机械耕作土壤，每年雨季结束后(11 月底至 12 月初)耕作 1 次，耕深 10～15cm，同时收集农田残膜。在此期间土壤含水量处于宜耕期，耕作质量高，抑制杂草效率高，而且有利于下茬作物播种。

2)菜-粮轮作技术　采用西兰花-西葫芦-小麦(或大麦)或荷兰豆-西葫芦-小麦(或大麦)的菜-粮轮作方式。西兰花和西葫芦为育苗移栽、膜侧种植，荷兰豆为直播覆膜垄沟种植，小麦(或大麦)为露地条播种植。小麦(或大麦)种植时不再施入肥料，收获后用秸秆覆盖地表，然后再起垄覆膜种植下茬作物。各作物的种植要求见单项技术规程。

3)减量施肥技术　在上述轮作方式下，磷肥作为基肥一次施入土壤，作为基肥的氮肥在西兰花(荷兰豆)、西葫芦种植时分两次施入，小麦(或大麦)种植期间不施入任何肥料。控制蔬菜作物的追肥量。各作物施肥及追肥量和施用时间见单项技术规程。

4)植保综合技术　设置粘蝇板、杀虫灯，诱杀作物、蔬菜害虫，从而减少农药使用次数和数量。

2. 技术效果

(1)不同种植方式对农田产流和污染物输出的影响

通过 2 年的试验，对比了三种不同种植方式(窄膜垄上种植、窄膜垄侧种植和宽畦全膜覆盖种植)对坡台地蔬菜农田产流、污染物输出和经济产量的影响。观测数据表明，2010 年窄膜膜侧种植小区的产流量和产沙量分别为窄膜膜上种植(传统种植)的 43%和 35%，而其污染负荷(TN、TP)的输出量仅为窄膜膜上种植的 51%和 34%(表 6-38)。对土壤含水量的定期观测表明，窄膜膜侧种植可以明显提高 0～40cm 土层的含水量(图 6-19)，这表明窄膜膜侧种植可以显著削减坡台地农田面源污染负荷的输出量。然而有些研究表明，窄膜膜侧种植会导致蔬菜产量下降(表 6-39)，特别是导致西葫芦产量的降低。

表 6-38　不同种植方式对坡台地农田产流、产沙的影响

时间	种植方式	降雨量(mm)	产流量(mm)	产沙量(kg/hm^2)	污染负荷输出总量(kg/hm^2)		
					N	P	COD
2010 年	窄膜膜侧	354.7	11.37b	174.62b	2.17b	0.30b	11.91b
	窄膜膜上		26.18a	492.11a	4.24a	0.84a	43.34a
2011 年	窄膜膜侧	355.2	25.88a	695.46a	5.04a	1.02a	74.39a
	宽膜膜上		23.60a	373.42b	3.23b	0.86b	38.51b

注：不同字母表示同一列中的相同时间内数据间存在显著差异($P<0.05$)

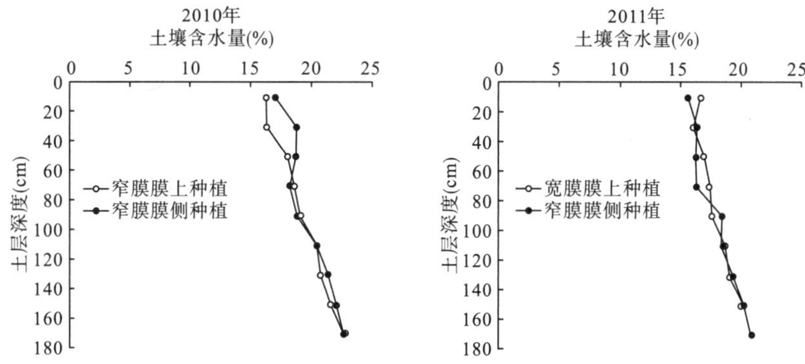

图 6-19　不同种植方式对土壤剖面含水量变化的影响

表 6-39　不同种植方式对坡台地农田产出及水肥利用效率的影响

时间	种植方式	经济产量 (kg/hm²)	水分利用效率 [kg/(hm² · mm)]	肥料利用效率(%)	
				N	P
2010 年	窄膜膜上	32 726a	70.95a	51.62a	22.01a
	窄膜膜侧	20 879b	45.46b	49.79a	22.56a
2011 年	宽膜膜上	23 219a	50.43a	48.21a	22.56a
	窄膜膜侧	9021b	19.38b	26.93b	12.53b

注：不同字母表示同一列中的相同时间内数据间存在显著差异($P<0.05$)；肥料利用效率中未剔除土壤中原有 N、P 营养元素的效应

为了解决窄膜膜侧种植在生产中存在的问题，在 2011 年进行窄膜膜侧种植和宽畦全膜覆盖种植方式的对比试验。2011 年的研究表明，窄膜膜侧种植和宽畦全膜覆盖种植小区的产流量无显著差异，但是宽畦全膜覆盖种植小区的产沙量仅有窄膜膜侧种植的 54%，其污染负荷(TN、TP)的输出量分别仅为窄膜膜上种植的 64%和 84%。同时宽畦全膜覆盖种植小区的蔬菜产量显著高于窄膜膜侧种植小区，而两种种植方式下 0～180cm 土壤剖面水分含量的差异不显著(图 6-19)。这表明宽畦全膜覆盖种植不仅可以削减农田面源污染的输出，而且也能维持稳定的农田产量。

(2)不同轮作方式对农田产流和污染物输出的影响

通过试验对比了两种不同轮作方式(西兰花-西葫芦-冬小麦、西兰花-西葫芦-休闲)对坡台地蔬菜农田产流、污染物输出和经济产量的影响(表 6-40～表 6-42)。

表 6-40　不同轮作方式对坡台地农田产流、产沙的影响

时间	轮作方式	降雨量 (mm)	产流量 (mm)	产沙量 (kg/hm²)	污染负荷输出总量(kg/hm²)		
					N	P	COD
2010 年	西兰花-西葫芦-小麦	354.7	18.31a	337.86a	3.15a	0.56a	28.46a
	西兰花-西葫芦-休闲		19.24a	328.87a	3.26a	0.57a	26.79a
2011 年	西兰花-西葫芦-小麦	355.2	24.76a	529.19a	4.15a	0.94a	57.35a
	西兰花-西葫芦-休闲		24.72a	539.70a	4.12a	0.93a	55.55a

注：不同字母表示同一列中的相同时间内数据间存在显著差异($P<0.05$)

表 6-41　不同轮作方式对坡台地农田表层土壤结构的影响

轮作方式	采样深度	>0.25mm 团聚体含量(%)	容重(t/m^3)	总孔隙度(%)	>60 土壤孔隙度(%)
西兰花-西葫芦-小麦	0～5cm	43.43a	1.15ab	0.57ab	0.19ab
西兰花-西葫芦-休闲	0～5cm	44.94a	1.16a	0.56b	0.18b
西兰花-西葫芦-小麦	5～10cm	44.31a	1.11b	0.58a	0.22a
西兰花-西葫芦-休闲	5～10cm	43.52a	1.14ab	0.57ab	0.21ab

注：不同字母表示同一列中数据间存在显著差异($P<0.05$)

2010 年、2011 年连续 2 年的观测数据表明，与西兰花-西葫芦-休闲(传统轮作方式)比较，西兰花-西葫芦-冬小麦轮作方式对农田产流、产沙的削减效果不明显，而且其表层土壤>0.25mm 水稳性大团聚体含量也无明显增加。这表明短期改变轮作方式不会明显削减对坡台地农田面源污染负荷的输出。与传统轮作方式比较，西兰花-西葫芦-冬小麦轮作方式对水分利用效率的提高不显著，但是其显著提高了肥料利用效率。

表 6-42　不同轮作方式对坡台地农田产出及水肥利用效率的影响

时间	轮作方式	经济产量(kg/hm^2)	水分利用效率[$kg/(hm^2 \cdot mm)$]	肥料利用效率(%)	
				N	P
2010 年	西兰花-西葫芦-小麦	27 439a	59.75a	61.69a	27.33a
	西兰花-西葫芦-休闲	26 158a	56.65a	39.73b	17.24b
2011 年	西兰花-西葫芦-小麦	16 195a	35.25a	49.60a	23.28a
	西兰花-西葫芦-休闲	16 045a	34.56a	25.54b	11.80b

注：不同字母表示同一列中的相同时间内数据间存在显著差异($P<0.05$)；肥料利用效率中未剔除土壤中原有 N、P 营养元素的效应

同时，西兰花-西葫芦-冬小麦轮作方式下 0～180cm 土层的含水量与西兰花-西葫芦-休闲没有显著差异，反而在 0～40cm 土层提高了土壤含水量(图 6-20)。这说明在旱季增加一季作物种植并不会导致土壤水分的损失。更为重要的是，在旱季时增加粮食作物的种植不仅可以增加产量，还可以提高田面覆盖时间，为增加土壤有机碳提供秸秆覆盖的材料。

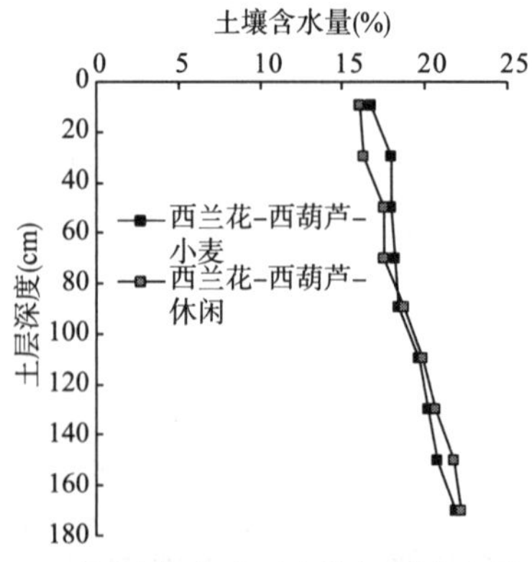

图 6-20　不同轮作方式对土壤剖面含水量变化的影响

(3)不同覆盖方式对农田产流和污染物输出的影响

通过试验对比了两种不同覆盖方式(地膜+冬小麦秸秆、地膜)对坡台地农田产流及土壤结构稳定性的影响。

观测数据表明，不同覆盖方式下短期内并不会对坡台地农田产流、产沙情况造成明显的影响(表 6-43)。但是，数据仍然显示出地膜+秸秆覆盖有降低农田污染物输出的趋势，其产沙量、TN、TP 及 COD 的输出量均低于地膜覆盖。同时，表 6-44 也反映出地膜+秸秆覆盖有降低土壤容重、提高表层土壤大孔隙含量的趋势。

表 6-43　不同覆盖方式对坡台地农田产流、产沙的影响

时间	覆盖方式	降雨量(mm)	产流量(mm)	产沙量(kg/hm^2)	污染负荷输出总量(kg/hm^2)		
					N	P	COD
2011 年	地膜+秸秆	355.2	24.76a	529.19a	4.09a	0.93a	55.05a
	地膜		24.72a	539.70a	4.16a	0.94a	57.35a

注：不同字母表示同一列中数据间存在显著差异($P<0.05$)

表 6-44　不同覆盖方式对坡台地农田表层土壤结构的影响

轮作方式	采样深度	>0.25mm 团聚体含量(%)	容重(t/m^3)	总孔隙度(%)	>60 土壤孔隙度(%)
地膜+秸秆	0～5cm	43.43a	1.15ab	0.57ab	0.19ab
地膜	0～5cm	44.94a	1.16a	0.56b	0.18b
地膜+秸秆	5～10cm	44.31a	1.11b	0.58a	0.22a
地膜	5～10cm	43.52a	1.14ab	0.57ab	0.21ab

注：不同字母表示同一列中数据间存在显著差异($P<0.05$)

3. 技术应用效果

与传统的西兰花-西葫芦-休闲轮作及种植方式比较，西兰花-西葫芦-小麦(绿肥)轮作体系和宽畦平膜种植方式可以削减农田径流及污染负荷输出 40%以上，提高水肥利用效率 25%以上，同时保证农田生产力的稳定，而且小麦秸秆还田还能增加土壤有机质，改善土壤结构的稳定性，保持农业生产稳定和高效益(图 6-21)。

试验种植区

试验采收

西兰花秸秆收集　　生物量测定

雨季后期种植　　雨季后期种植

图 6-21　固土控蚀农作技术试验研究情况

6.3.3　田间植物篱的构建技术

针对雨季时滇池流域坡台地农田及机耕道路产流导致的面源污染负荷输出问题，构建以农田草皮水道、坡面植物篱带、机耕道路植物篱带控制径流、增强泥沙沉积的植物抑流、抑沙网格体系，形成适合该区域的有效削减坡台地雨养农田面源污染负荷输出的植物篱带集成技术。该技术适用于滇池流域及滇中坡台地雨养蔬菜种植区域。

1. 技术设计要点

滇池流域雨季多暴雨，坡台地水土流失主要是由于农田地膜覆盖和种植结构单一。由于坡台地农田径流中面源污染负荷输出以固相为主，因此利用田间及沟道植物篱减缓径流流速以削减径流的挟砂力和冲刷力，既能明显削减径流中的泥沙含量，又能减缓坡台地农田的坡度。农田之间植物篱以低矮密生的植物为主，植物篱宽度在 20～30cm；农田草皮水道以匍匐型多年生植物为主，草皮水道宽度在 20～30cm。沟道植物篱以有经济和景观价值的灌木及其他木本植物为主，主要种植在沟道边坡，按等高线密植排列，株距根据植物特性确定，行距 10～15m。

(1) 田间植物篱构建技术

不同田块之间走道和地垄坡面选取蔗茅、苜蓿等多年生密生植物，按等高线栽植植物篱，通常宽度在 20～30cm，如不同田块地垄坡面宽度在 2～3m，则构建 2 条植物篱带，其之间的间隔为 1.5～2.0m；田间草皮水道构建选取香根草、地石榴等多年生匍匐植物，宽度在 20～30cm。

(2)沟道植物篱构建技术

沟道植物篱构建选取桃树、梨树、枣树、金雀花、花椒等有经济价值的灌木及木本植物，在沟道边坡和沟底按等高线密植排列，株距根据植物特性确定，行距 10～15m；选取香根草、地石榴等多年生匍匐植物构建沟底草皮水道，宽度在 150～800cm，水道两侧选取蔗茅等多年生密生植物构建防冲刷植物篱，宽度 50cm。

2. 技术效果

(1)坡台地农田抑流植物篱带对农田径流污染物输出的影响

通过对比以当地、有经济和景观价值的多年生草本植物为主的不同宽度与密度的植物篱带对农田产流及输沙的影响，观测结果表明，农田草皮水道对农田产沙量具有明显的抑制作用。宽度为 20～30cm 的农田草皮水道具有明显削减径流中>2mm 泥沙颗粒的作用，其平均削减率可以达到 94%左右。梯田间的坡面草皮植物带具有明显的防径流冲刷和富集泥沙的作用。2 年的观测结果发现，梯田间的坡面草皮植物带前土面高度平均增加了 0.4cm，而且 10～20cm 宽的坡面草皮植物带具有明显的富集泥沙作用。同时，梯田间的坡面草皮植物带还具有导流的作用，不仅削减了径流的冲刷作用，还有利于径流的收集。

(2)坡台地机耕道路抑流植物篱带对道路径流污染物输出的影响

通过对比以当地和有景观价值的多年生草本植物与低矮灌木为主的不同宽度与密度的植物篱带对坡台地机耕道路输沙的影响，观测结果表明，机耕道路径流植物缓冲带对输沙量具有明显的抑制作用。宽度为 20～30cm 的植物缓冲带具有明显削减径流中泥沙颗粒的作用，其平均削减率可以达到 50%左右，同时还有效削减了径流对道路两侧的冲刷。

(3)坡台地冲沟坡面抑流植物篱带对坡面径流污染物输出的影响

通过对比以当地、有经济和景观价值的多年生草本与木本植物为主的不同宽度、密度的植物篱带对冲沟坡面产流及输沙的影响，观测结果表明，冲沟坡面草带对坡面产流量和输沙量具有明显的抑制作用。坡面草带对坡面产流量和输沙量的平均削减率分别可以达到 25%和 65%。由于试验中在冲沟坡面栽植的灌木和木本植物尚小，因此对坡面产流量和输沙量的削减不明显。但是，通过观测坡面原有农民种植的金针菜条带(50cm 宽)，其对坡面产流量和输沙量的削减率分别可以达到 30%和 75%左右。

3. 技术应用效果

在滇池流域晋宁县上蒜乡段七村东侧坡台地农田区域，2010 年 5 月至今在道路、沟道和田间共建设植物篱 15km。观测数据表明，建成的植物篱已经可以起到阻截部分坡台地农田径流泥沙输出的作用，与对照区域相比，在试验的两次降雨条件下可降低泥沙、TN、TP 的输出量分别达到 30%、20%、41%(图 6-22)。

6.3.4　坡耕地汇流区集水截污系统构建与资源化利用技术效果

滇池流域雨季多暴雨，坡台地水土流失主要是由于农田地膜覆盖和种植结构单一。同时，滇池流域季节性干旱，坡台地农业发展受到水资源紧缺的严重制约，因此强化利用自然降水是提高滇池流域山地农业可持续能力和削减坡台地面源污染负荷输出的必然选择。

滇池流域山地机耕道路不仅是山地产流区域，还是农田径流汇集输送的主要通道。利用串

图 6-22　抑流植物缓冲带试验区种植

联式集水设施雨季时收集道路径流，然后在旱季或降水不均时补灌农田，既有效减少了径流和污染物的输出，又可以缓解农田季节性干旱。根据滇池流域气候特征和山地条件，机耕路两侧集水窖密度以 15～20 个/km 为宜，坡台地农田中单个集水窖的集水面应该达到 1800～2000m^2。例如，建成一个容积 15m^3 的水窖，在雨季时可以满水收集道路径流 4～6 次，累积收集 60～90m^3 径流；这些收集的径流补灌坡台地农田增加 90～130mm/亩的贮水量。

(1) 技术设计要点

1) 集水技术。集水设施由集水渠、沉砂池和集水窖三部分构成。

集水渠：山地机耕路的排水渠道通常不牢固，容易发生垮塌堵塞。因此，在需要建设集水设施的道路两旁须建设较为牢固的集水和引水渠道，渠道立面可以用带孔砖砌或毛石砌，孔内种植多年生匍匐型生长的草本植物。集水、引水渠道的深度、宽度及构形根据道路宽度和排水条件而定。

沉砂池：平流式，在集水窖前端与其串联设置。沉砂池去除对象是粒径在 0.2mm 以上的砂粒。沉砂池大小应根据集水窖的大小而定，通常 10～15m^3 的集水窖，其沉砂池深度应为 1.0～1.2m，面积为 0.8～1.0m^2。目前沉砂池常用形式有单厢式和井式，但沉砂效果一般，迷宫式沉砂池的沉砂效果较好。沉砂池与集水窖连接处应设置格栅。

集水窖：是一种地下埋藏式蓄水工程。集水窖形状可以采用圆形断面式或矩形宽浅式。不同形式的水窖可以根据土质、建筑材料等条件选择。根据滇池流域坡台地农田情况，容

积为 10～15m^3 的混凝土顶拱水泥砂浆薄壁水窖的建设可以简化施工程序，防渗效果也较理想。混凝土顶拱水泥砂浆薄壁水窖窖体由窖颈、拱形顶盖、水窖窖筒和窖基等部分组成。

2)补灌技术。雨季时，集水窖收集的径流可以针对作物关键生长期间的降水不足进行补灌。同时，可以雨季来临前 10～15 天进行蔬菜作物的移栽定植，利用集水窖保存的水分对其灌溉。这不仅能使蔬菜提早上市，在一定程度上提高农田利用强度，增加经济收入，还可以延长坡台地农田地面覆盖时间，降低农田水土流失。

(2)技术效果

1)坡台地机耕道路产流面集水技术　根据滇池流域降水特征，通过实测示范区机耕道路的产流系数和分析测定相应集水设施的布设、集水效率及用水量，坡台地机耕道路产流面集水设施以水窖+沉砂池的集水与利用效率最好，集水窖应分布于道路两侧 4～5m，道路两侧应设生态沟渠以削减径流中的泥沙和连接集水窖，每 100km 机耕道路两侧集水窖(10～15m^3)密度以 15～20 个为宜。2 年的观测结果表明，雨季时机耕道路两侧的集水窖可以满水收集径流 4～6 次，削减机耕道路产流总量 23%～35%。

2)坡台地农田产流面集水技术　根据滇池流域降水特征，通过实测坡台地农田的产流系数和分析测定相应集水设施的布设、集水效率及用水量，坡台地农田中单个集水窖的集水面应该达到 1800～2000m^2，集水窖应沿农田径流汇集方向分布，各集水窖之间须用草皮水道与田间植物篱带连接以收集径流和削减泥沙量。2 年的观测结果表明，雨季时农田中集水窖可以满水收集径流 2～3 次，削减农田产流总量 23%～35%。

3)荒坡产流面集水技术　根据滇池流域降水特征，通过实测示范区荒地的产流系数和分析测定相应集水设施的布设、集水效率及用水量，荒地集水窖应布设于邻近农田区域，集水窖前端须设置生态引水渠和拦砂堰。由于受到地形、植被和距离农田远近的影响，集水窖的数量和大小应根据具体情况而定。观测结果表明，由于集水面大，集水窖的集水效率较好，通常可以满水收集径流 9～12 次。

(3)技术应用效果

在滇池流域晋宁县上蒜乡段七村东侧坡台地农田区域，2010 年 5 月至今，针对该区域机耕道路现状开展了径流收集及补灌技术示范，共建设和改造集水设施总容积约 2325m^3。目前，这些设施已经正常运行，并起到集水和补灌的作用，对坡台地农业生产和面源污染削减均产生积极的意义(图 6-23)。根据测算，目前建成的集水补灌设施已经可以削减坡台地农田径流输出 20%以上。

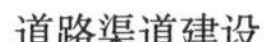
道路渠道建设

农田径流收集

沉砂池

水窖

图 6-23 集水截污补灌系统中试研究情况

6.4 坝平地传统种植业面源污染削减技术方案设计及示范

6.4.1 坝平地面源污染产生与输移状况

1. 坝平地传统农业种植区的主要种植模式

对晋宁县上蒜乡段七村主要农作物种植情况进行了调查，结果表明，当地主要种植农作物为蔬菜作物，种类有小瓜(西葫芦)、西兰花、油毛菜、豌豆等，粮食作物有玉米等，90%以上的农作物是单作栽培。

2. 坝平地传统农业种植区作物的病虫害情况

豌豆的主要病害有豌豆白粉病、炭疽病、褐斑病、黑斑病、枯萎病、根腐病、细菌性叶斑病等。豌豆的虫害主要有豌豆蚜、斑潜蝇。玉米主要害虫有玉米螟、棉铃虫、蠼螋、甜菜夜蛾。

技术示范实验地蔬菜病虫害种类较多，各种病虫害的发生因蔬菜种类不同而有差异。主要病害有灰霉病 *Botrytis cinerea* Persoon、白粉病 *Leveillula taurica*(Lev.) Arnaud、疫病 *Phytophthora capsici* Leonian、枯萎病 *Fusarium oxysporum* Schlecht、细菌性叶斑病 *Xanthomonas campestris* pv. Vesicatoria Dye、褐斑病 *Cercospora capsici* Heald et Wolf，以及病毒病 TMV、CMV、PVY、BBWV、CMMY 等，其中根腐病、青枯病及病毒病发生和为害突出。

害虫有双翅目、鳞翅目、缨翅目、鞘翅目和膜翅目共计 23 种，如桃蚜 *Myzus persicae*(Sulzer)、甘蓝蚜 *Brevicoryne brassicae* Linn.、玉米蚜 *Rhopalosiphum maidis*(Fitch)、斑潜蝇 *Liriomyza sativae* Blanchard、温室白粉虱 *Trialeurodes vaporariorum* Westwood、小菜蛾 *Plutella xylostella*(L.)、菜青虫 *Pieris rapae crucivora* Boisduval、玉米螟 *Ostrinia furnacalis* Guenee 等，其中小菜蛾、斜纹夜蛾、甜菜夜蛾、温室白粉虱、斑潜蝇和蚜虫发生为害较突出。

3. 坝平地传统农业种植区的施肥状况

专题示范区段七村和竹园村坝平地的土壤养分状况(土样 13 个)：土壤有机质含量为

12.6～44.7g/kg，平均值为 30.8g/kg；土壤水解性 N 含量为 79.8～175.0mg/kg，平均值为 131.1mg/kg；土壤有效磷含量为 9.70～56.8mg/kg，平均值为 30.02mg/kg；土壤速效钾含量为 35.4～265.3mg/kg，平均值为 141.4mg/kg；土壤 pH 为 5.34～7.36，平均值为 6.22。这说明土壤养分变异大，是由当地农民长期施肥差异很大造成的。

坝平地每亩耕地的氮磷化肥用量为 200～350kg 纯养分（$N+P_2O_5$）/a，部分菜地用量达到 600kg 纯养分（$N+P_2O_5$）/a。每亩豌豆的施肥量为 75.0～168.0kg 纯养分（$N+P_2O_5$）/季；玉米的施肥量相对较低，为 15.5～24.0kg 纯养分（$N+P_2O_5$）/季。磷肥多基施，也有农户使用氮磷钾复合肥追施；氮肥多追施，施肥方式多撒施，后漫灌。氮磷肥料的过量施用、不合理施用，以及不当的使用方法，造成氮磷肥料的大量浪费。

4. 坝平地传统农业种植区土壤养分时空变化规律

在段七村主要耕作区进行网格化采样，采样间隔为 600m。各采样点位置、编号及土地利用方式见图 6-24 和表 6-45，共选取 19 个点。采样深度为 0～20cm 和 20～40cm，共两层。

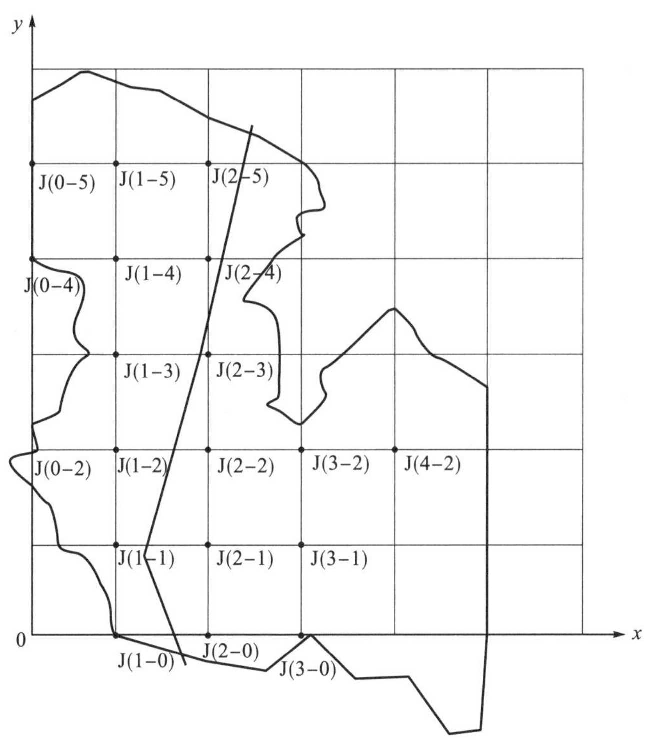

图 6-24　采样区域示意图（图中折线代表柴河）

表 6-45　采样点位置及土地利用方式

编号	经度	纬度	海拔（m）	地表作物种类及模式
J(0-2)	102°40′38″E	24°36′38″N	1920	豌豆
J(0-4)	102°40′42″E	24°37′02″N	1920	蚕豆（已收）

续表

编号	经度	纬度	海拔(m)	地表作物种类及模式
J(0-5)	120°40′39″E	24°37′13″N	1911	西兰花
J(1-0)	102°40′50″E	24°36′20″N	1897	西兰花(已收)
J(1-1)	102°40′45″E	24°36′31″N	1896	玉米(生长)
J(1-2)	102°40′49″E	24°36′41″N	1912	西兰花
J(1-3)	102°40′49″E	24°36′41″N	1913	小瓜(已收)
J(1-4)	102°40′52″E	24°37′01″N	1907	西兰花
J(1-5)	102°40′49″E	24°37′14″N	1906	西兰花、大豆套作
J(2-0)	102°41′01.12″E	24°36′20.81″N	1897	白菜(生长初期)
J(2-1)	102°41′00.79″E	24°36′33.34″N	1896	菜豆(刚收获)
J(2-2)	102°40′59.73″E	24°36′42.55″N	1881	玉米、西兰花间作
J(2-3)	102°41′00.33″E	24°36′53.00″N	1886	西兰花(收获后期)
J(2-4)	102°40′59.39″E	24°37′07.99″N	1883	玉米(孕穗期)
J(2-5)	102°40′58.45″E	24°37′13.10″N	1887	西兰花、玉米间作
J(3-0)	102°41′11.28″E	24°36′22.76″N	1898	玉米(抽穗前期)
J(3-1)	102°41′12.68″E	24°36′32.84″N	1908	玉米(抽穗前期)
J(3-2)	102°41′11.07″E	24°36′41.87″N	1895	菜豆(收获期)
J(4-2)	102°41′18.22″E	24°36′42.18″N	1907	白菜(收获初期)

土壤总氮、铵态氮、硝态氮和总磷含量见表 6-46。

表 6-46 土壤总氮、铵态氮、硝态氮和总磷含量

编号	总氮含量(g/kg)		铵态氮含量(mg/kg)		硝态氮含量(mg/kg)		总磷含量(g/kg)	
	0～20cm	20～40cm	0～20cm	20～40cm	0～20cm	20～40cm	0～20cm	20～40cm
J(0-2)	1.23	1.17	87.33	96.82	260.37	131.33	5.61	7.01
J(0-4)	1.25	0.92	66.03	49.77	50.05	25.49	5.68	4.82
J(0-5)	0.14	0.08	133.04	156.23	90.32	26.27	4.29	5.89
J(1-0)	1.34	0.42	61.66	61.90	177.68	134.42	8.28	9.20
J(1-1)	0.88	0.69	60.82	71.32	116.42	55.96	14.71	14.52
J(1-2)	1.83	1.30	75.56	72.43	99.02	39.17	27.29	18.52
J(1-3)	2.04	1.48	74.89	71.37	118.49	55.91	11.37	9.99
J(1-4)	2.91	2.65	61.28	66.52	273.76	158.88	24.22	24.82
J(1-5)	2.27	2.15	55.97	42.92	91.36	47.79	13.55	12.25
J(2-0)	1.80	1.10	84.54	64.44	134.13	60.69	2.26	3.35
J(2-1)	0.75	0.50	96.73	97.00	290.75	251.35	25.59	44.47
J(2-2)	1.26	1.16	226.47	82.77	219.38	138.13	22.52	20.41
J(2-3)	2.34	2.33	96.82	78.55	553.99	71.17	27.54	26.67

续表

编号	总氮含量(g/kg)		铵态氮含量(mg/kg)		硝态氮含量(mg/kg)		总磷含量(g/kg)	
	0～20cm	20～40cm	0～20cm	20～40cm	0～20cm	20～40cm	0～20cm	20～40cm
J(2-4)	1.79	1.56	59.98	56.26	208.52	66.69	17.02	16.22
J(2-5)	1.81	1.61	52.64	53.56	125.99	102.14	11.17	9.52
J(3-0)	1.55	1.02	58.52	59.12	35.96	27.46	14.75	11.26
J(3-1)	0.89	0.84	78.42	70.98	252.87	14.78	25.23	23.22
J(3-2)	1.81	1.17	40.54	33.67	278.22	164.61	22.50	11.34
J(4-2)	1.13	0.90	63.95	64.72	203.58	82.28	16.56	17.58
平均值	1.53	1.21	80.80	71.07	188.47	87.08	16.44	15.32

Ⅰ. 土壤总氮含量空间分布特征

从表 6-46 可以看出，土壤 0～20cm 总氮含量为 0.14～2.91g/kg，平均含量为 1.53g/kg，最大值为 J(1-4)的 2.91g/kg，最小值为 J(0-5)的 0.14g/kg；20～40cm 层的含量为 0.08～2.65g/kg，平均含量为 1.21g/kg，最大值为 J(1-4)的 2.65g/kg，最小值为 J(0-5)的 0.08g/kg。

Ⅱ. 土壤铵态氮含量空间分布特征

土壤 0～20cm 铵态氮含量为 40.54～226.47mg/kg，平均含量为 80.80mg/kg，最大值为 J(2-2)的 226.47mg/kg，最小值为 J(3-2)的 40.54mg/kg；20～40cm 层的含量为 33.67～156.23mg/kg，平均含量为 71.07mg/kg，最大值为 J(0-5)的 156.23mg/kg，最小值为 J(3-2)的 33.67mg/kg。

Ⅲ. 土壤硝态氮含量空间分布特征

土壤 0～20cm 硝态氮含量为 35.96～553.99mg/kg，平均含量为 188.47mg/kg，最大值为 J(2-3)的 553.99mg/kg，最小值为 J(3-0)的 35.96mg/kg；20～40cm 层的含量为 14.78～251.35mg/kg，平均含量为 87.08mg/kg，最大值为 J(2-1)的 251.35mg/kg，最小值为 J(3-1)的 14.78mg/kg。土壤各列总氮、铵态氮、硝态氮和总磷平均含量见表 6-47。

表 6-47 土壤各列总氮、铵态氮、硝态氮和总磷平均含量

列号	总氮含量(g/kg)		铵态氮含量(mg/kg)		硝态氮含量(mg/kg)		总磷含量(g/kg)	
	0～20cm	20～40cm	0～20cm	20～40cm	0～20cm	20～40cm	0～20cm	20～40cm
1	0.87	0.72	95.47	100.94	133.58	61.03	5.65	5.91
2	1.88	1.45	65.03	64.41	146.12	82.02	16.57	14.88
3	1.63	1.38	102.86	72.10	255.46	115.03	17.68	20.11
4	1.42	1.01	59.16	54.59	189.02	68.95	20.83	15.27
5	1.13	0.90	63.95	64.72	203.58	82.28	16.56	17.58

Ⅳ. 土壤总磷含量空间分布特征

土壤 0～20cm 总磷含量为 2.26～27.54g/kg，平均含量为 16.44g/kg，最大值为 J(2-3)的 27.54g/kg，最小值为 J(2-0)的 2.26g/kg；20～40cm 层的含量为 3.35～44.47g/kg，平均

含量为 15.32g/kg，最大值为 J(2-1)的 44.47g/kg，最小值为 J(2-0)的 3.35g/kg。土壤各行总氮、铵态氮、硝态氮和总磷平均含量见表 6-48。

表 6-48 土壤各行总氮、铵态氮、硝态氮和总磷平均含量

行号	总氮含量(g/kg)		铵态氮含量(mg/kg)		硝态氮含量(mg/kg)		总磷含量(g/kg)	
	0～20cm	20～40cm	0～20cm	20～40cm	0～20cm	20～40cm	0～20cm	20～40cm
1	1.56	0.85	68.24	61.82	115.92	74.19	8.43	7.94
2	0.84	0.68	78.66	79.77	220.01	107.36	21.84	27.40
3	1.45	1.14	98.77	70.08	212.11	111.10	18.90	14.97
4	2.19	1.91	85.86	74.96	336.24	63.54	19.46	18.33
5	1.98	1.71	62.43	57.52	177.44	83.69	15.64	15.29
6	1.41	1.28	80.55	84.24	102.56	58.73	9.67	9.22

5. 坝平地传统农业种植区的农田灌溉和集水方式

原有的农田灌溉设施破损，无人修缮，逐渐废弃，农田基本没有人为灌溉，靠天降雨灌溉。由于 2010 年云南大旱，当地农户种植农作物主要靠抽取井水运送到田间浇苗，在 6 月中下旬有降雨后，开始大面积种植作物，在降雨量大时，田间地表径流顺着道路流失。

6.4.2 削减坝平地农田面源污染的玉米/蔬菜间套作技术

针对目前滇池流域蔬菜种植以单一种植模式为主，施肥量过高，农田地表径流量大与径流中氮、磷等营养物质流失量高，农田面源污染严重等实际情况，提供了一套简便、易掌握、低投入的有效削减农田径流污染的玉米/蔬菜间套作种植技术。

(1)技术设计要点

通过玉米/蔬菜间作模式的合理搭配，促进玉米、青花、马铃薯、白菜、豌豆对水肥的吸收利用，并提高了光能利用率，配合合理的覆盖与施肥措施，结合农田灌排系统，资源化利用强降雨形成的农田地表径流与径流中的养分，削减农田地表径流量和农田地表径流中氮、磷等营养物质的流失。

削减农田面源污染的作物多样性种植模式具体如下。

Ⅰ. 削减农田面源污染的玉米/西兰花间作-玉米/马铃薯套作技术

种植方法为玉米与西兰花间作，1 行玉米间作 2～4 行西兰花，形成 1 行玉米一畦和 2～4 行西兰花一畦的田间布局；西兰花收获后接着间作 2～4 行马铃薯，形成 1 行玉米一畦和 2～4 行马铃薯一畦的田间布局。种植规格：1 行玉米间作 2～4 行西兰花或马铃薯，玉米行距 150～270cm，株距 20cm，栽培密度 1440～2500 株/亩；西兰花窄行距 60cm、宽行距 90cm，株距 30cm，栽培密度 2800 株/亩；马铃薯窄行距 60cm、宽行距 90cm，株距 25cm，栽培密度 3500 株/亩。

Ⅱ. 削减农田面源污染的玉米/白菜间作-玉米/豌豆套作技术

种植方法为玉米与白菜间作，1 行玉米间作 2～4 行白菜，形成 1 行玉米一畦和 2～4

行白菜一畦的田间布局；白菜收获后接着间作 1～2 行豌豆，形成 1 行玉米一畦和 1～2 行豌豆一畦的田间布局。种植规格：玉米行距 150～270cm，株距 20cm，栽培密度 1440～2500 株/亩；白菜窄行距 60cm、宽行距 90cm，株距 30cm，栽培密度 2800 株/亩；豌豆窄行距 90cm、宽行距 180cm，株距 1.2cm，栽培密度 3.7 万株/亩。

(2) 技术效果

在滇池流域晋宁县上蒜乡段七村农田，2010 年 5～11 月，针对该区域以青花、白菜、豌豆和马铃薯单作种植模式为主的现状，开展了玉米/青花间作-玉米/马铃薯套作技术、玉米/白菜间作-玉米/豌豆套作技术示范，技术示范效果见表 6-49。

表 6-49　蔬菜单作和玉米/蔬菜间套作种植模式下农田面源污染输出情况

模式	径流量 (m^3/hm^2)	TN 流失量 (kg/hm^2)	TP 流失量 (kg/hm^2)	COD 流失量 (kg/hm^2)	SS 流失量 (kg/hm^2)
青花-马铃薯单作	127.9	2.68	0.26	10.25	12.30
玉米/青花间作-玉米/马铃薯套作	70.3	1.16	0.17	4.55	8.78
白菜-豌豆单作	137.7	2.46	0.29	11.00	22.51
玉米/白菜间作-玉米/豌豆套作	76.6	1.22	0.13	6.04	12.58

白菜-豌豆单作和青花-马铃薯单作种植模式的小区地表径流量与径流污染流失量大于玉米/蔬菜间套作种植模式，玉米/蔬菜间套作模式削减 44.3%～45.0%的地表径流量、53.0%～56.7%的地表径流 TN 流失量、35.6%～54.8%的地表径流 TP 流失量、45.1%～55.6%的地表径流 COD 流失量、28.7%～44.1%的地表径流 SS 流失量。

玉米/青花间套作种植模式设计如下。LD：裸地(对照)；DZ1：玉米单作(对照 1)，盖膜种植；DZ2：青花单作(对照 2)，盖膜种植；JZ1：玉米‖青花(1∶2)，盖膜种植；JZ2：玉米‖青花(1∶3)，盖膜种植；JZ3：玉米‖青花(1∶4)，盖膜种植；JZ4：玉米‖青花(1∶3)，膜侧种植；JZ5：玉米‖青花(1∶3)，无膜种植。

地表径流量依次为：LD＞DZ1＞JZ2＞JZ4＞DZ2＞JZ3＞JZ1＞JZ5。裸地产生的地表径流量最大，为 88.67m^3/hm^2，最小的是玉米‖青花(1∶3)无膜种植模式，为 43.33m^3/hm^2。玉米‖青花(1∶3)种植模式产生的地表径流量是青花单作模式的 61.8%，能削减 38.2%的地表径流量。TN 流失量依次为：LD＞JZ2＞DZ1＞JZ1＞JZ4＞DZ2＞JZ3＞JZ5。裸地产生的 TN 流失量最大，为 1.03kg/hm^2，最小的是玉米‖青花(1∶3)无膜种植模式，为 0.39kg/hm^2。玉米‖青花(1∶3)种植模式产生的 TN 流失量是青花单作模式的 62.4%，能削减 37.6%的 TN 流失量。TP 流失量依次为：LD＞JZ2＞DZ1＞JZ4＞JZ3=JZ1=DZ2＞JZ5。裸地产生的 TP 流失量最大，为 0.47kg/hm^2，最小的是玉米‖青花(1∶3)无膜种植模式，为 0.16kg/hm^2。玉米‖青花(1∶3)种植模式产生的 TP 流失量是青花单作模式的 64.1%，能削减 35.9%的 TP 流失量。COD 流失量依次为：JZ2＞LD＞DZ1＞JZ1＞DZ2＞JZ4＞JZ5＞JZ3。JZ2 产生的 COD 流失量最大，为 3.41kg/hm^2，最小的是玉米‖青花(1∶4)盖膜种植模式，为 1.52kg/hm^2。玉米‖青花(1∶4)盖膜种植模式产生的 COD 流失量是青花单作模式的 61.6%，能削减 38.4%

的 COD 流失量。SS 流失量依次为：JZ2＞LD＞JZ4＞JZ1＞DZ2＞DZ1＞JZ3＞JZ5。JZ2 产生的 SS 流失量最大，为 66.82kg/hm^2，最小的是玉米‖青花(1∶3)无膜种植模式，为 17.56kg/hm^2。玉米‖青花(1∶3)种植模式产生的SS流失量是青花单作模式的41.1%，能削减 58.9%的 SS 流失量(图 6-25)。

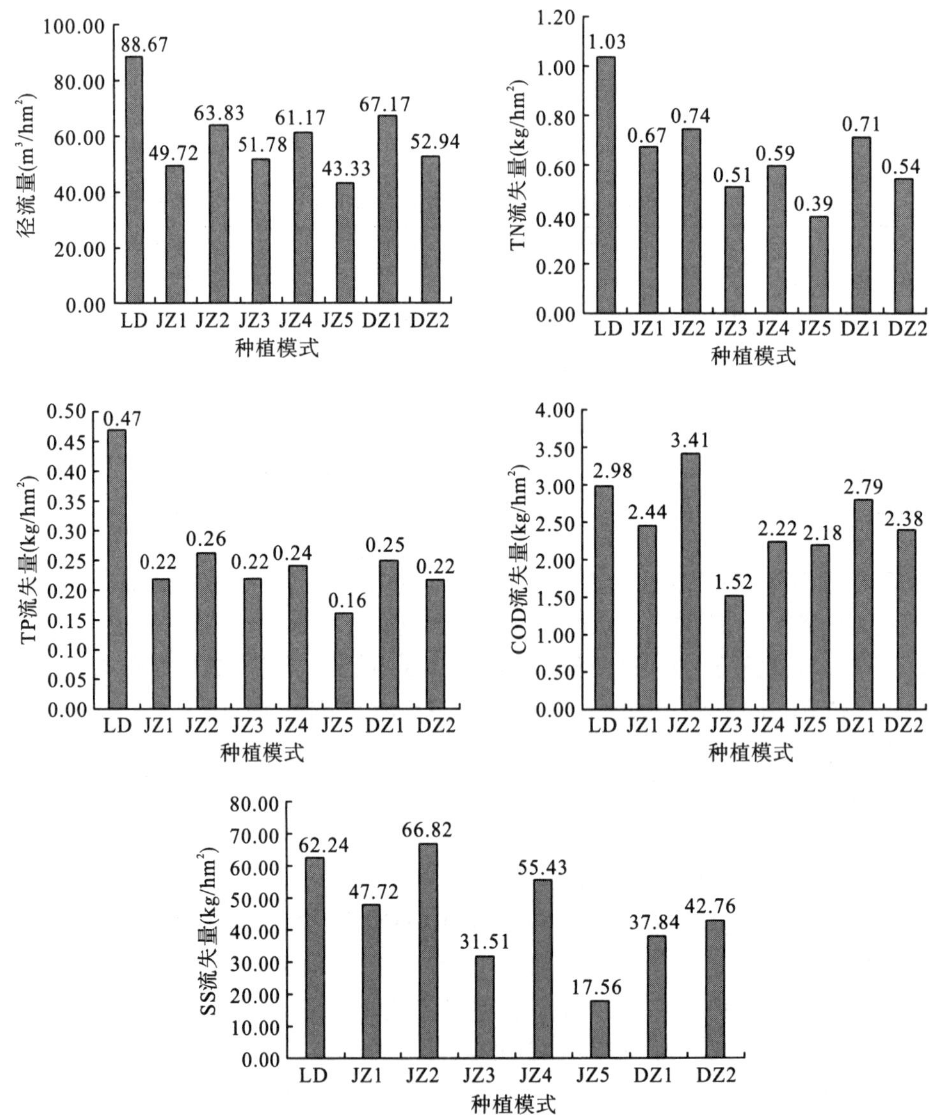

图 6-25　玉米与青花间套作对农田地表径流的影响

玉米‖青花(1∶3)种植模式削减农田地表径流和径流污染流失的效果最好，对农田地表径流、TN 和 TP 流失量的削减率分别达到 38.2%、37.6%和 35.9%(图 6-25)。

(3) 技术应用效果

与传统的单作方式比较，玉米-蔬菜间套作技术可以削减农田径流及污染负荷输出 30%以上，提高水肥利用效率 25%以上，同时保证农田生产力的稳定。

6.4.3　削减坝平地农田面源污染的综合种植技术

针对当前滇池流域坝平地传统农业种植模式和农田种植技术(植保、施肥、灌溉及灌排水)中存在的不合理问题，优化坝平地传统农业种植模式和农田种植技术，确定有效削减坝平地面源污染负荷输出的植保技术、田间覆盖技术、施肥技术、灌排技术等农田种植技术。

1. 技术设计

作物多样性种植体系施肥技术具体如下。

Ⅰ. 玉米/青花间作-玉米/马铃薯套作模式施肥技术

玉米底肥为有机微肥 100kg/亩，磷酸一铵 15kg/亩；尿素追肥 2 次，苗期 7.5kg/亩，穗期 15kg/亩。青花底肥为有机微肥 200kg/亩，磷酸一铵 10kg/亩；复合肥追肥 4 次，移栽 7 天后 7.5kg/亩，之后 3 次每隔 15 天分别追施 12.5kg/亩。马铃薯底肥为有机肥 200kg/亩，过磷酸钙 20kg/亩，第 1 次追肥出苗后 10 天用复合肥 9.0kg/亩，第 2 次追肥出苗后 25 天用复合肥 12.0kg/亩。

Ⅱ. 玉米/白菜间作-玉米/豌豆套作模式施肥技术

玉米底肥为有机微肥 100kg/亩，磷酸一铵 15kg/亩；尿素追肥 2 次，苗期 7.5kg/亩，穗期 15kg/亩。白菜底肥为有机微肥 200kg/亩，追肥为移栽 25 天后施尿素 7.5kg/亩和复合肥 7.5kg/亩。豌豆底肥为有机肥 200kg/亩，复合肥 20kg/亩，追肥为复合肥，播种后 10 天、17 天、24 天、31 天、38 天、45 天、52 天、62 天、72 天共 9 次，每次 6.0kg/亩。

Ⅲ. 作物多样性种植体系田间覆盖技术

利用玉米秸秆为覆盖物，垄间和垄上均匀覆盖，覆盖量为 $0.5kg/m^2$。

Ⅳ. 作物多样性种植体系植保技术(设置佳多频振式杀虫灯)

利用佳多频振式杀虫灯诱杀作物、蔬菜害虫，是一种较为经济、安全、有效、简便、易操作的物理防治方法。每 $2hm^2$ 设置 1 台，可诱杀鳞翅目、鞘翅目、直翅目、半翅目、双翅目等多种害虫，从而减少或不使用农药防治，大幅度降低农药对作物、土壤、水体及空气的污染。

Ⅴ. 作物多样性种植体系灌排与养分循环利用技术

在耕作区采用塘、井、沟渠等工程手段组成灌排系统。暴雨径流期间，该系统对径流水进行滞留、沉淀、适度的计划后排出系统，减少面源污染物输出。在用水期间，尤其是在旱季，利用该系统能够为示范提供灌溉用水，实现水资源、水中养分的有效利用。

2. 技术效果

(1)玉米秸秆覆盖模式与技术效果

玉米秸秆覆盖模式处理结果见图 6-26。玉米秸秆覆盖能削减农田地表径流的产生，削减效果为 32.5%(13.1%～51.9%)，玉米秸秆覆盖对青花单作-马铃薯单作种植模式产生地表径流的削减效果最好。除油毛菜单作-西葫芦单作种植模式外，玉米秸秆覆盖能削减农田地表径流 TN 流失量的产生，削减效果为 39.1%(18.9%～59.3%)，玉米秸秆覆盖对青花单作-马铃薯单作种植模式产生地表径流 TN 流失量的削减效果最好。玉米秸秆覆盖能削减农田地表径流 TP 流失量的产生，削减效果为 28.7%～81.6%，玉米秸秆覆盖对青花单作-马铃薯单作和白菜单作-豌豆单作种植模式产生地表径流 TP 流失量的削减效果最好。玉米秸秆覆盖能削减农田地表径流 COD 流失量的产生，削减效果为 38.8%(18.7%～58.8%)，玉米秸秆覆盖对玉米单作种植模式产生地表径流 COD 流失量的削减效果最好。除油毛菜单作-西葫芦单作种植模式外，玉米秸秆覆盖能削减农田地表径流 SS 流失量的产生，削减效果为 10.6%～51.3%，玉米秸秆覆盖对玉米单作种植模式产生地表径流 SS 流失量的削减效果最好。

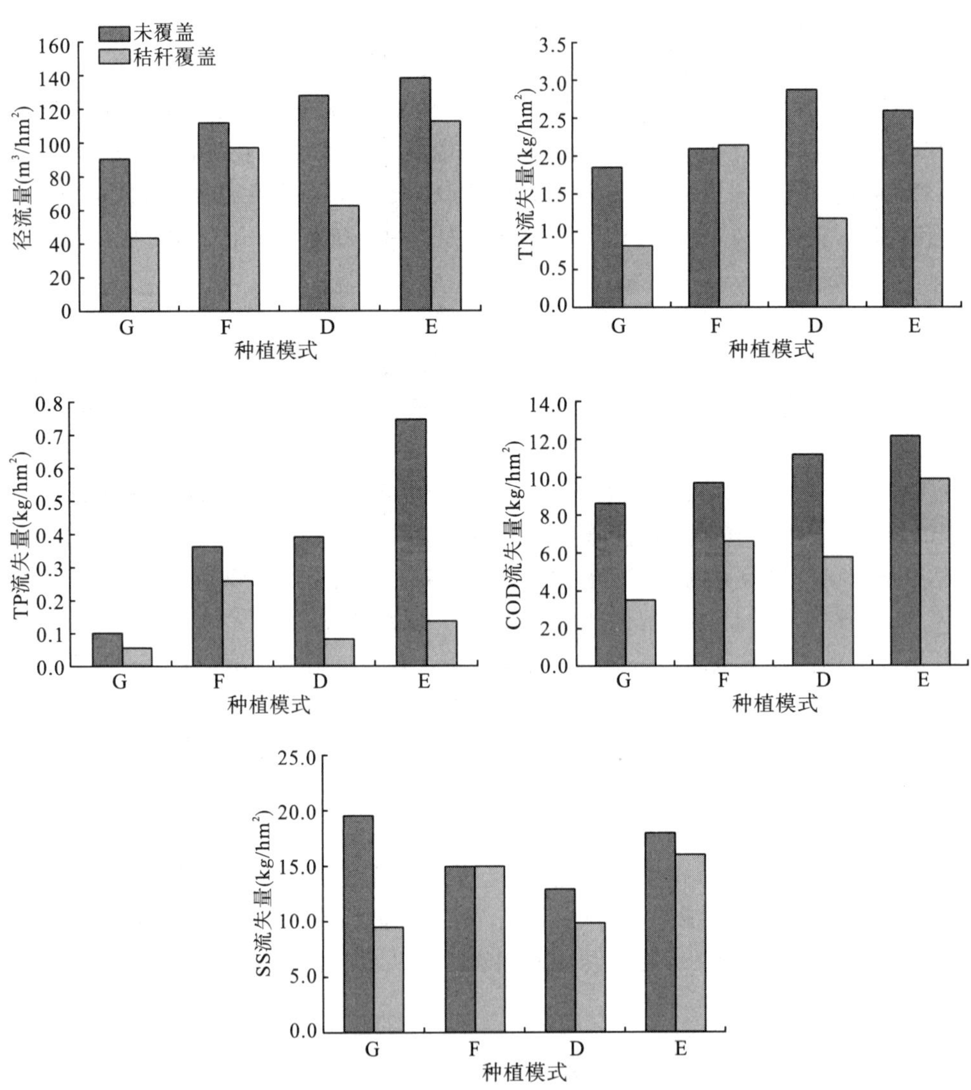

图 6-26　玉米秸秆覆盖对农田地表径流的影响

D：青花单作-马铃薯单作；E：白菜单作-豌豆单作；F：油毛菜单作-西葫芦单作；G：玉米单作

(2)水稻秸秆覆盖模式与技术效果

水稻秸秆覆盖模式处理效果见图 6-27。从图中可以看出，地表径流量从大到小依次为：裸地(LD)＞玉米单作+无覆盖(DZ3)＞西兰花单作+地膜覆盖(DZ2)＞玉米单作+地膜覆盖(DZ1)＞西兰花单作+无覆盖(DZ4)＞西兰花单作+秸秆覆盖(FG2)＞玉米单作+秸秆覆盖(FG1)。裸地产生的地表径流量最大，为 88.67 m^3/hm^2，最小的是西兰花+秸秆覆盖种植模式，为 34.31 m^3/hm^2。西兰花单作+秸秆覆盖种植模式产生的地表径流量，是西兰花单作模式的 64.6%，能削减 35.4%的地表径流量。

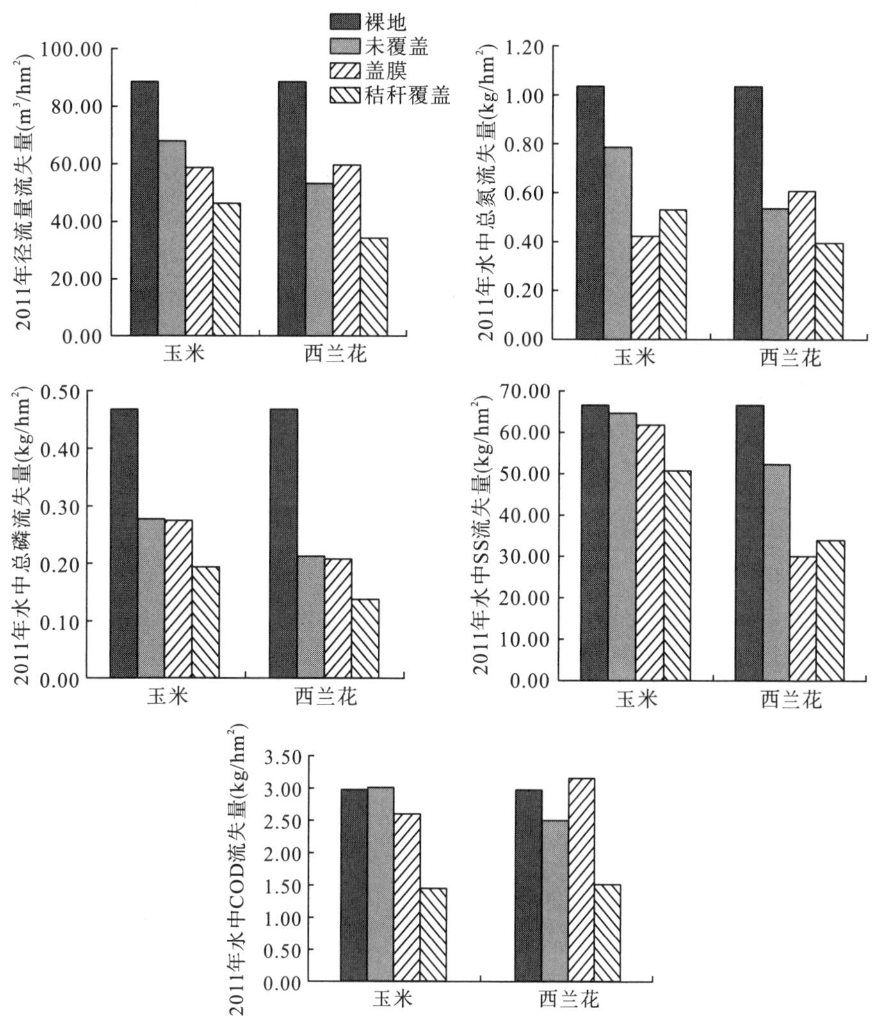

图 6-27　水稻秸秆覆盖对农田地表径流的影响

水中总氮流失量依次为：LD＞DZ3＞DZ2＞DZ4＞FG2＞DZ1＞FG1。裸地水中总氮流失量最大，为 1.03kg/hm^2，最小的是西兰花单作+秸秆覆盖种植模式，为 0.40kg/hm^2。西兰花单作+秸秆覆盖种植模式产生的水中总氮流失量是西兰花单作模式的 64.3%，能削减 35.7%的水中总氮流失量。水中总磷流失量依次为：LD＞DZ3＞DZ1＞DZ4＞DZ2＞FG2

＞FG1。西兰花单作+地膜覆盖种植模式下水中总磷流失量最大，为 0.468kg/hm^2，最小的是西兰花单作+秸秆覆盖种植模式，为 0.137kg/hm^2。西兰花单作+秸秆覆盖种植模式产生的水中总磷流失量，是西兰花单作模式的 64.5%，能削减 35.5%的水中总磷流失量。水中 COD 流失量依次为：DZ2＞DZ3＞LD＞DZ1＞DZ4＞FG1＞FG2。西兰花单作+地膜覆盖种植模式水中 COD 流失量最大，为 3.160 kg/hm^2，最小的是西兰花单作+秸秆覆盖种植模式，为 1.450kg/hm^2。西兰花单作+秸秆覆盖种植模式产生的水中 COD 流失量，是青花单作模式的 48.2%，能削减 51.8%的水中 COD 流失量。SS 流失量依次为：LD＞DZ3＞DZ1＞DZ4＞FG2＞FG1＞DZ2。裸地产生的 SS 量最大，为 66.29kg/hm^2，最小的是西兰花单作+地膜覆盖种植模式，为 29.85kg/hm^2。西兰花单作+地膜覆盖种植模式产生的 SS 流失量是西兰花单作模式的 57.09%，能削减 42.91%的 SS 流失量。

秸秆覆盖能削减农田地表径流的产生和径流污染的流失。秸秆覆盖能削减 13.1%～51.9%的地表径流量、18.9%～59.3%的农田地表径流 TN 流失量、28.7%～81.6%的农田地表径流 TP 流失量、18.7%～58.8%的农田地表径流 COD 流失量、10.6%～51.3%的农田地表径流 SS 流失量。

(3) 减量施肥技术效果

氮肥减量 25%及 50%时，与农民习惯施氮量处理（不减量 CK）的总氮流失量差异不显著（P<0.05）（图 6-28）；当不施用氮肥时其总氮流失量与农民习惯施氮量的总氮流失量差异显著。这说明短期内通过减少氮肥用量难以降低总氮流失量。这是由于径流水中氮素绝大部分（86%～91%）是颗粒态氮素，颗粒态氮素主要来源于土壤氮素，短期内难以通过减少氮肥用量来降低土壤中的氮素含量。

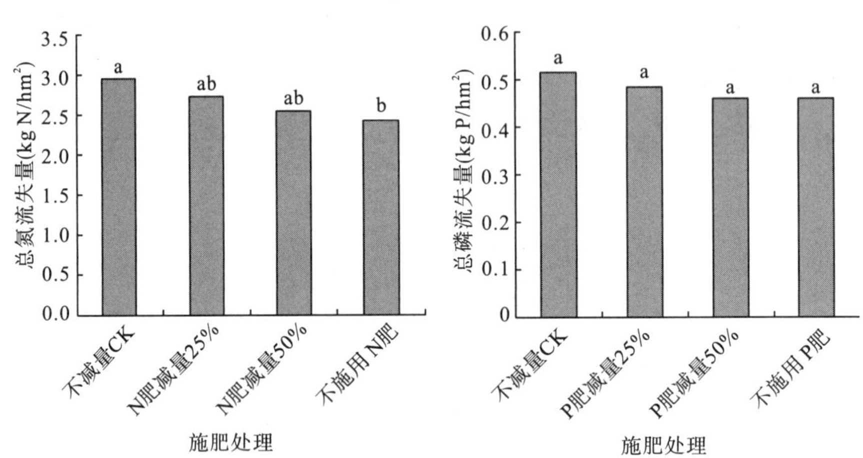

图 6-28　不同化肥用量的总氮、总磷的流失量

不同小写字母代表处理间差异显著，下同

从图 6-28 可知，磷肥减量 25%及 50%甚至不施用磷肥时，其总磷流失量与农民习惯施磷量处理的总磷流失量差异不显著（P<0.05）。这说明短期内通过减少磷肥用量难以降低总磷流失量。这是由于径流水中磷素绝大部分（占 92%～96%）是颗粒态磷，颗粒态磷来源于土壤颗粒中的磷素，短期内难以仅通过减少磷肥用量来降低土壤中的磷素含量。

氮磷肥料减量施用条件下，青花季各施肥处理产量间差异不显著，西葫芦季 NP 减量 25%处理与不减量 CK 间差异不显著(图 6-29)。这说明一个生长季节内，目前氮磷化肥用量减少 25%，可以保证作物减产不明显(P<0.05)。

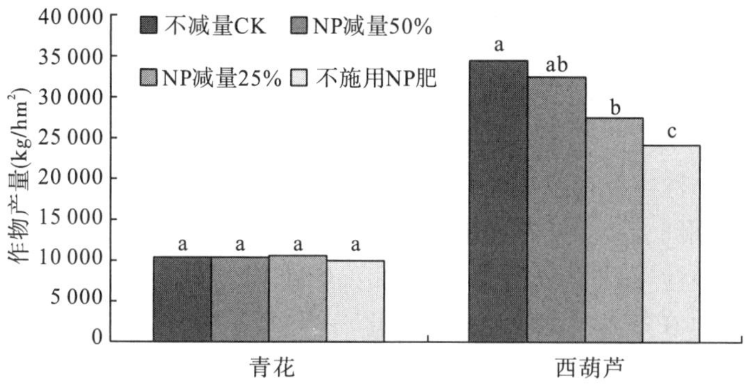

图 6-29　不同氮磷肥料用量条件下的作物产量

3. 技术推广应用效果

与传统种植方式比较，坝平地农田间套作综合种植技术体系在连片大面积($75hm^2$)应用时可以削减农田径流及污染负荷输出 30%以上，提高水肥利用效率 25%以上，同时保证农田生产力的稳定，而且秸秆还田还能增加土壤有机质，改善土壤结构的稳定性，保持农业生产稳定和高效益(图 6-30)。

图 6-30　坝平地面源污染控制技术研究

6.5 农村沟渠-水网系统面源污染削减技术方案设计及示范

6.5.1 农村沟渠-水网系统面源污染输移特征

滇池流域农村沟渠是农田排水汇入河流和湖泊的通道，是农田主要的排水设施，是农村面源污染进入滇池的主要通道。沟渠系统一般起始于田间毛沟或农沟，经支沟、干沟排入河流，最终进入滇池。毛沟或农沟密度大，分布于地块之间，其断面较小，多为土沟形式，在灌溉(降雨)期间直接承接田间地表和地下渗漏排水，并逐级汇入支沟、干沟，在非灌溉(降雨)期则基本呈干涸状态，具有陆生和湿生的双重特点。沟渠中生长着适于此环境的水生陆生植物，并在年内周期性地生长变化。

沟渠的支沟、干沟多为三面光人工沟渠，少量土沟，以排水功能为主。

根据调查，农田沟渠的基本功能有：促进农田的水和可溶性营养物质的流动；延长水流的停留时间和营养物质的循环；促进沟渠内植物对 N、P 的吸收与释放；降解农田中的除草剂；减轻水土流失和与渠底营养物质的交流；为植物授粉提供方便，并控制害虫；沟渠与农田边缘的植物是饲料和生物质的来源；排水功能。

专题示范区位于柴河水库下游，沟渠包括毛沟(农沟)、支沟、干渠、河道及塘(图 6-31)。

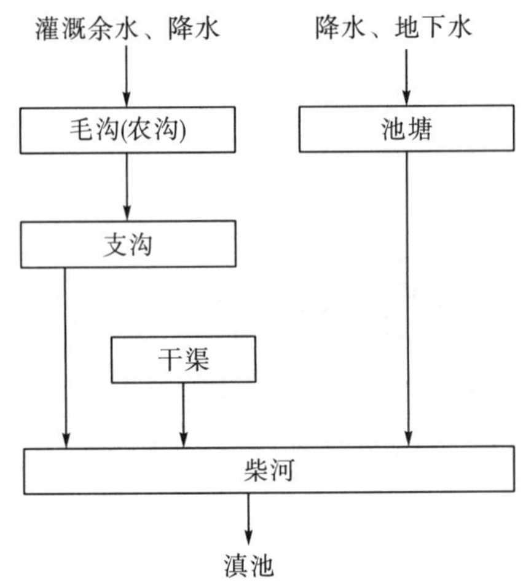

图 6-31 示范区现有沟渠系统

经调查，示范区内沟渠特点如下(表 6-50 和图 6-32)。

表 6-50 示范区沟渠汇总

沟渠类型	土沟			混凝土或毛石结构渠		
	长度(km)	宽度(m)	深度(m)	长度(km)	宽度(m)	深度(m)
毛沟	16	0.3~0.4	0.2~0.3			
支沟	6.5	0.4~0.5	0.3~0.6	1.8	1.0~1.2	0.8~1.0

续表

沟渠类型	土沟			混凝土或毛石结构渠		
	长度(km)	宽度(m)	深度(m)	长度(km)	宽度(m)	深度(m)
干渠	2.4	1.0~1.2	0.8~1.0	4.4	1.5~2.5	1.8~2
河道	1.9	10~13	2.5~3.5			

毛沟(淤积)

毛沟(农田固废)

毛沟(用于蓄水)

毛沟

支沟

毛沟(盲沟)

支沟(毛石结构渠) 支沟(毛石结构渠)

柴河 干渠

图 6-32 示范区沟渠-水网原有状况

毛沟主要位于田间，均为土沟，断面以 U 形为主，由水流常年冲刷自然形成，为非规则断面，具有一定的多样性特点。沟宽较窄，为 300～400mm，深度不超过 400mm。田块一侧的毛沟在灌溉时期用土块堵住出口，用于存水灌溉，雨季移走土块排水。植物以铁线草、苜蓿草为主。

支沟功能以导流为主，分布不规则，既分布于田间地头，又分布于道路两侧，承接田间径流。结构形式有土沟和毛石结构沟两种。在田间的支沟为土沟，节省用地，不侵占农田，断面形式为 U 形，植物以铁线草、苜蓿草为主。在农田和道路之间的支沟为毛石结构沟渠或混凝土沟渠，底层为混凝土，断面是人工沟渠常见的规则矩形断面形式，结构比较单一，是输水渠道采用最多的断面形式，植物较少。断面形式难以满足景观生态效应。

在示范区东侧为台地丘陵，中间有一条东西向沟渠，由该片区冲沟汇集而成，是该片区面源径流的主要输水通道。该冲沟在公路以东部分为自然沟渠，屈曲蜿蜒，断面不规则，边坡破碎，两侧土地已经开垦为旱地。沟渠上口宽 800～1400mm，深度为 700～1000mm。植物有铁线草、苜蓿草、刺槐、紫茎泽兰、芦苇等。沟渠穿过公路后接进柴河，断面为 1800mm×2000mm（宽×高）毛石结构“三面光”沟渠，一侧为土路，一侧为农田。由于耕作习惯，沟埂一侧堆积大量农田垃圾。

示范区以西石头村公路一侧沟渠内终年有水，为示范区外水库排水，该沟渠进入示范区后被部分截留灌溉，余水排入柴河。沟渠断面不规则，上口宽 1500～2000mm，深 800～1200mm。

柴河自南向北穿过示范区，断面为梯形，上口宽约 6m，下口宽 3m，深 3～4m。植物以水花生、芦苇居多。

示范区村庄沟渠有毛石结构渠和土沟两种，功能以导流为主，旱季污水淤积其中，同时因生活习惯倾倒有大量生活垃圾，雨季来临之际，垃圾和污染物随雨水流入下游。因此，在村庄沟渠初期暴雨径流污染负荷较大。

6.5.2　沟渠系统生态减污技术

通过人工工程对沟渠生态环境进行修复，包括断面改造、植物配种、边坡防护、生态缓冲带构建，以达成通过生态的手段削减沟渠内污染物的目的。

沟渠作为面源污染源与水体之间的缓冲过渡区，降雨径流污染物输出量的有效减少是整个沟渠各种机理综合作用的结果。

污染物在从农田向水体转移的途中，以地表径流、潜层渗流的方式通过沟渠进入水体，沟渠中的水生植物形成密集的过滤带。沟渠中的植物过滤带能增加地表水流的水力粗糙度，降低水流速度及水流作用于土壤的剪切力，进而降低污染物的输移能力，促进其在沟渠中沉淀。沟渠中植物的地下茎和根形成纵横交错的地下茎网，水流缓慢时重金属和悬浮颗粒被其阻隔而沉降，防止其随水流失，同时又在其表面进行离子交换、整合、吸附、沉淀等，不溶性胶体被根系吸附，凝集的菌胶团把悬浮性的有机物和新陈代谢产物沉降下来。

沟渠底部沉积物中有植被生长，因而沟渠底部土壤中存在很丰富的有机物。同时沟渠底部有由土壤和植物死亡后的腐殖质组成的沉积物，这些沉积物较大的表面积将吸附的 N、P 进行沉积、转化。同时，随着沉积物间隙水的迁移，将沉积物表面的 N、P 转移到沉积物内部，从而将部分 N、P 通过矿化及植物吸收等方式去除。

沟渠中种有各种水生植物，由于水生植物具有表面积很大的根(茎)网络，为微生物的附着、栖生繁殖提供了场所和条件，同时沟渠沉积物表面也附着大量微生物，这些微生物可对 N 进行硝化、反硝化等。植物的根将生成的氧传输到水中，扩散到周围缺氧的底泥中，在植物根区同时有好氧、厌氧及兼性微生物，形成好氧、厌氧和兼性的不同环境，从而构成了一个起着多种生化作用的微生物生态系统。微生物的自身生长也会吸收一部分的 N、P。

1. 技术设计要点

(1)既适宜植物生长又不影响沟渠导流功能的沟渠断面形式

自然沟渠因流水的冲刷与剪切，断面一般为“U”形，其缺点是从结构上看，因沟壁垂直，植物无法生长，致使沟壁缺少植物的防护，雨水的冲刷使沟壁容易垮塌；从减污效果来看，由于缺少植物对污染物的拦截、吸附，沟渠的污染物削减率较低，同时沟壁的塌方还会造成新的污染。

沟渠选择下部矩形上部梯形的复式断面(图 6-33)，复式断面综合考虑高低水位的过流要求，分为主沟槽和行洪断面两部分，满足了高水位和低水位景观生态效应的要求，主沟槽为沟渠底部，采用高度 150mm 的砌体结构，以抵御雨水的冲刷。行洪断面为沟渠上部，护坡为 1∶2.5 斜坡，可配种植物护坡。由于水流对沟底及下部沟壁的冲刷较严重，沟底为原土层平整后配种植物，通过植物的根系来保护沟底土层。这样从结构上避免了沟渠受流水的冲刷，同时配种植物，沟渠的生态拦截污染物的功能也得到恢复。在沟渠内增设水土截留设施及配种植物，达到截留水土的目的，是较为理想的断面形式。沟渠断面形式多样化，有利于形成滩地生境，供鸟类、两栖动物和昆虫栖息。

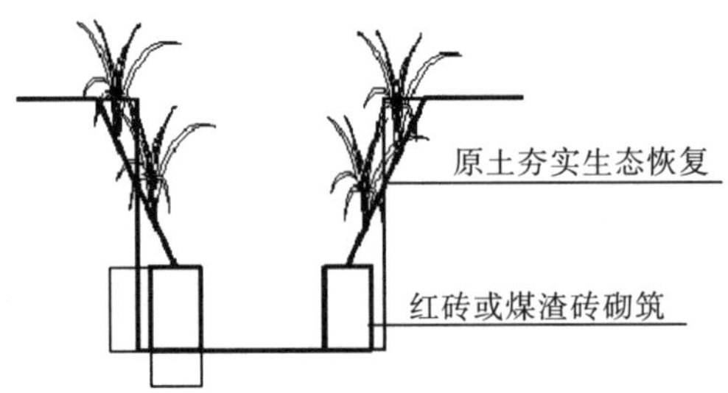

图 6-33 沟渠断面示意图

护坡筛选植物为铁线草、苜蓿草、黑麦草，沟底配种铁线草、绿蒿。

(2)石谷坊在沟渠中的运用

石谷坊为运用于山区冲沟内的小坝，此次研究将其运用于农田沟渠中，以加强沟渠对污染物特别是泥沙的拦截效果，同时与沉砂池结合，除起到泥沙拦截的效果外，还可储存水资源，达到水资源循环利用的目的。

石谷坊高 150～250mm，厚 120mm，宽同沟宽(图 6-34)。

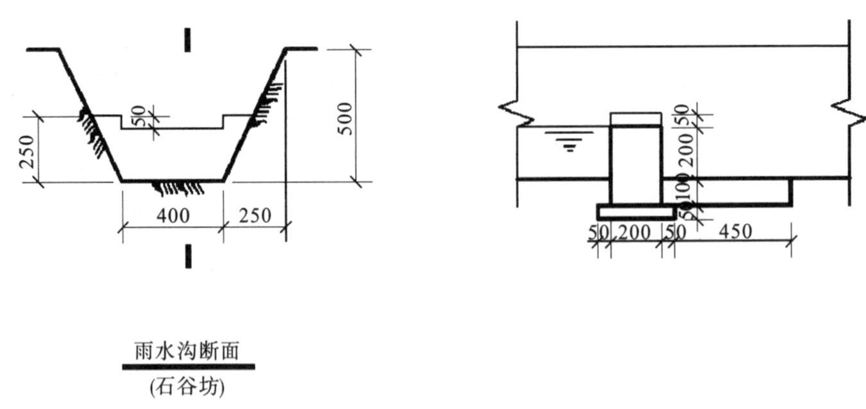

图 6-34 石谷坊示意图

图中数据单位为 mm

(3) 生态缓冲带的构建技术

生态缓冲带构建技术为利用生态缓冲带将暴雨径流限制在沟渠附近，并尽可能地使散流回流入沟渠，防止面源污染扩散。利用生物特有的分解污染物质的能力，去除散流区污染物(如土壤中的污染物)，达到清除环境污染的目的。

选择双重“植物屏障”+“V 形谷”的新型工程结构(图 6-35 和图 6-36)，工程结构原理：①号“植物屏障”可以阻拦散流区外的径流挟带的颗粒物，防止“V 形谷”被泥沙填平，同时原位净化修复①号点的面源污染物。②号“植物屏障”阻拦沟渠溢出的散流及散流挟带的固体颗粒物，防止“V 形谷”被泥沙填平，同时原位修复②号点的面源污染物。“V 形谷”是散流的缓冲区。若沟渠洪峰过大，淹没②号“植物屏障”时，“V 形谷”本身具有容积，可对水流起到缓冲作用。同时，区外径流过大时，流过①号“植物屏障”，也可被“V 形谷”削减一定的势能，减少对②号“植物屏障”的冲击。“V 形谷”与沟渠间连接水流通道，便于水流汇入沟渠，减少“V 形谷”积水。

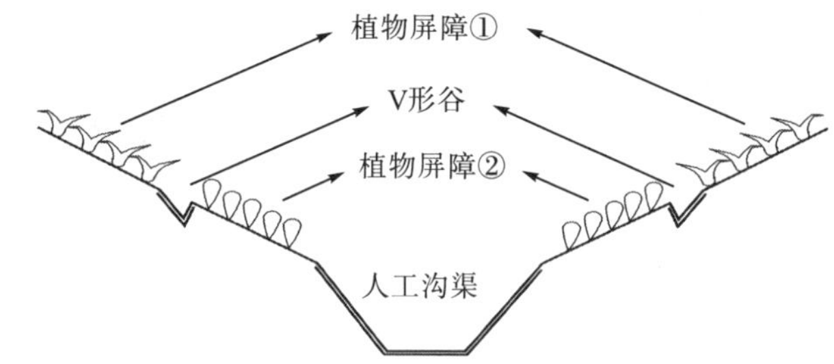

图 6-35　沟渠附近散流区生态缓冲带剖面图

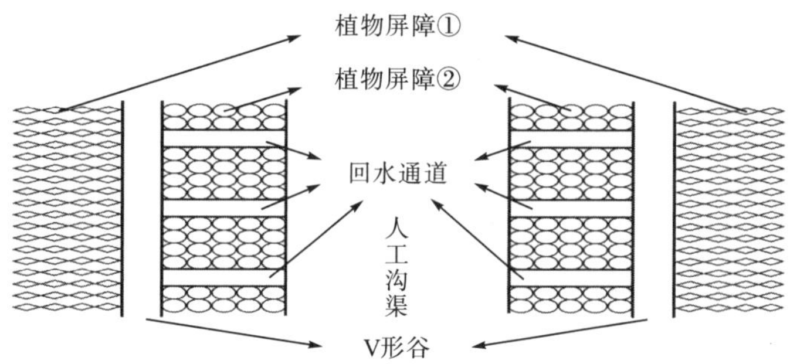

图 6-36　沟渠附近散流区生态缓冲带鸟瞰图

主要技术参数：沟渠包括人工沟渠、回水通道、双重植物屏障，人工沟渠断面底宽 0.3m，高 0.5m，顶宽 0.6m，回水通道间隔 0.6m。

2. 技术效果

在工程实施前的 2010 年 10 月 9 日，在工程下游进行了一次暴雨监测。工程实施后，分别于 2011 年 7 月 17 日和 2011 年 8 月 13 日在同一地点进行了两次暴雨监测，除总磷外 COD_{Cr}、TN、SS 三个指标均有下降(总磷升高主要是由于上游磷矿恢复开采，其尾矿用于铺路，致使暴雨期间雨水冲刷导致总磷升高)(图 6-37 和表 6-51)。

生态修复后的冲沟

生态截污沟(泥沙拦截效果)

生态修复后的截污沟

干渠的生态护坡和生态缓冲带

图 6-37　示范区沟渠-水网系统改造后状况

表 6-51　研究工程实施前后下游 5 号监测点位水质对比

监测结果	COD_{Cr} (mg/L)	TN (mg/L)	TP (mg/L)	SS (mg/L)
实施前 (2010 年 10 月 9 日)	370	7.13	0.174	3920
实施后 (2011 年 7 月 17 日)	79	0.7	0.932	278
实施后 (2011 年 8 月 13 日)	43	5.35	0.35	2750

6.5.3　农村沟渠系统面源再削减、资源再循环技术

通过对不同区域沟渠系统的结构特征包括沟渠分布、水网各级沟渠配置和长度、沟渠形状、沟渠断面特征、沟渠生物总量及沟渠的植物种群等与其系统生态功能的相关性分析，研究优化选定的重点小流域在特定污染特征条件下的沟渠系统布局，包括沟渠的网络分布、沟渠的节点、沟渠的落差、沟渠坡度、沟渠断面等。

利用地形、地势对现有的干渠、沟渠进行适当的二次造坡、连通、截断等改造，优化现有沟渠系统结构，通过合理导流农田回归水，使其中的水肥资源在田间得到循环利用，最后进入湿地-塘系统进行生态处理，既削减了污染物，又储存了水资源。

(1) 技术设计

沟渠水网改造：在现有沟渠的基础上，进行适当的二次造坡、连通、截断等改造，优化现有沟渠水网，实现毛沟—支沟—干渠—塘—湿地系统的水网结构。

湿地-塘系统：分三个处理单元，前端是沉淀塘系统，去除大颗粒悬浮物，中间为净化塘系统，为上升式表面流湿地，在植物、微生物的共同作用下削减污染物，末端为稳定塘系统，在人工生态系统下模仿自然水体的自净功能，对来水污染物再削减，其出水再回用于农田灌溉。设计参数：塘深 1.5～2.5m，沉淀塘系统水力停留时间 1d，净化塘系统水力停留时间 5～8d，稳定塘系统水力停留时间 2d。

(2) 技术效果

雨季、旱季示范地进水口到稳定塘出口主要污染物浓度变化见表 6-52。数据表明，COD_{Cr}、TN、NH_4-N、TP 在雨季和旱季均有不同程度的削减。

表 6-52　工程进出水浓度

季节	进水量 (m^3/d)	COD_{Cr}		TN (mg/L)		NH_4-N (mg/L)		TP (mg/L)	
		进口	出口	进口	出口	进口	出口	进口	出口
雨季	2000	69.39	51.9	2.74	1.77	0.53	0.16	0.178	0.12
旱季	300	51.47	44.71	2.13	1.24	0.44	0.13	0.16	0.069

6.6　山地富磷区面源污染特征与控制技术研究及工程示范

6.6.1　山地富磷区污染生态特征

(1) 滇池流域富磷区的植被

富磷区植被的空间分布异质性大。山地植被主要以云南松为优势类群；在局部坡地，出现以黄毛青冈、滇青冈和滇石栎为优势种群的植被类型；也存在成片的旱冬瓜林、荒草坡与人工种植的桉树林和干香柏林。

主要乔灌木优势种为：云南松、滇油杉、滇青冈、黄毛青冈、滇石栎、栓皮栎、华山松、旱冬瓜；主要小灌木优势种为：小铁仔、老鸦泡、厚皮香、小叶栒子、棠梨等；主要草本植物有：刺芒野古草、蔗茅、四脉金茅、青蒿、浆果苔草等。在富磷废弃地植被恢复中，先锋植物为戟叶酸模，其次是紫茎泽兰；然后在阳坡逐步被蔗茅取代，而阴坡紫茎泽兰仍为优势种。

非富磷区植物中磷含量为 0.735～2.82mg/kg，氮含量为 5.51～32.8mg/kg，钾含量为 3.62～15.3mg/kg。富磷区植物中磷含量为 0.720～6.45mg/kg，氮含量为 2.90～42.6mg/kg，钾含量为 3.83～29.7mg/kg。富磷区植物的氮、磷和钾含量普遍高于非富磷区植物的含量。

(2) 土壤化学特征及磷素赋存形态的空间特征

土壤主要为山原红壤，酸性，局部存在红色石灰土，pH 为 4.94～8.35，平均为 6.23。土壤有机质为 0.55%～11.6%，平均为 3.21%。土壤全氮为 54.7～8978mg/kg，平均为 778mg/kg。土壤全磷为 106～20895mg/kg，平均为 1864mg/kg。有效磷为 7.9～184mg/kg，平均为 80.4mg/kg。土壤速效钾为 2.9～122mg/kg，平均为 61.2mg/kg。

柴河流域全磷的空间分布总趋势是：东北方向和中东部含量偏高，西部和南部含量较低。大致可以分为三个级别：土壤全磷含量为 0.17～3.82g/kg、11.12～25.73g/kg、29.39g/kg

以上。全磷含量最高值出现在东部，两点最高值处正是磷矿带采矿区位置。最低值出现在流域西部地区和南部。速效磷的空间分布结构与全磷有一定的一致性趋势。最高值同样位于磷矿分布带，最低值仍出现在流域西部地区和南部地区。因此，可以将柴河流域划分为富磷区，即图中的彩色带，而淡蓝色区域则为非富磷区(图 6-38)。

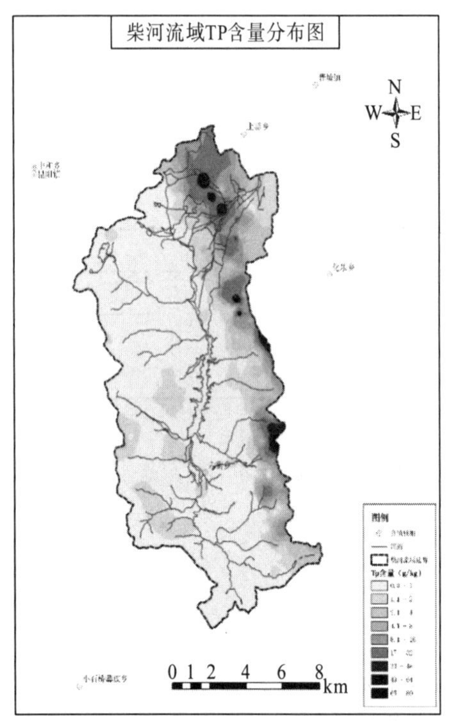

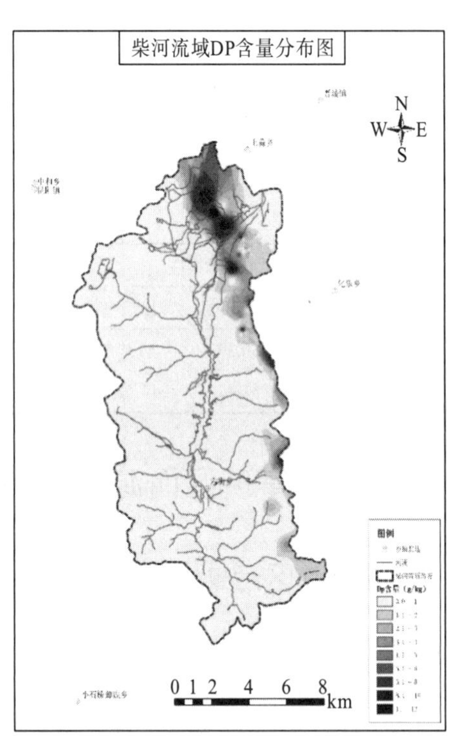

图 6-38 柴河流域土壤全磷(TP)和速效磷(DP)含量分布

在富磷区，尤其是磷矿区，土壤全磷含量很高，但全氮含量相对很低；富磷区土壤速效磷、速效钾含量比较丰富，基本能满足植物生长需求。

在富磷区，全磷含量最高点分布在东边黄色包围的区域内，含量在 6.5g/kg 以上，即磷矿带所在处；中部的绿色区域则代表全磷含量为 3.5～6.5g/kg，而全磷含量为 3.5g/kg 以下的区域相对面积较小，说明此区域磷含量相当高(图 6-39)。

富磷区样本速效磷含量大部分都小于 40mg/kg，占富磷区采样总数的 28.16%；其次为速效磷含量为 200.0～1000.0mg/kg 的样本，占富磷区采样总数的 18.45%；速效磷含量为 40.0～100.0mg/kg 的样本占富磷区采样总数的 14.56%；而含量为 1000.0～3000.0mg/kg 的样本占 16.5%；大于 3000.0mg/kg 的样本占富磷区采样总数的 12.62%；速效磷含量为 100.0～200.0mg/kg 的土壤样本最少，占富磷区采样总数的 9.71%(图 6-39)。可见此区域的速效磷含量相当高，应该尤其注意此区域的磷流失，避免富磷区的磷对滇池水体磷的贡献率日益突出。

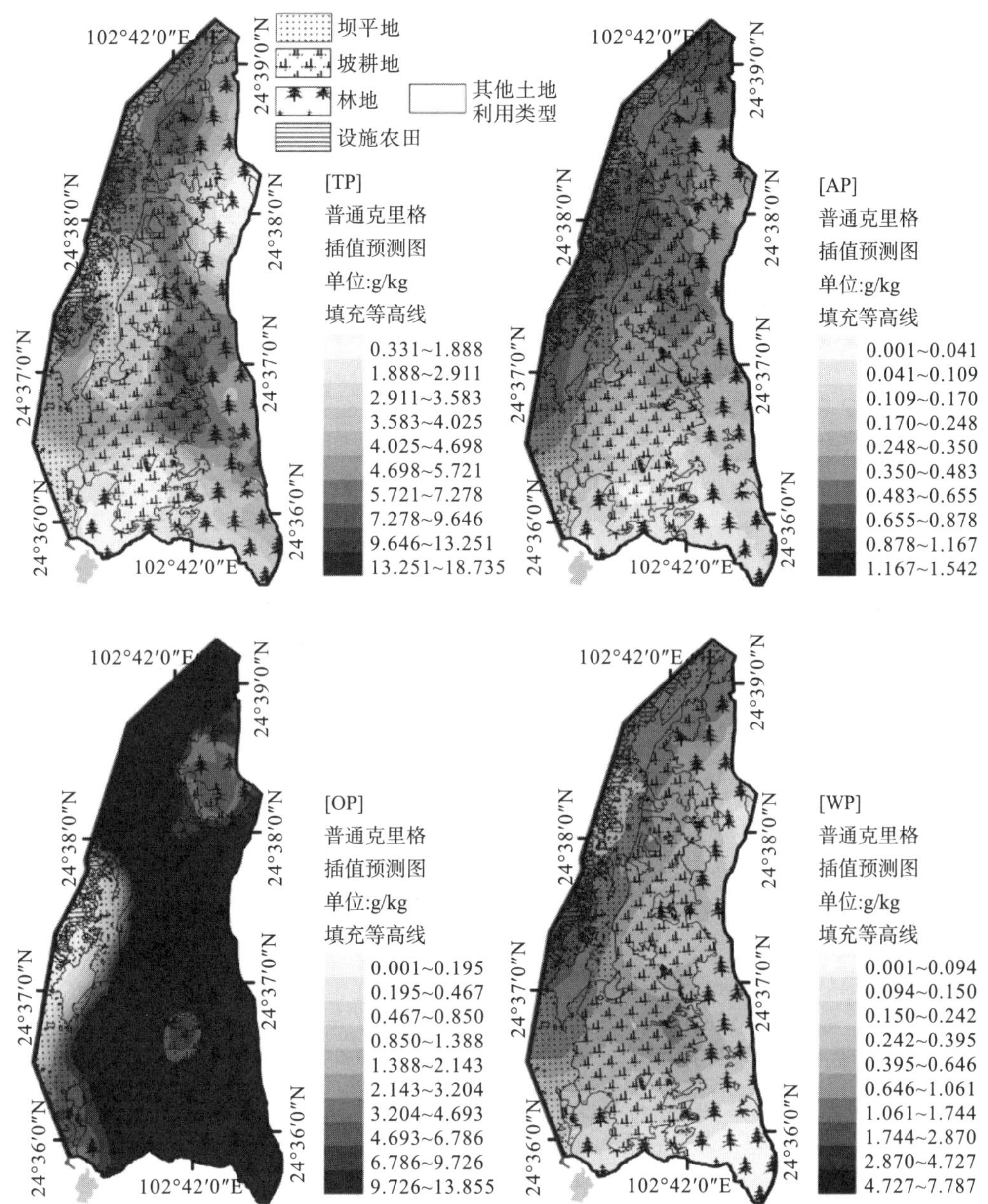

图 6-39　富磷区表层土壤全磷和速效磷含量分布

TP.全磷；AP.有效磷；OP.有机磷；WP.水溶性磷

6.6.2　富磷区生态修复植物的筛选技术

1. 筛选体系的建立

选取性状对目标植物的固磷锁磷能力、贫瘠环境适生及改造能力、抗旱能力进行评价，具体情况见表 6-53。

表 6-53 植株能力评价及相关性状的选择

待评价能力	所选评价性状
固磷锁磷能力	叶片 P 含量、根系密度、生物量、生活型、比叶面积
贫瘠环境适生及改造能力	叶片 N 含量、叶片 K 含量、贫瘠条件下物种的重要值、生活型、扩散方式、比叶面积
抗旱能力	物种在旱季的表现情况、是否有地下茎、叶片毛(刺)的形态、植物(草本)根深、比叶面积

2. 工程植株的选择

(1)植物固磷锁磷能力分析结果

采用叶片 P 含量、根系密度、生物量、生活型、比叶面积等 5 个指标进行评价，利用摄动分析，按照摄动量由小到大界定系统优劣从大到小的原则，列出了最优的 5 种植物，其中最优的是蔗茅，其他依次为土荆芥、紫花苜蓿、紫茎泽兰、干旱毛蕨。

(2)植物贫瘠环境适生及改造能力分析结果

采用叶片 N 含量、叶片 K 含量、贫瘠条件下物种的重要值、生活型、扩散方式、比叶面积等 6 个指标进行评价，按照摄动量由小到大界定系统优劣从大到小的原则，列出了最优的 5 种植物，其中最优的是土荆芥，其他依次为戟叶酸模、紫茎泽兰、紫花苜蓿、白背枫。

(3)植物抗旱能力分析结果

采用物种在旱季的表现情况、是否有地下茎、叶片毛(刺)的形态、植物(草本)根深、比叶面积等 5 个指标进行评价，按照摄动量由小到大界定系统优劣从大到小的原则，列出了最优的 5 种植物，其中最优的是单刺仙人掌，其他依次为大蓟、毛蕊花、戟叶酸模、土瓜狼毒。

6.6.3 山地富磷区解磷微生物肥料的研制

如何将土壤中的难溶性磷酸盐和有机磷转化为植物可吸收利用的可溶性磷、减少磷素输移与化学磷肥的使用，是控制磷素面源污染的有效途径之一。“一种利用解磷微生物削减磷素面源污染的技术”是利用基因工程解磷菌 *Penicillium oxalicum* Mo-Po 研发新型高效生物磷肥，对土壤无机磷和有机磷具有较好的解磷效果，适用于富磷区农业种植中，替代化学磷肥使用；也适用于非耕区植物，可有效转化土壤中难溶性磷供植物吸收利用，有效降低土壤中总磷含量。

(1)解磷肥料对西葫芦株高和茎粗的影响

株高和茎粗是反映植株长势强弱的重要指标，不同肥料对植物的影响见表 6-54 和图 6-40(A 为解磷菌肥，B 为商品化生物有机肥，C 为商品化复合肥 1，D 为商品化复合肥 2)，从中可以看出，生物有机肥中添加的微生物对促进西葫芦生长有重要作用。

表 6-54　不同解磷肥料处理对西葫芦不同时期株高及茎粗的影响

测定时间(月.日)	株高(cm)				茎粗(mm)			
	A	B	C	D	A	B	C	D
8.25	6.81±0.4	6.12±0.2	8.32±0.5	8.84±0.1	0.41±0.8	0.51±0.1	0.62±1.1	0.85±0.4
9.10	13.87±1.2	12.98±0.3	11.32±0.2	12.31±0.2	1.23±0.1	1.34±0.4	0.98±1.1	1.03±0.9
9.25	36.44±0.9	35.41±0.4	30.54±0.3	31.42±0.6	2.44±0.3	2.65±0.4	2.34±0.8	2.21±0.7
10.15	48.44±1.1	46.51±0.2	44.21±0.1	40.48±2.4	4.21±0.1	3.61±1.2	3.54±2.1	3.34±0.5
10.30	49.21±3.2	49.01±0.4	47.10±0.1	43.21±1.6	3.56±0.2	3.91±1.4	4.11±1.6	3.98±0.3

图 6-40　解磷菌肥的田间试验示范

A. 解磷菌肥；B. 商品化生物有机肥；C. 商品化复合肥 1；D. 商品化复合肥 2；E. 示范全景；F. 示范标牌

(2)解磷肥料对西葫芦产量的影响

不同肥料处理对西葫芦的单果重、单株产量及亩产量均有影响，单果重测定以 B 最低，D 最高，A、C 居中，说明增施化学肥料对增加果实单果重有一定作用，但是在小区产量及亩产量中 A 最高，B 最低，C、D 居中，说明增施生物肥料对增加果实产量有一定促进作用(图 6-41)，分析其原因，是在 D 的单果重高于 A 的单果重情况下，由于 A 果实数量多于 D 果实数量，因此小区产量及亩产量中 A 处理高于 D 处理。生物肥料对西葫芦生长发育及产量有良好的促进作用(表 6-55)。

表 6-55　不同肥料处理对西葫芦产量的影响

处 理	单果重（g）	单株产量(kg)	小区产量(kg/250m^2)	亩产量(kg)
A	348±2.4	3.65±0.2	1477.72±1.2	3942.8±1.4
B	313±1.7	2.98±0.5	1206.2±3.1	3218.4±1.5
C	332±1.4	3.13±0.9	1266.9±2.4	3380.4±2.1
D	365±3.5	3.41±0.4	1380.3±2.1	3682.8±0.3

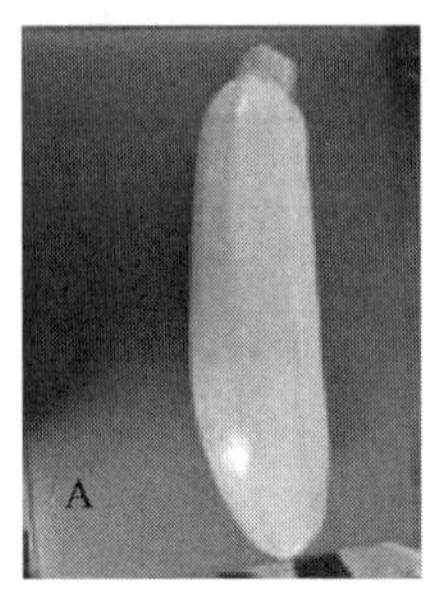

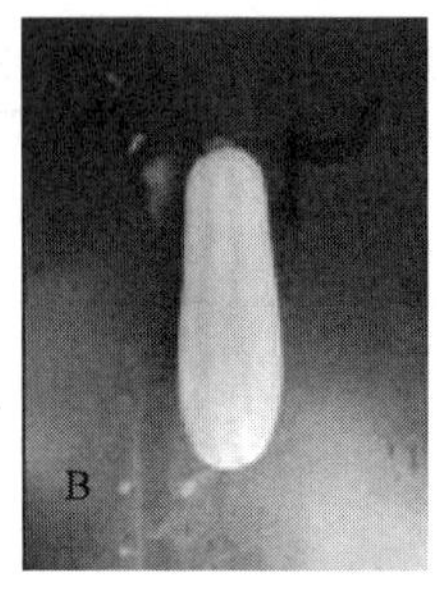

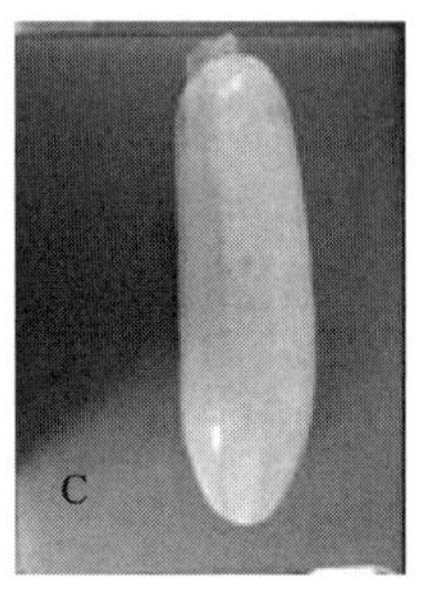

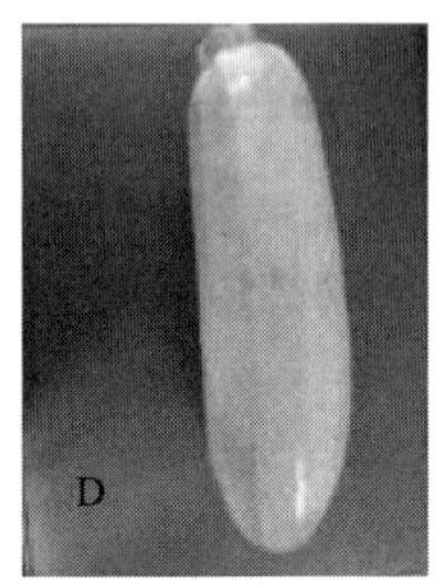

图 6-41 不同肥料处理对西葫芦单果产量的影响

A. 解磷菌肥；B. 商品化生物有机肥；C. 商品化复合肥 1；D. 商品化复合肥 2

本课题研发的新型高效生物磷肥，对土壤无机磷和有机磷具有较好的解磷效果，适用于富磷区农业种植中，用于替代化学磷肥使用；一方面，降低了肥料的使用量，提高了作物对土壤磷素的吸收，从而降低了面源污染输出，另一方面，从经济层面减少了农民对化肥的购买，间接提高了农民的经济收入。目前该技术正在走向成熟，有望进行大规模的应用。

6.6.4 富磷区磷素流失防控的植物群落设计技术

本技术主要以山地水土流失及富磷区磷输出的防控为目的，以构建低成本、高效率的有效植物群落，可以适用于流域水土流失控制，以及山地面源污染中磷输出的减控。

1. 主要技术要点

(1) 土壤氮素的提升

通过种植合欢、猪屎豆、苜蓿等豆科植物，可以适度提高土壤氮素水平。同时，在项目区收集紫茎泽兰、蔗茅及其他草本植物的地上部分，铺设在项目区，可以提高土壤有机质含量及土壤氮含量。

(2) 植物选择

利用上一个技术遴选的物种进行种植，在植物选择中注意如下因素。

1) 不同演替阶段和功能属性植物的物种选择：短期见效植物以白茅、蔗茅、野古草、白健杆禾本科草本植物种子为主，配以山蚂蟥、猪屎豆、合欢、苜蓿等豆科植物。此外，播撒耐旱植物坡柳等。远期植物：在短期提高草本层覆盖率的基础上，考虑长期恢复亚热带植被，今后引入壳斗科阔叶植物，以及具有较高经济价值的华山松、余甘子等植物。富磷植物的选择：选择对磷吸收富集效率高的植物，有蓼科的戟叶酸模、禾本科的蔗茅。

2) 适当引入固氮植物可促进该区域植被恢复。滇池流域富磷区域植物叶片 P 含量显著高于正常（参照）区域，N∶P 小于全国乃至世界水平，植物叶片 P 含量随着土壤 P 含量的增高而明显增加，计量学研究表明 N 是制约该区域植被发展的主要限制因素。

3) 了解不同植物养分动态特征，为植被恢复中物种的合理配置提供科学依据。随着季节的变化，富磷区植物叶片养分（N、P、K）随即变化且变化程度不一致，其中旱雨交替期叶片养分含量是最高的，P 含量的变化相对较少，N 含量的变化最大，在旱季植物叶片的 K 含量要高于 N 含量。同时，各个植物的响应程度更是不一。

4)注意不同生境中的植物功能群设计的差异性。对适合构建的目标植物群落进行了功能群划分，包括抗干扰的戟叶酸模群落、抗干旱的蔗茅群落等 6 个群落。该区域植物分布受到环境和物种的双重制约，功能群落的合理选择将为该区域植被恢复中物种的合理配置提供科学依据。

(3)适时种植

在旱季，植被成活率低下。为确保成活率，在 5 月进入雨季后，雨后可开展植物群落的恢复工作，这样可以确保植物种子的萌发率和植株的成活率。

(4)凋落物覆盖率

将农田秸秆作为凋落物，铺设在项目区裸露地及凋落物覆盖率较低的桉树林和黑荆林等地。同时，在项目区收集紫茎泽兰、蔗茅及其他草本植物的地上部分，也可以将这些作为凋落物铺设在项目区。凋落物覆盖率至少控制在 30%以上，这样对水土流失控制有明显成效。

(5)基底改造

在裸露地横向挖潜沟，供凋落物铺设及植物种子播撒。沟深 5～30cm 即可。

2. 技术应用观测与结果分析

(1)不同群落径流水质特征

通过对径流小区产流量，以及产流量与植被各指标的相关分析(表 6-56)，结果发现，产流量与植被覆盖率呈显著负相关，相关系数为-0.858。此外， 产流量与凋落物覆盖率也呈负相关，相关系数为-0.598，表明植被覆盖率的提高或凋落物覆盖率的提高，可以减少地表径流的输出。

表 6-56　产流量与群落特征间相关性分析

相关序列	覆盖率	物种数	分蘖数	凋落物覆盖率	凋落物量
相关系数	-0.858	-0.070	-0.193	-0.598	-0.384

(2)不同群落污染物输出月际变化

不同群落污染物输出月际变化见表 6-57 和图 6-42。

表 6-57　径流小区月平均产流量及水质指标状况

	平均产流量 (m^3)	TN (mg/L)	TP (mg/L)	有效磷 (mg/L)	COD (mg/L)	TSS (g/L)	N：P	溶解态磷与总磷比值(%)	径流悬浮物中磷含量(%)
裸露地	0.328	2.86±0.691	97.3±46.1	1.01±0.391	54.4±26.7	2.66±2.02	0.029	1.04	3.658
蔗茅	0.133	0.956±0.427	3.46±1.16	0.690±0.266	124±118	0.293±0.193	0.276	19.9	1.181
荒草坡	0.142	2.07±0.796	12.1±4.95	0.275±0.118	25.7±14.8	0.956±0.607	0.171	2.27	1.266
桉树幼林	0.771	3.84±0.876	5.60±1.39	1.45±0.657	130±110	3.12±130	0.686	25.9	0.179
圣诞树林	0.100	1.54±0.269	2.52±0.527	0.295±0.117	98.0±46.7	0.164±0.108	0.611	11.7	1.537
云南松林	0.142	0.894±0.518	2.58±1.26	1.10±0.523	54.4±26.8	0.152±0.115	0.347	42.6	1.697

续表

	平均产流量(m^3)	TN (mg/L)	TP (mg/L)	有效磷 (mg/L)	COD (mg/L)	TSS (g/L)	N∶P	溶解态磷与总磷比值(%)	径流悬浮物中磷含量(%)
云-旱混交林	0.186	2.49±1.64	2.51±0.712	0.450±0.220	83.4±76.2	0.146±0.104	0.992	17.9	1.719
旱冬瓜林	0.147	5.01±1.74	3.45±0.496	0.437±0.255	108±125	0.116±0.104	1.45	12.7	2.974
华山松林	0.061	1.31±0.526	0.623±0.173	0.200±0.138	39.1±30.7	0.091±0.042	2.10	32.1	0.685

注：TSS 为总悬浮物

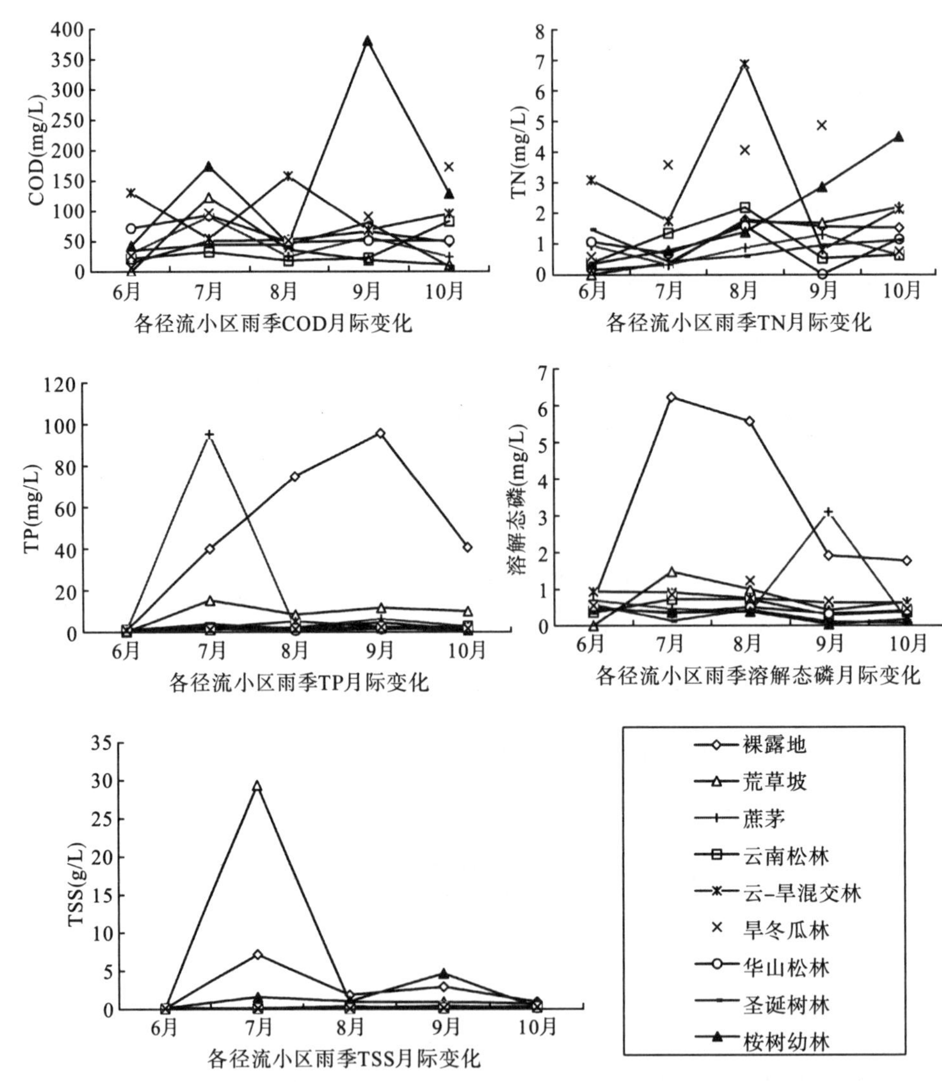

图 6-42 各径流小区雨季 COD、TN、TP、溶解态磷和 TSS 的月际变化

TSS.总悬浮物

COD 输出变化：从图 6-42 可以看出，雨季初期，对于裸露地、荒草坡而言，COD 输出浓度偏低，随后有升有降，波动剧烈。而对于植被群落相对稳定的群落而言，COD 污染物浓度维持在相对稳定的水平。

TN 输出变化：雨季初期，对于多数径流小区，TN 输出浓度变化相对稳定，这与土壤中氮储量少有一定的关联。只是云南松-旱冬瓜混交林(云-旱混交林)，由于土壤中有机质和氮含量高，N 的输出浓度相对较高。8 月达最大浓度，随后逐步降低。

TP 和溶解态磷输出月季变化：裸露地、蔗茅和荒草坡径流小区从雨季初期开始到末期，TP 和溶解态磷的输出浓度有一个先升后降的变化。其余径流小区径流输出浓度比较稳定，维持在一个较低水平。

TSS 输出月际变化：对于裸露地、荒草坡而言，雨季初期，各径流小区泥沙及悬浮物起初偏低，随着雨季进程推进，其逐步升高，到雨季末期下降。其余径流小区在泥沙及悬浮物输出上相对比较稳定，维持在一个低的水平。

(3) 群落结构属性与污染物输出

综合分析结果见表 6-58。

表 6-58　植被特征与径流输出水质各项指标浓度的相关性

项目	覆盖率	物种数	分蘖数	凋落物覆盖率	凋落物量
COD	−0.257	0.363	−0.145	0.110	−0.171
TN	0.177	0.627	0.404	0.221	0.405
TP	−0.157	−0.502	0.060	−0.273	−0.214
正磷酸盐	−0.176	−0.252	−0.006	−0.147	−0.180
TSS	−0.455	−0.262	0.136	−0.533	−0.233
磷酸盐/TP	0.194	0.684	−0.433	0.761	0.108
颗粒态磷在 TSS 中的百分含量	0.369	−0.631	0.010	0.111	−0.164

从表 6-58 中可以看出以下几方面。

1) 在 TSS 输出中，桉树幼林最高，其次为裸露地，华山松林最低。TSS 输出中，TSS 浓度与植被覆盖率呈负相关关系，相关系数为−0.455，与凋落物覆盖率之间也呈负相关关系，相关系数为−0.533。

2) 径流输出的 TP 浓度与物种丰富度指数呈负相关关系，相关系数为−0.502。

3) 径流输出的 TN 浓度与物种数量呈正相关关系，相关系数为 0.627。

4) 在磷的输出中，溶解态磷与总磷的比值在 0.045～0.563，溶解态磷与总磷的比值与物种丰富度之间呈正相关关系，相关系数为 0.684。物种丰富度指数越低，则溶解态磷的含量越低。

5) 颗粒态磷在输出 TSS 中的百分含量为 0.1%～16.8%，颗粒态磷在输出 TSS 中的百分含量与物种数呈负相关关系，物种数越多，则颗粒态磷的含量越低。

6) 按照滇池流域富磷区磷素流失防控的植物群落设计技术，结构较好的群落(物种组合编号为Ⅱ、Ⅳ、Ⅴ)，雨季径流的总磷浓度在 1～2.56mg/L，远好于结构简单的群落类型和裸露地，其中裸露地雨季径流的总磷浓度在 50mg/L 左右，良好的群落结构对总磷的临时控制效率可达到 95%。

7) 滇池流域富磷区磷素流失防控的植物群落设计技术不仅考虑到对磷素的防控效益，还考虑到对土壤的改善能力及水分的涵养能力。

6.6.5 山地植物网格化固土控蚀技术

本技术通过营造植物网格削减和控制富磷山区坡地内污染物的输移（图 6-43）。通过纵横交错的植物篱形成的植物网格，减小汇水斑块的面积[主要是通过减小坡长（m）来实现]、增加山地生态网格的密度（降低冲刷和增加吸纳入渗）和增加吸纳入渗接触面的大小（增加吸纳入渗的效率），从而防控山地面源污染。

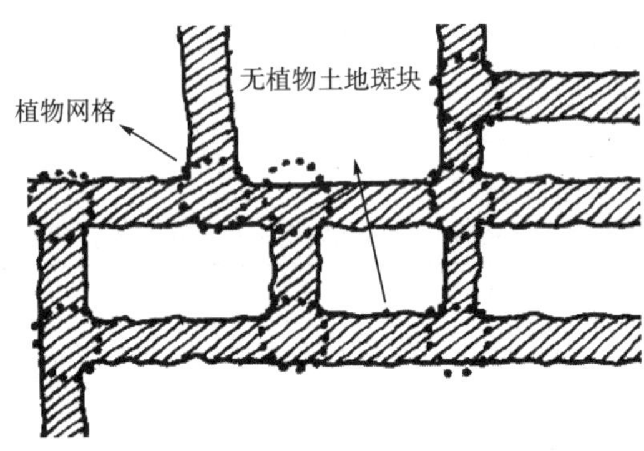

图 6-43 植物网格化示意图

对对照组（未网格化）和试验组（植物网格化）单位面积径流量（V）、TSS、总氮（TN）、溶解态氮（DN）、非溶解态氮（UDN）、总磷（TP）、溶解态磷（DP）及非溶解态磷（UDP）的平均流失量进行了差异性分析，结果见图 6-44 和图 6-45，由图可知，富磷区山地非点源污染物的输出除对照组和试验组的 V 与 DN 间的差异显著外，其余（TSS、TN、UDN、TP、DP 和 UDP）都呈极显著差异。

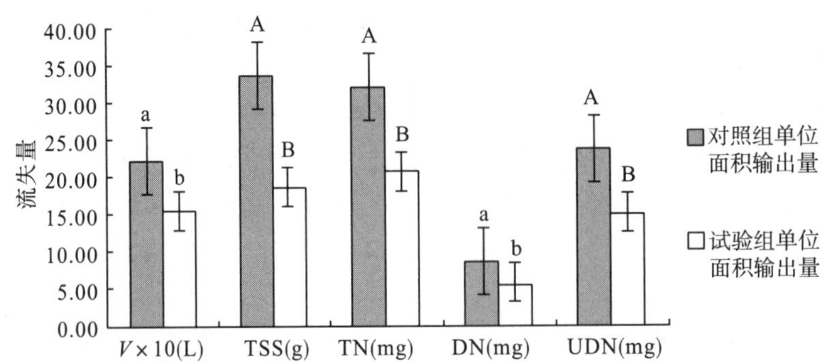

图 6-44 对照组和试验组单位面积 V、TSS、TN、DN、UDN 平均流失量及差异性分析

V. 径流量；TSS. 总悬浮物；TN. 总氮；DN. 溶解态氮；UDN. 非溶解态氮。不同小写字母表示在 0.05 水平上差异显著，不同大写字母表示在 0.01 水平上差异显著，下同

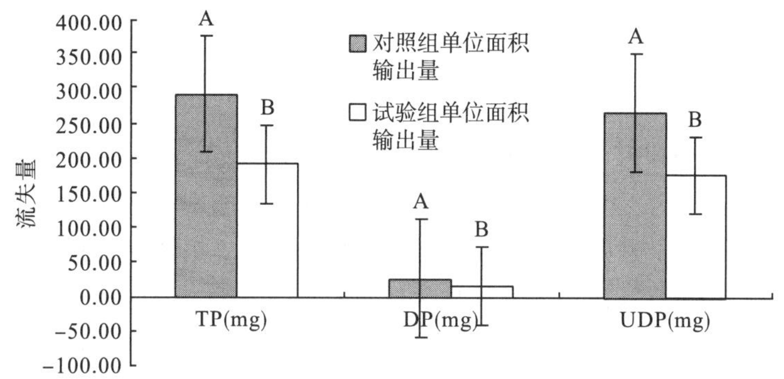

图 6-45　对照组和试验组单位面积 TP、DP 和 UDP 平均流失量及差异性分析

TP. 总磷；DP. 溶解态磷；UDP. 非溶解态磷

富磷区山地植物网格化固土控蚀技术对面源污染物的削减效果见图 6-46，由图可知，富磷区山地植物网格化固土控蚀技术对 *V*、TSS、TN、DN、UDN、TP、DP 和 UDP 等的削减率分别达到 30.30%、44.87%、35.63%、33.86%、36.27%、34.51%、35.69%和 34.00%。

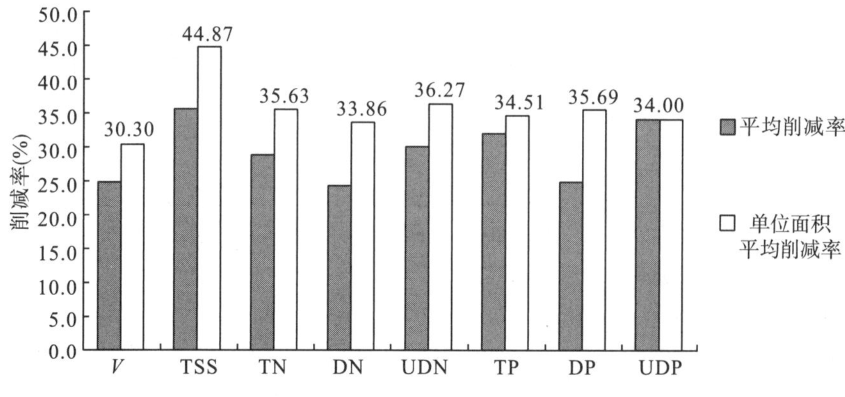

图 6-46　富磷区山地植物网格化固土控蚀技术的削减效果

V. 径流量；TSS. 总悬浮物；TN. 总氮；DN. 溶解态氮；UDN. 非溶解态氮；TP. 总磷；DP. 溶解态磷；UDP. 非溶解态磷

在示范区内，对弃耕坡耕地的田埂进行整理，形成植物网格：在田埂内侧种植生长快、根系发达、耐旱耐涝的白三叶、紫花苜蓿、高羊茅和香根草等具有较强水土保持能力的植物，使其田埂植物的密度达到 80%以上，可减少山地 TP、TN 输出分别达到 41%、32%。另外，也可在人为扰动较少的生态化田埂种植一些经济灌木，以增加农民收入。

6.6.6　富磷区坡面径流污染仿肾型收集处理技术

本技术主要针对山地富磷区磷输出的防控，将土石工程与生物工程结合设计成微沟渠分流/入渗系统和导出/汇集系统，使汇水区的污染物就地消纳，适用于对山地富磷区径流中总悬浮物(TSS)、磷(P)、氮(N)等面源污染物的去除。

1. 技术要点

(1)生态拦砂堰设计

在示范区中央冲沟建设生态拦砂堰，根据地形情况分别建设土石拦砂堰和植物拦砂堰两种。在泥沙淤积程度较高的关键节点，通过土石堆砌形成土石拦砂堰；根据冲沟地形地势，从上而下选择多个“壶口”地形，呈阶梯状依次建若干个植物拦砂堰，植物选择区域内生物量大的入侵物种紫茎泽兰的秸秆作为植物拦砂堰的材料，当径流经过时，将大颗粒的泥沙和碎石截留，防止下游沟渠系统的堵塞，并且可以减少颗粒态磷、氮的流失和泥沙的输出，根据径流强度适当改变植物拦砂堰的数量，在径流产生强度大的位置增加拦砂坝的体积与数量。

(2)沉砂池设计

由于项目区内泥沙量大，需沉砂能力较强的沉砂系统，沉淀池作为应用较为广泛的沉砂方式，技术较为成熟，对于去除一定粒径的泥沙具有较好的效果。根据当地的降雨量和径流量，建一个或多个矩形沉淀池，其长宽高的尺寸以使表面水力负荷 q 在 0.8～3.0 为宜。

(3)草滤带参数设计

针对项目区泥沙量大、颗粒态磷含量高的特点，为更好地去除泥沙，设置草滤带对径流中的泥沙进一步去除。受项目区立地条件的限制，草滤带的坡降和宽度可选择性较小，根据对草滤带去除效果的要求，设定草滤带长度为 30m。

(4)吸收消解沟渠系统(仿肾小管)的参数设定

根据实验结果，当系统达到要求的去除效果时，水在沟渠系统中的停留时间需大于 20min，根据项目区的降雨量和汇水面积，考虑到充分发挥填料和植物的吸附作用，沟渠的长度设置为约 310m，截面积为 $0.44m^2$。

(5)填料包组装(仿肾小球)系统

选择本地适生植物的秸秆(紫茎泽兰秸秆、玉米秸秆、蔗茅秸秆和土荆芥秸秆)、硅藻土、陶粒、炉渣(取自两个地方的炉渣，分别命名为炉渣和煤渣，测定其吸附性能时进行对比)、铁矿渣等 9 种填料。

对 9 种填料选择对象进行等温吸附、动力吸附测定，综合比较各填料对磷、氨氮的最大吸附量、达到平衡吸附的速度，结果如下。

对磷的吸附性能：各填料对磷的吸附性能排序为陶粒>铁矿渣>炉渣>硅藻土；煤渣和秸秆不适合作为吸附磷的填料。

对氨氮的吸附性能：各填料对氨氮的吸附性能排序为陶粒>硅藻土，炉渣和铁矿渣不适合作为吸附氨氮的填料。

填料筛选结果：通过综合分析各填料对磷和氨氮的去除效果，选取陶粒、硅藻土、铁矿渣和炉渣作为主要填料。

将填料置于通透性较好的填料袋中，根据水中磷、氮的形态及水流速度进行组装。将吸附饱和的填料袋取出并更换，更换下来的填料放到山地植物的根部作为生长的肥料来源。

2. 技术效果

1) 生态拦砂堰：如图 6-47 所示，通过粒径分析，土石拦砂堰对 0.25～2mm 粒径的泥沙具有较好的拦截作用，而植物拦砂堰对 1～2mm 粒径的泥沙具有较好的截留作用。

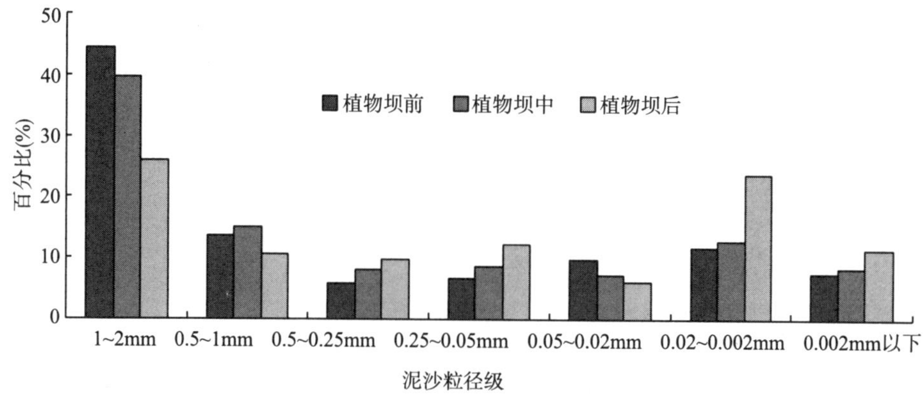

图 6-47　生态拦砂堰前后各粒径泥沙所占百分比

2) 沉砂池：如图 6-48 所示，沉砂池前后，0.25mm 以上泥沙所占比例由大于 50%下降到不足 15%，可见沉砂池对 0.25mm 以上的泥沙具有极佳的去除效果。

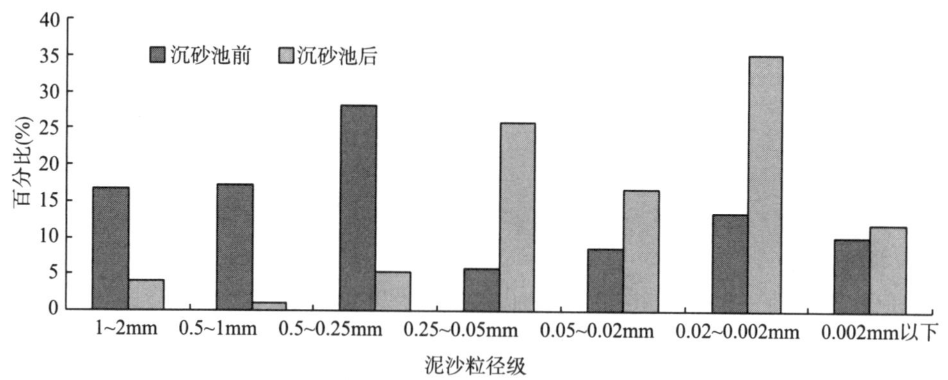

图 6-48　沉砂池前后各粒径泥沙所占百分比

3) 草滤带：利用草的截留作用，进一步去除泥粒、细颗粒磷。依据项目区立地条件，设定草滤带长度为 30m，主要截留粒径 0.05～0.25mm 以下的泥沙。至此，颗粒态磷(粒径 0.05～2mm)基本被截留，截留率平均在 90%以上。

4) 填料吸附系统：微沟渠内放置各种对水中溶解态磷具有较高吸附性能的填料袋，主要为陶粒、硅藻土、炉渣和铁矿渣的组合，可对进入微沟渠中的磷进行吸附；沟渠上种植的主要植物是生物量高、生长速率快、固土能力强的工程植物黑麦草、高羊茅、早熟禾、狗牙根和香根草。沟上与沟内的两重吸收可以吸附 60%以上溶解态的磷素。

该技术的工程示范，对控制面积为 1.2km^2 的山地富磷区的径流进行了收集和处理，其中对可溶态磷酸盐(粒径小于 0.05mm)的截留率在 60%以上，水的入渗率提高了 40%。

6.7 山地及农田小流域面源污染控制技术综合应用及工程示范

滇池流域过渡区面源污染大部分是通过水土流失而产生的，面山植被破坏和不合理的农田耕种方式是导致过渡区水土流失产生的主要原因。针对微污染小流域面源污染源、流、汇过程中产生的不同问题，主要采用以增强土壤降雨入渗为主的山地及农田“缓产流”技术以加强源头控制，以提高土壤抗蚀抗冲性为主的“固土壤”技术以实现过程减量，以收集径流、拦截土壤流失为主的“拦蓄集”技术进行末端拦蓄，从而实现微污染小流域的清水输送。

1. 技术整装及相关技术参数

根据滇池流域过渡区山地和坝区镶嵌分布的二元景观特征，首先，利用“富磷山区锁磷控蚀系统技术”减少林地、裸地及富磷区域的水土流失，延缓径流的产生，消解径流冲刷动力；其次，利用“农田固土控蚀及多样化种植模式集成技术”(图 6-49)降低坡台地和坝区农田径流的产生与冲刷，优化该区域农田管理措施以降低肥料和农药的施用量，从而减少农田存量污染负荷的输出；最后，利用“径流拦蓄及沟渠污染负荷生态化再削减技术”阻截泥沙、集蓄径流及加强沟渠内径流中污染负荷的消纳。最终，实现微污染小流域面源污染负荷全过程削减的目标。

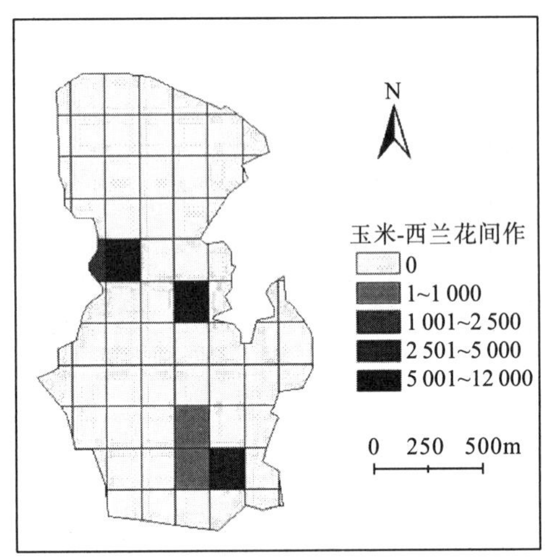

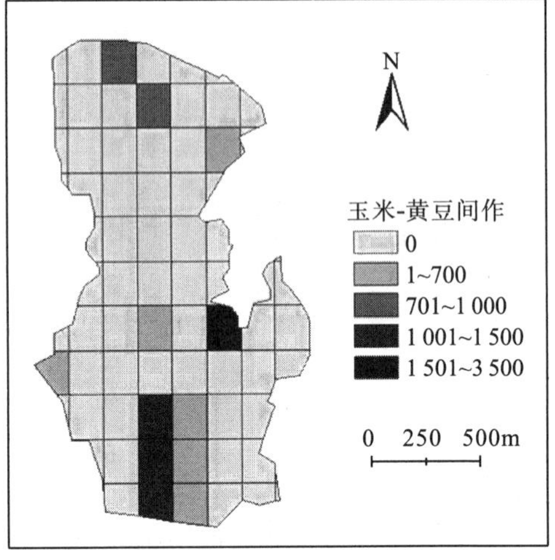

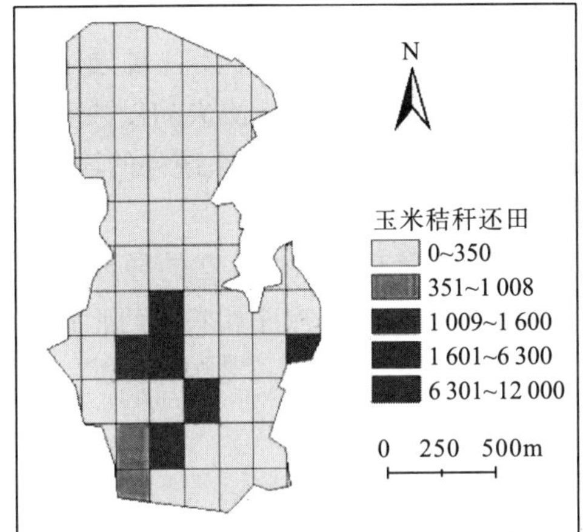

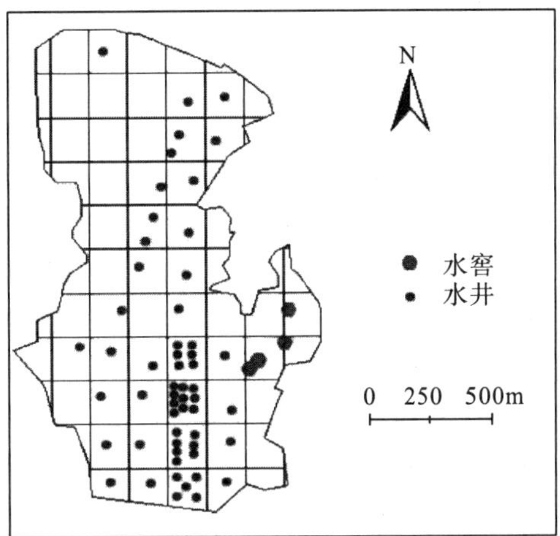

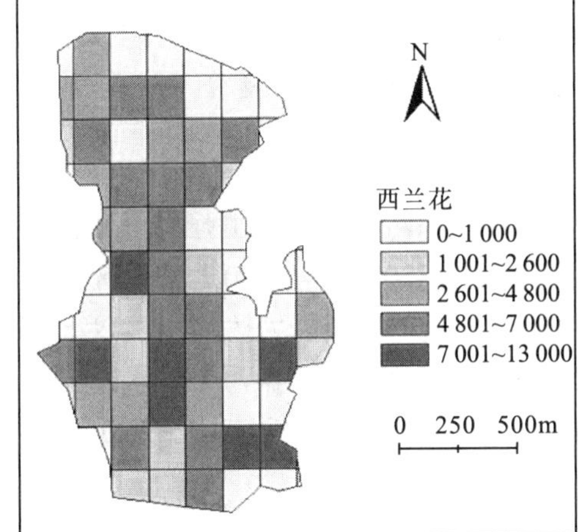

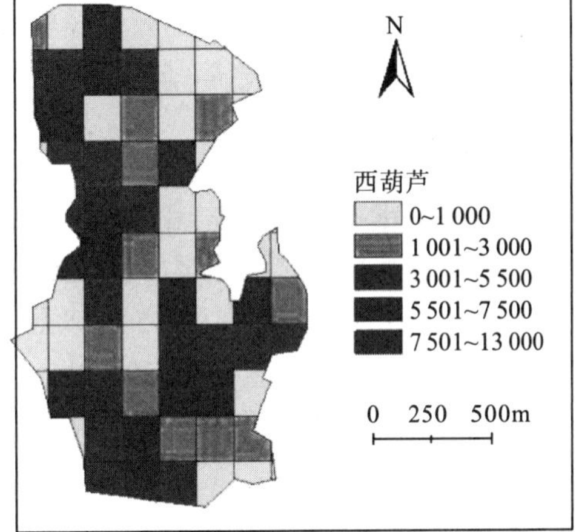

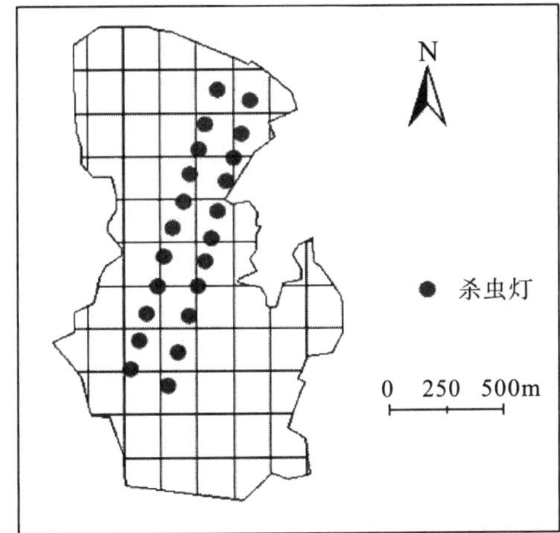

图 6-49　坝平地多样化种植模式集成技术示范工程分布

图中数据为单位面积产值，单位为元

(1)滇池流域富磷山区锁磷控蚀系统技术

在滇池流域内，富磷区主要集中在面山区及部分山地台地。为此本技术方案的思路是：多层次、立体化防范富磷山区磷的向外输移，削减面源污染。在面山区，主要通过构建高效抑流的植物群落及筛选固磷锁磷的微生物优化生物群落，削减水土流失的侵蚀动力及降低源头的污染强度，并通过富磷区坡面径流收集再削减技术降低磷向系统外的输移。

(2)农田“固土控蚀”及多样化种植模式集成技术

针对当前滇池流域过渡区露地蔬菜种植模式和农田管理技术中存在的导致面源污染负荷输出的问题，优化耕作方式、种植方式、间套作模式、轮作次序和农田药肥管理，形成适合该区域的有效削减农田面源污染负荷输出、保持稳产高产的“固土控蚀”及多样化种植模式集成技术。

(3)沟渠-水网系统生态减污-水资源循环利用技术

针对山地及农田径流、农田回归水，结合田间沟渠断面的改造、沟渠生态系统修复、植物配种，削减农田面源污染。对现有农田沟渠进行改造，利用沟渠坡度再造、联接等手段，优化沟渠水网系统，合理、高效引导来水进入农田灌溉系统，提高水资源的利用效率。该技术主要包括集水补灌技术、沟渠水土拦截技术、植物篱带构建技术。

2. 技术效果

通过这些关键技术的实施，山地及坡台地示范区面源污染负荷输出强度得到有效的控制。与未进行技术验证区域沟渠内径流污染物负荷比较(2010 年)，山地富磷区及坡台地径流中 COD、TSS 削减幅度达到 50%以上，对氮素输出的削减能力达到 40%以上，同时小流域内坡台地农田产流量削减 20%以上(表 6-59)。整个过渡区微污染汇水区示范工程(面积 5km^2)可以削减地表径流中氮、磷和 COD 污染负荷输出分别为 520～760kg/a、70～110kg/a 和 4200～5400kg/a。

表 6-59 成套技术应用效果比较

监测点位	污染负荷(mg/L)		
	化学需氧量	总氮	总悬浮物
技术区	34	3.48	388
对照区	370	7.13	3920

第 7 章　以汇水区为单元的面源污染防控技术集成方案与工程实践

面源污染控制需要“按水索骥”，即按照水流的汇集过程和路线设置污染防控的措施，防控的空间基本单元就是汇水区或小流域。这里以滇池南岸农业农村最集中、最典型的汇水区——柴河下游小流域的面源污染防控为例，阐述面源污染防控的技术集成与工程实践方式。

7.1　以小流域/汇水区为控制单元的流域面源污染控制方案的典型设计

7.1.1　滇池流域农村面源污染削减示范区综合设计

(1) 确定设计目标

在晋宁县柴河流域，设立总面积 6.07km^2 的滇池流域农村面源污染负荷削减工程示范区，采用综合削减措施，设计建设实施农村面源污染负荷削减示范工程及片区综合工程，分别实现下述目标。

近期目标(示范工程范围内 6.07km^2)：以 2009 年为基准，削减 TN、TP、COD 面源污染负荷的 30%。

远期目标(片区综合工程：柴河流域 102.5km^2)：①削减 TN、TP、COD 面源污染负荷≥30%；②面源径流 TN、TP、COD 污染物总浓度小于等于《地表水环境质量标准》(GB 3838—2002) 中Ⅳ类标准；③在示范区建立较为完善的农村与农业面源径流污染负荷削减与总量控制技术体系，达到长期有效控制面源污染的目的。

(2) 确定技术路线

总体技术路线：总量削减，分区控制，分类处理，综合调控。

总量削减是指减少 TN、TP、COD 面源污染负荷入湖(河)总量。

分区控制是指根据不同土地利用类型，分为山林、农田、村庄等区域，实行分区控制。

分类处理是指根据面源径流不同水质实行分类处理。

综合调控是指对控制区域入湖(河)面源径流水质、水量实行循环处理利用综合调控。

7.1.2 技术准备、工艺设备研究与建设准备

1. 技术准备

在总结《滇池流域水污染防治“九五”计划及 2010 年规划》《滇池流域水污染防治“十五”计划》国家重大科技专项(K99-05-35-02)——滇池流域面源污染控制技术研究、“十五”国家 863 计划——建成区面源污水综合控制技术研究与工程示范、国家科技支撑“十一五”计划——沿滇池周边农业面源污染防控与综合治理技术研究的基础上，针对滇池流域农村面源污染存在的主要问题，由云南大学、云南省农业科学院、中国农业科学院农业资源与农业区划研究所、昆明市环境科学研究院等主要参与单位在示范区开展了 14 项技术研究，完成了技术研究示范 13 项，为面源污染削减工程设计提供了一定的技术支撑，详见滇池流域农村面源污染负荷削减示范区综合设计报告。

2. 工艺研究试验

针对示范区面源径流污染负荷的来源、构成及流失特点，在总结已成功应用于水源地山地径流拦截、沉降、过滤处理，村庄污水 A^2/O 生化处理+生态滤池过滤处理，农田排水湿地处理等工艺的基础上，昆明市环境科学研究院等单位与有关企业合作设计建立了面源径流污染负荷综合削减工艺试验装置，开展了农村与农业面源径流污染负荷综合削减处理系统工艺组合试验，取得了相关工艺的参数，为滇池流域农村面源污染负荷削减工程示范区综合设计的工艺优化选择和污染负荷去除效果评估提供了可靠的依据。

3. 设备研究

针对农村与农业面源污染防治处理工程小、散、冲击负荷大，以及要求易于建设、节省能源、管护简便等特点，结合工艺选择和分区、分类示范工程设计中存在的问题，重点开展了填料滤床、河(渠)水位连续可调控制闸、提水循环动能曝气装置和自控装置等关键技术设备的研制。与有关设备生产企业合作，启动了样机制作和实验工作，为工程实施设计明确了设备选择和采购方向。

4. 建设准备

本研究作为滇池流域农村与农业面源污染集中连片治理的示范项目，列入《昆明市农村环境综合整治行动计划》优先安排实施的重点项目，为项目的实施奠定了良好的基础。

5. 工艺设计

围绕项目要求的面源污染负荷削减与控制目标，根据示范区控制分区的实际情况，选用成熟、先进、简便、适用的工艺技术方法。示范区主要由村庄、林地、农田、河塘水域等 4 种土地利用类型构成，在滇池流域具有一定代表性的特点。研究提出了区域集成工艺“区域性农村与农业面源污染总量削减分区控制处理工艺”，即根据村庄、林地、农田面源污染负荷排放的特点，示范区综合设计实行区域集成、分区控制、分类处理、综合调控、总量削减的组合工艺，见图 7-1。

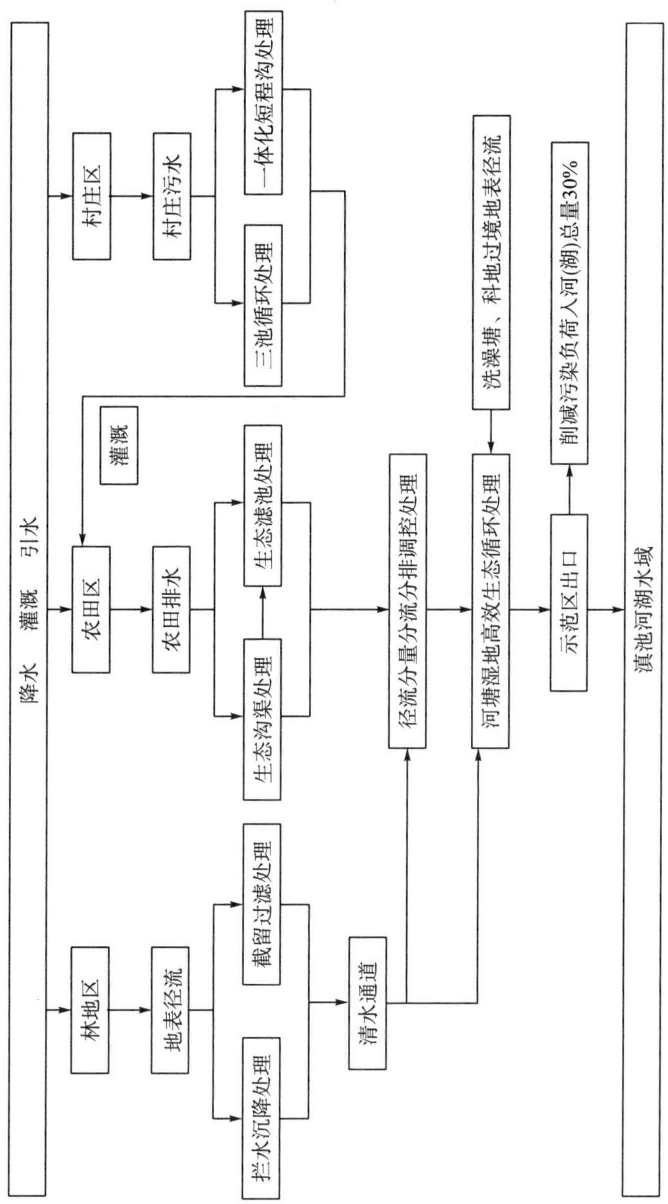

图 7-1　示范区面源污染负荷削减组合工艺流程图

针对削减目标要求和示范区特征，示范区综合设计区域集成组合工艺选用三池循环 A^2/BF 处理、一体化短程沟 A^2/O 处理等村庄面源污染收集处理，坡面径流拦水沉降处理和截留过滤的山林地面源径流处理，有机质培土氮钝化处理、农田内部生态沟渠控流减失处理、农田排水生态滤池处理等农田面源径流处理，以及区域性面源径流分区分类调控处理、富营养化水体植物恢复工艺及河塘湿地高效生态循环处理等 11 项工艺。

(1) 三池循环 A^2/BF 处理工艺

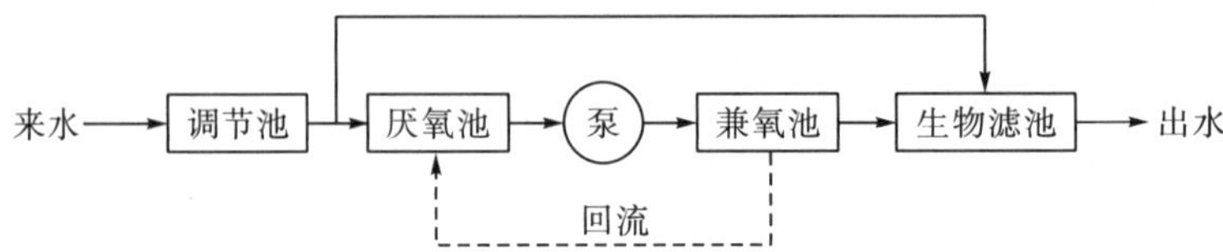

(2) 一体化短程沟 A^2/O 处理工艺

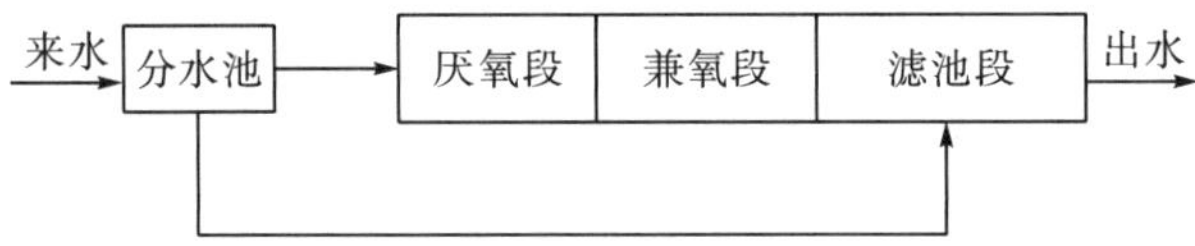

(3) 山林地坡面径流拦水沉降处理工艺

(4) 山地面源径流截留过滤处理工艺

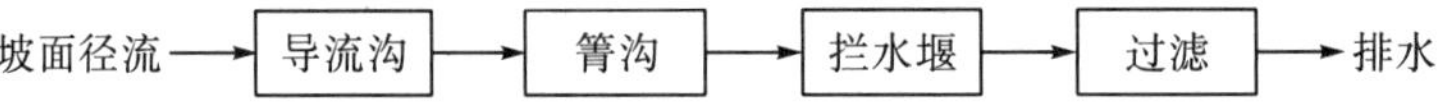

(5) 农田土壤有机质培土工艺氮钝化处理工艺

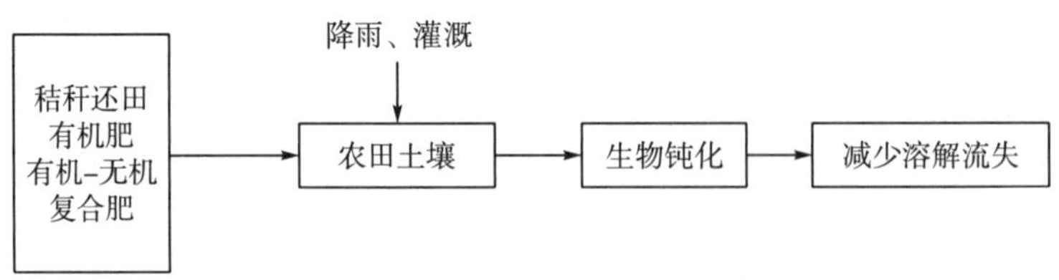

(6) 农田内部生态沟渠控流减失处理工艺

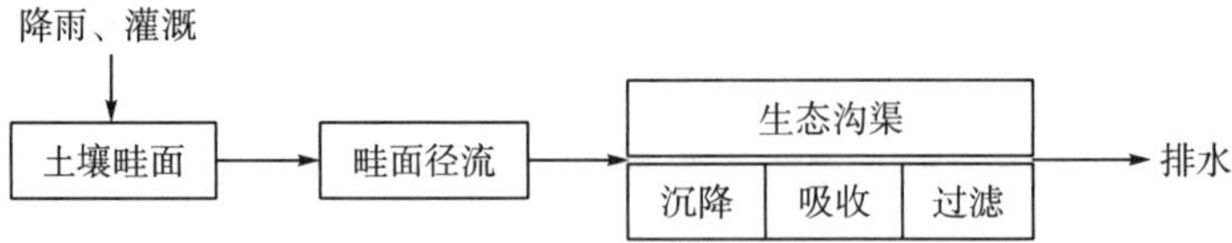

(7) 农田排水生态滤池处理工艺

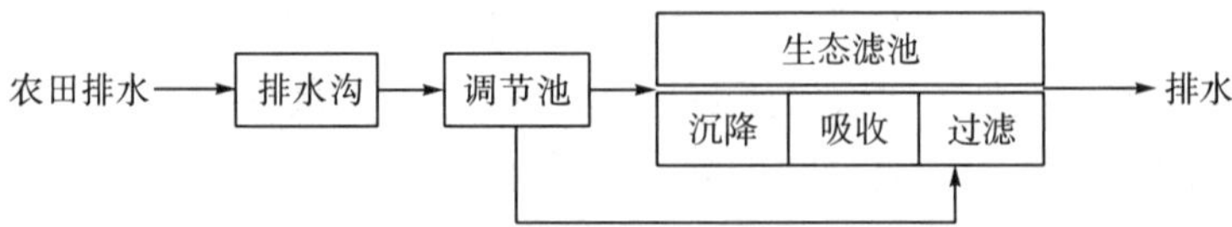

(8)区域性面源径流分区分类调控处理工艺

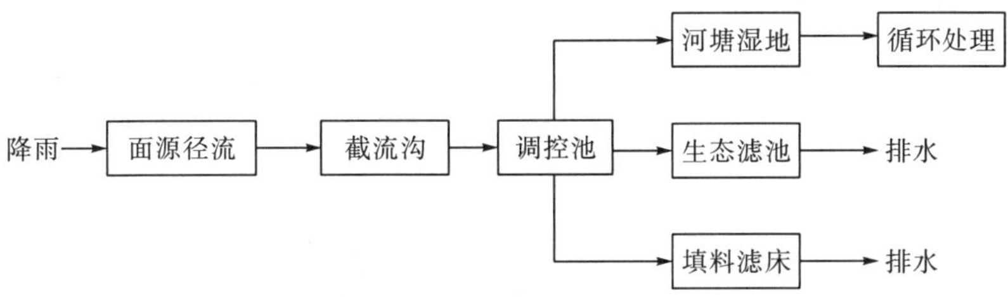

(9)富营养化水体植物恢复工艺

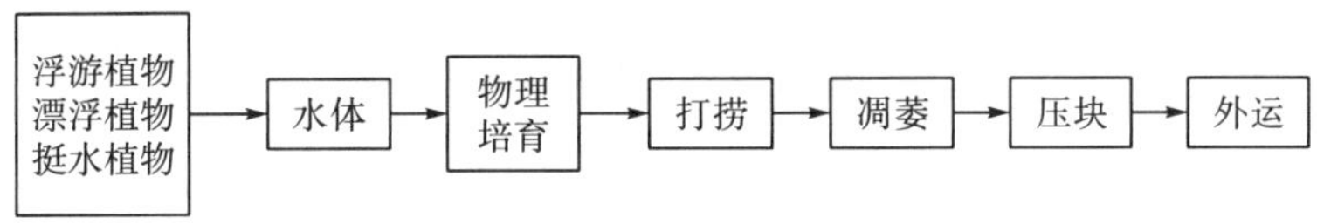

(10)河塘湿地高效生态循环处理工艺

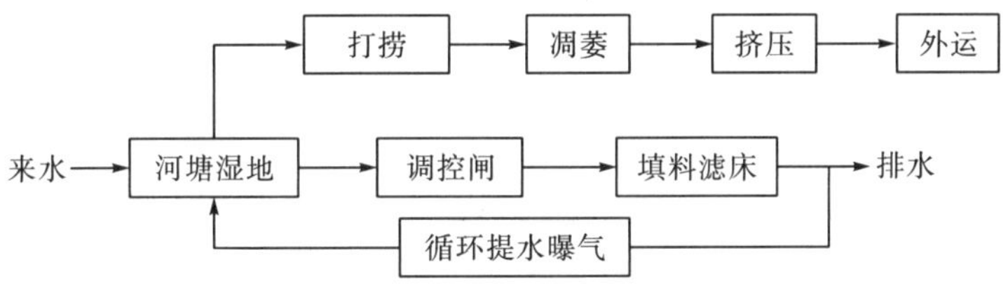

6. 工程设计

对示范区面源污染负荷削减工程进行初步设计，工程最大处理量 3.85 万 m^3/d，包括村庄面源污水 $500m^3/d$、山地面源径流 $3000m^3/d$、农田面源径流 $5000m^3/d$、区域综合调控处理 3 万 m^3/d；排水水质总浓度达到《地表水环境质量标准》(GB 3838—2002)中Ⅳ类标准；全面达到工艺设计要求，实现削减示范区面源污染入湖负荷 30%的目标。

示范区综合削减工程内容包括村庄面源污水削减工程、山地面源径流削减工程、农田面源径流削减工程、河塘水系生态削减工程、区域生态建设工程 5 类，共 13 大项。

7.2　示范工程区所在柴河河道水质及污染物输出变化

目前监测区域在滇池南部规划为重点农业区的晋宁县柴河流域。在柴河水库下游柴河河道以东、柴河东干渠东延 30～40m 以西、面积 $6.2km^2$ 的柴河小流域/汇水区内进行三个断面的监测，三个断面分别为示范工程区入口、科地村支流、示范工程区出口，监测点位见图 7-2。示范工程区入口至出口柴河河道长度为 2.81km，该河段水质功能规划类别为Ⅲ类。

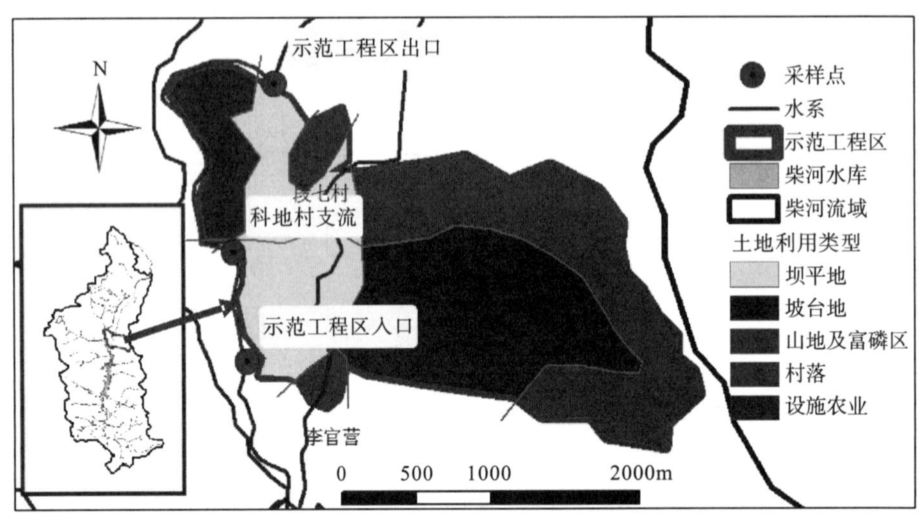

图 7-2 柴河小流域 / 汇水区监测点位图

对柴河河道水质三个断面进行连续 2 年(2010 年、2011 年)的逐月定点监测，监测指标有流量、总氮、总磷和 COD，结合调查结果和监测数据对示范工程处理效果进行初步评价。初期在暴雨径流三个断面采样，监测流量，分析总氮、总磷、COD 3 个指标，每年测头 3 场雨，每场雨 7 组数据，评价示范工程区降雨径流污染量。

7.2.1 示范工程区柴河三个断面降雨地表径流污染物输出特征

本研究选择区域位于昆明晋宁县上蒜乡段七村，属于半山区，距离乡政府 15km，年平均气温 14.60℃，年降雨量 872.6mm。现场监测数据表明，2010 年示范工程区降雨量为 589.7mm，较历年平均降雨量减少 282.9mm。2011 年示范工程区降雨量为 456.6mm，较历年平均降雨量减少 416mm，较 2010 年减少 133.1mm。2010 年、2011 年示范工程区每月降雨量现场监测数据见图 7-3。

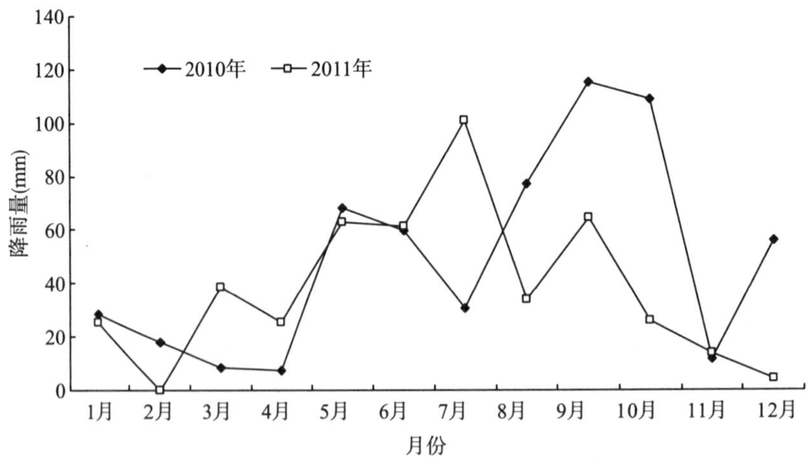

图 7-3 示范工程区每月降雨量现场监测数据变化图

1. 2010 年第一场降雨事件中降雨—径流过程与氮、磷流失特征

2010 年采集的第一场降雨的时间为 2010 年 5 月 26 日至 2010 年 5 月 27 日，采样历时 28h。2010 年 5 月 26 日 8 时至 2010 年 5 月 27 日 8 时采样区域降雨量为 37.2mm，其中 2010 年 5 月 26 日降雨较集中时段为 8 时和 9 时，降雨量为 15.1mm。

(1) 降雨—径流过程与氮浓度随时间变化过程

根据示范工程区入口、示范工程区出口、科地村支流三个典型断面实测的氮浓度数据，分别绘制总氮、水溶性氮及泥沙结合态氮浓度随时间变化的过程曲线，如图 7-4～图 7-6 所示。

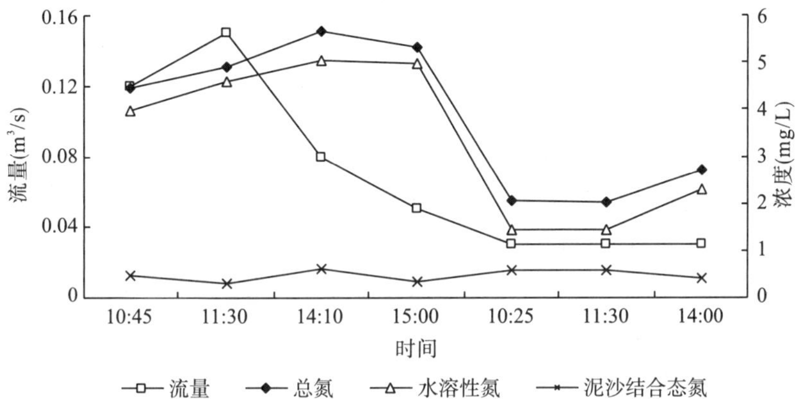

图 7-4　2010 年 5 月 26～27 日示范工程区入口氮输出随时间变化过程

注：10:45～15:00 为 5 月 26 日监测时间；10:25～14:00 为 5 月 27 日监测时间

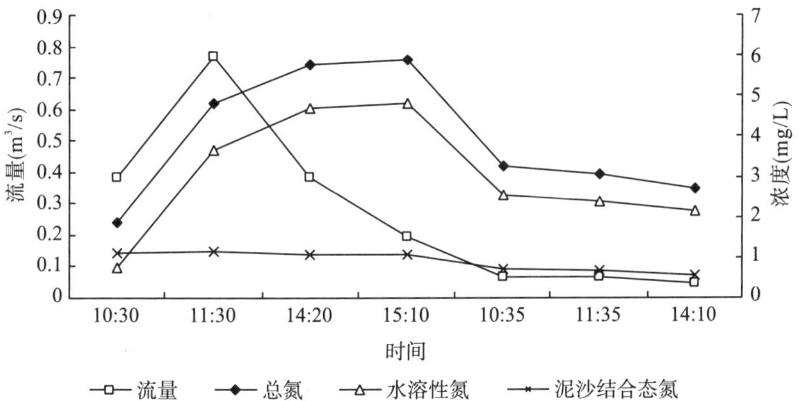

图 7-5　2010 年 5 月 26～27 日示范工程区出口氮输出随时间变化过程

注：10:30～15:10 为 5 月 26 日监测时间；10:35～14:10 为 5 月 27 日监测时间

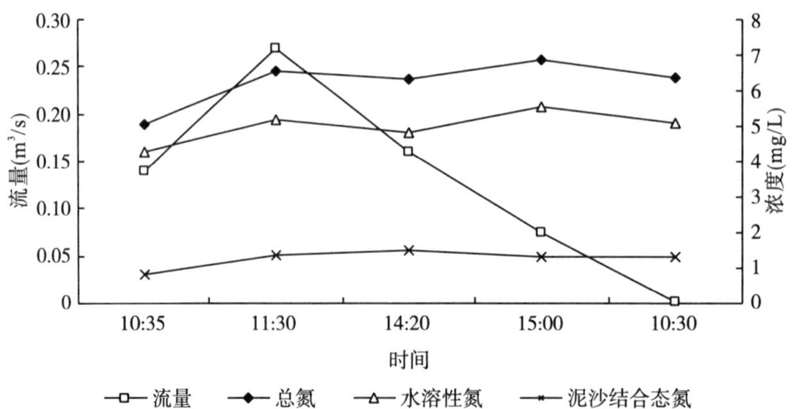

图 7-6 2010 年 5 月 26～27 日科地村支流氮输出随时间变化过程

注：10:35～15:00 为 5 月 26 日监测时间；10:30 为 5 月 27 日监测时间

从图 7-4～图 7-6 中可见以下几方面内容。

1）三个断面降雨径流中总氮浓度最高值出现在流量最高值之后，流量高峰值出现在初始降雨 3～4h 后，伴随着地表径流量的减少，三种形态的氮浓度也逐渐降低。

2）三个断面降雨径流中总氮与水溶性氮变化趋势一致，并以水溶性氮为主，这与该农业区域土壤表层滞留的化肥流失有关。

3）此次降雨过程中，示范工程区出口总氮浓度及流量均高于示范工程区入口，与石头村支流中农业非点源污染物流失进入该区域有关。

(2) 降雨—径流过程与磷浓度随时间变化过程

根据示范工程区入口、示范工程区出口、科地村支流（石头村来水）三个典型断面实测的磷浓度数据，分别绘制总磷、水溶性磷及泥沙结合态磷浓度随时间变化的过程曲线，如图 7-7～图 7-9 所示。

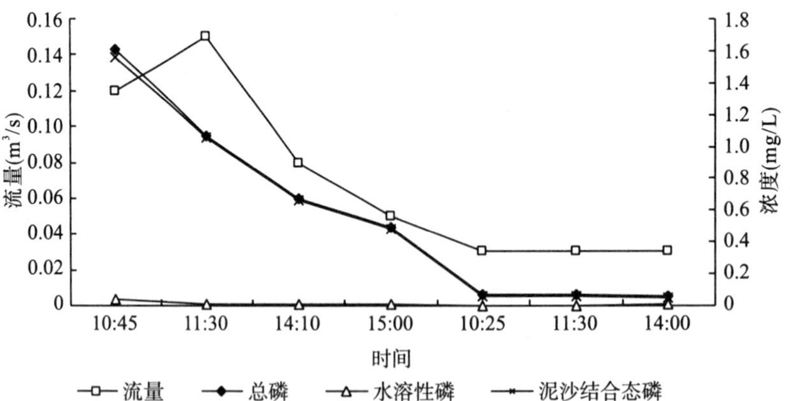

图 7-7 2010 年 5 月 26～27 日示范工程区入口磷输出随时间变化过程

注：10:45～15:00 为 5 月 26 日监测时间；10:25～14:00 为 5 月 27 日监测时间

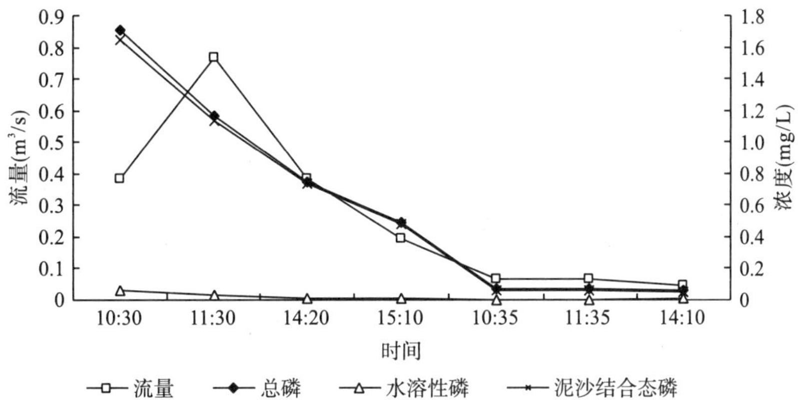

图 7-8 2010 年 5 月 26～27 日示范工程区出口磷输出随时间变化过程

注：10:30～15:10 为 5 月 26 日监测时间；10:35 与 14:10 为 5 月 27 日监测时间

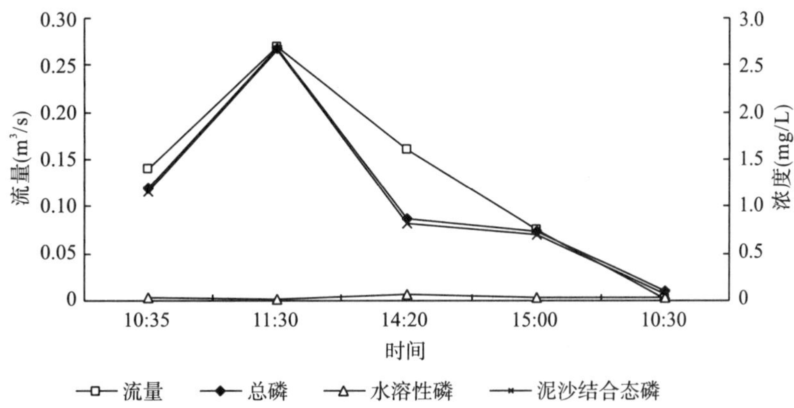

图 7-9 2010 年 5 月 26～27 日科地村支流磷输出随时间变化过程

注：10:35～15:00 为 5 月 26 日监测时间；10:30 为 5 月 27 日监测时间

由图 7-7～图 7-9 可见以下几方面内容。

1）示范工程区入口、示范工程区出口总磷输出浓度最高值出现在流量最高值之前，而科地村支流总磷输出浓度峰值几乎与流量峰值相同。

2）此次降雨从流量和磷输出形态的变化曲线看，泥沙结合态磷变化幅度较大，而水溶性磷变化较小，且泥沙结合态磷值较高，表现出降雨引起该区域的水土流失，且径流中磷以泥沙结合态为主。

2. 2010 年第二场降雨事件中降雨—径流过程与氮、磷、碳流失特征

2010 年采集的第二场降雨的时间为 2010 年 7 月 22 日，采样历时 11h。该场降雨事件中降雨量为 28mm。

(1) 降雨—径流过程与氮浓度随时间变化过程

根据示范工程区入口、示范工程区出口、科地村支流三个典型断面实测的氮浓度数据，绘制了总氮浓度随时间变化的过程曲线，见图 7-10。

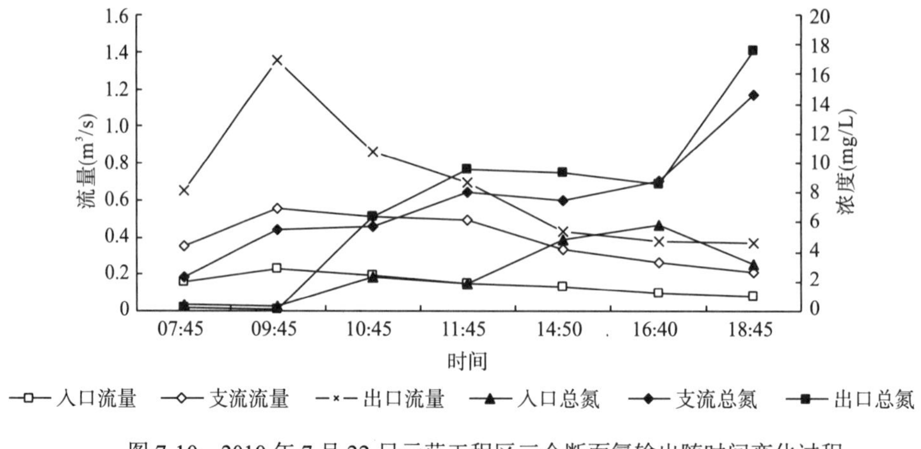

图 7-10 2010 年 7 月 22 日示范工程区三个断面氮输出随时间变化过程

此次降雨事件中，示范工程区入口总氮浓度最大值为 5.79mg/L，最小值为 0.46mg/L，平均值为 2.68mg/L；科地村支流总氮浓度最大值为 14.59mg/L，最小值为 2.35mg/L，平均值为 7.49mg/L；示范工程区出口总氮浓度最大值为 17.61mg/L，最小值为 0.15mg/L，平均值为 7.40mg/L。三个断面流量峰值出现在第一次采集样品后 2h。示范工程区出口总氮浓度在采样初期较科地村支流低，而样品采集后期比科地村支流的高，可能与示范工程区氮输出强度比科地村支流高有关。整个监测过程示范工程区入口流量和总氮浓度都低于示范工程区出口和科地村支流。

(2) 降雨—径流过程与磷浓度随时间变化过程

根据示范工程区入口、示范工程区出口、科地村支流三个典型断面实测的磷浓度数据，绘制了总磷浓度随时间变化的过程曲线，见图 7-11。

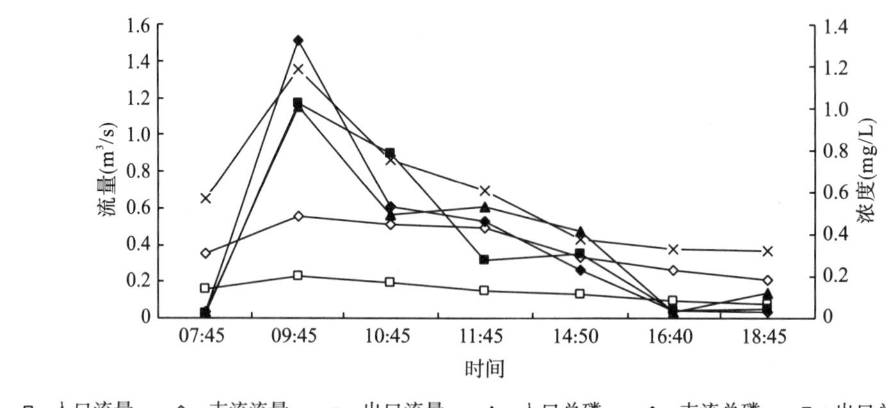

图 7-11 2010 年 7 月 22 日示范工程区三个断面磷输出随时间变化过程

此次降雨事件中，示范工程区入口总磷浓度最大值为 1.01mg/L，最小值为 0.031mg/L，平均值为 0.377mg/L；科地村支流总磷浓度最大值为 1.32mg/L，最小值为 0.028mg/L，平均值为 0.378mg/L；示范工程区出口总磷浓度最大值为 1.02mg/L，最小值为 0.024mg/L，平均值为 0.359mg/L。三个断面总磷浓度平均值相近。此次降雨过程中三个断面总磷的浓度峰与流量峰同步出现，主要是由于径流带走的颗粒态磷与径流量呈正相关，随着时间的推移，径流中颗粒物不断沉降，总磷浓度持续下降。磷化学性质较不活泼，易形成 $Ca/MgPO_4$ 凝聚体，水溶性小，且易于被吸附在表面，在此次降雨停止后，三个断面总磷浓度降到降雨事件之前的水平。

(3) 降雨—径流过程与 COD_{Cr} 浓度随时间变化过程

根据示范工程区入口、示范工程区出口、科地村支流三个典型断面实测的 COD_{Cr} 浓度数据，绘制了 COD_{Cr} 浓度随时间变化的过程曲线，见图 7-12。

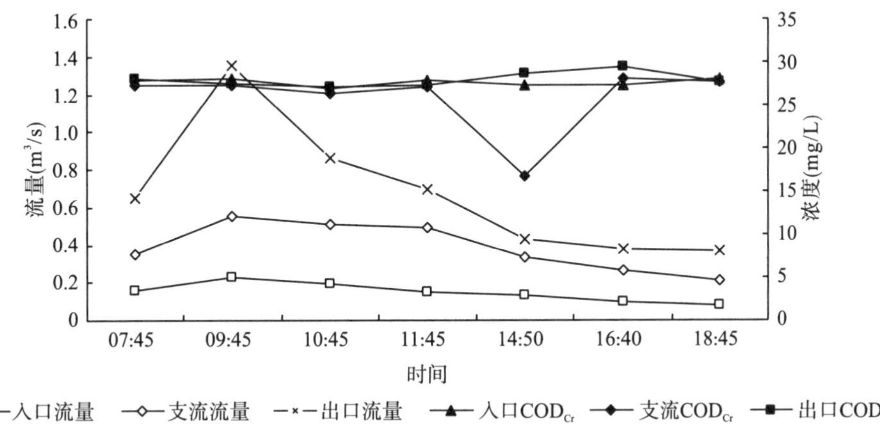

图 7-12　2010 年 7 月 22 日示范工程区三个断面 COD_{Cr} 输出随时间变化过程

此次降雨事件中，示范工程区入口 COD_{Cr} 浓度最大值为 28.1mg/L，最小值为 26.9mg/L，平均值为 27.6mg/L；科地村支流 COD_{Cr} 浓度最大值为 28.1mg/L，最小值为 16.8mg/L，平均值为 25.8mg/L；示范工程区出口 COD_{Cr} 浓度最大值为 29.4mg/L，最小值为 27.1mg/L，平均值为 27.9mg/L。三个断面 COD_{Cr} 浓度在整个采样过程中变化不大，且三个断面 COD_{Cr} 浓度均达到地表水Ⅳ类标准，表明该区域地表径流引起的碳负荷较小。

3. 2010 年第三场降雨事件中降雨—径流过程与氮、磷流失特征

2010 年采集的第三场降雨的时间为 2010 年 8 月 16 日至 2010 年 8 月 17 日，采样历时 19h。此次降雨事件中总降雨量为 32.2mm，主要集中在 2010 年 8 月 16 日 22:20 至 2010 年 8 月 17 日 00:30，此时段降雨量为 15mm。

(1) 降雨—径流过程与氮浓度随时间变化过程

根据示范工程区入口、示范工程区出口、科地村支流三个典型断面实测的氮浓度数据，分别绘制总氮、水溶性氮及泥沙结合态氮浓度随时间变化的过程曲线，如图 7-13～图 7-15 所示。

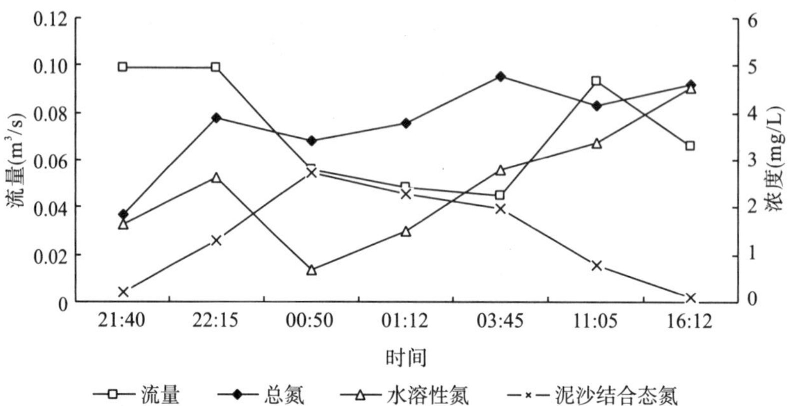

图 7-13　2010 年 8 月 16～17 日示范工程区入口氮输出随时间变化过程

注：21:40 与 22:15 为 8 月 16 日监测时间；00:50～16:12 为 8 月 17 日监测时间

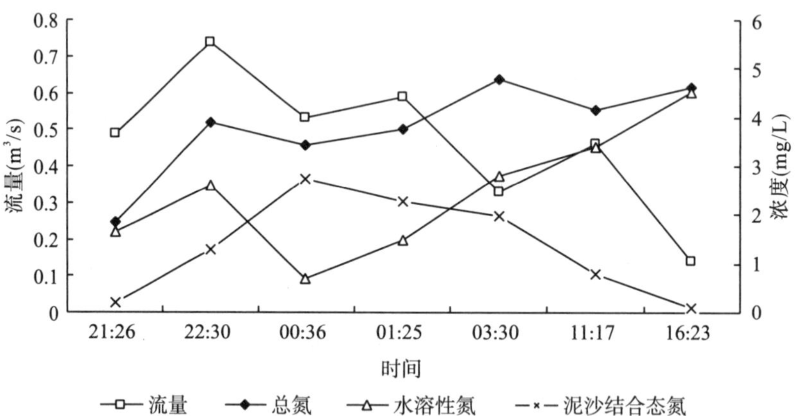

图 7-14　2010 年 8 月 16～17 日示范工程区出口氮输出随时间变化过程

注：21:26 与 22:30 为 8 月 16 日监测时间；00:36～16:23 为 8 月 17 日监测时间

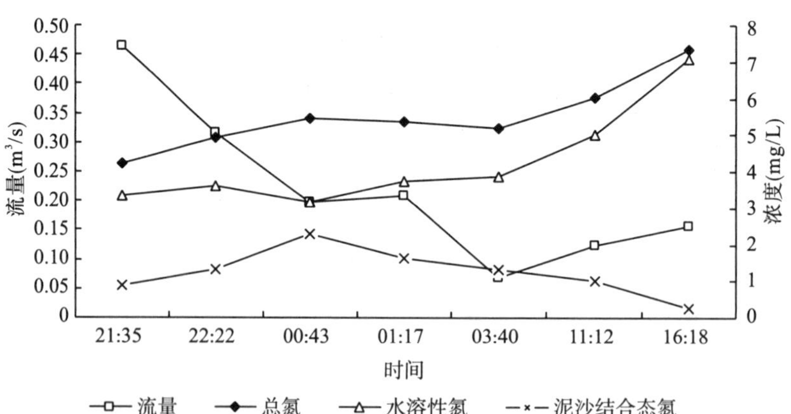

图 7-15　2010 年 8 月 16～17 日科地村支流氮输出随时间变化过程

注：21:35 与 22:22 为 8 月 16 日监测时间；00:43～16:18 为 8 月 17 日监测时间

由图 7-13～图 7-15 可见以下方面内容。

1) 示范工程区入口流量呈现出先降低后升高再降低的趋势，在采样开始后 11h 达到峰值，随后急速下降；示范工程区出口流量在采样开始后 1h 达到峰值，然后逐渐下降；科地村支流流量表现出持续下降的趋势。

2) 示范工程区三个断面总氮和水溶性氮随着断面流量的不断下降，表现出逐渐升高的趋势，且水溶性氮占总氮的比例逐渐升高，可能与降雨事件发生后颗粒物氮素逐渐溶出有关。

3) 此次降雨过程中示范工程区入口、出口总氮浓度均在采样开始后 1h 左右达到浓度峰值，这种趋势与降雨事件冲刷颗粒进入河道随着径流量的减少颗粒态氮浓度不断降低有关。

(2) 降雨—径流过程与磷浓度随时间变化过程

根据示范工程区入口、示范工程区出口、科地村支流（石头村来水）三个典型断面实测的磷浓度数据，分别绘制总磷、水溶性磷及泥沙结合态磷浓度随时间变化的过程曲线，如图 7-16～图 7-18 所示。

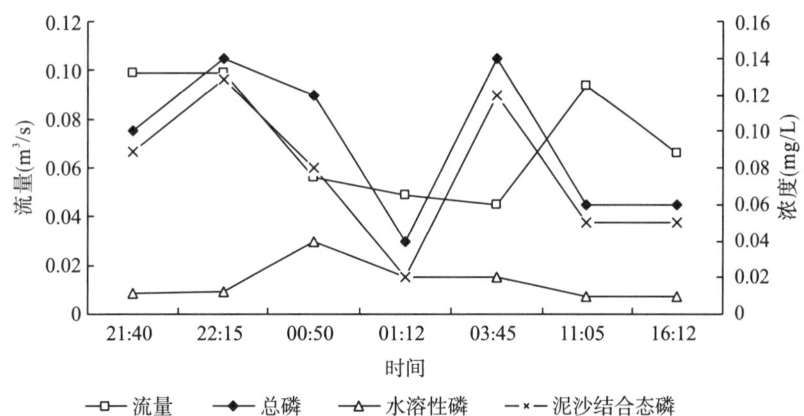

图 7-16　2010 年 8 月 16～17 日示范工程区入口磷输出随时间变化过程

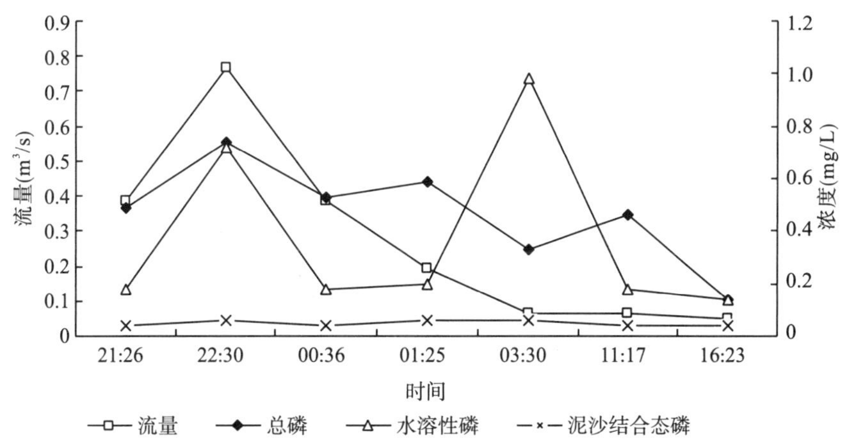

图 7-17　2010 年 8 月 16～17 日示范工程区出口磷输出随时间变化过程

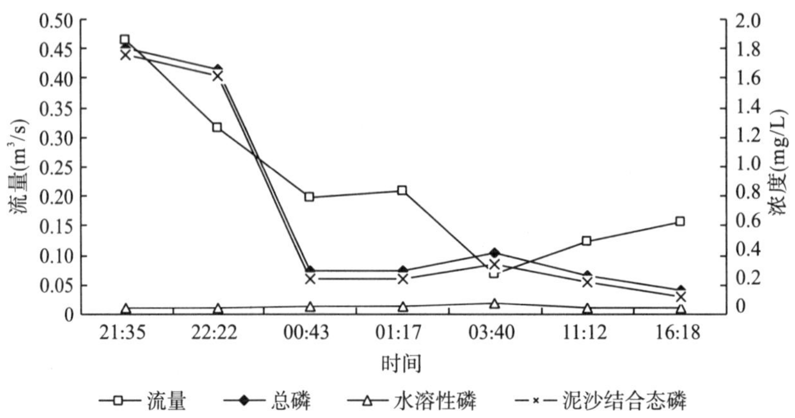

图 7-18　2010 年 8 月 16～17 日科地村支流磷输出随时间变化过程

分析图 7-16～图 7-18，可见以下几方面内容。

1) 此次降雨过程中示范工程区三个断面表现出总磷浓度曲线与断面流量曲线变化趋势相似的特征，表明河道总磷与流量具有较高的相关性。

2) 此次降雨从流量和磷输出形态的变化曲线看，泥沙结合态磷变化幅度较大，且与水样中总磷浓度变化曲线相一致；三个断面中水溶性磷浓度均较低，且变化幅度不大。该降雨过程引起的地表冲刷是水体中总磷浓度升高的主要因素，且径流中磷以泥沙结合态为主。

4. 2011 年第一场降雨事件中降雨—径流过程与氮、磷、碳流失特征

2011 年采集的第一场降雨的时间为 2011 年 7 月 18 日，采样历时 11h。该场降雨事件中降雨量为 30.2mm。降雨时间为 2011 年 7 月 17 日 18:51 至 2011 年 7 月 18 日 07:21，降雨强度最大时间段为 2011 年 7 月 18 日 00:51 至 01:51，降雨量 10.8mm。

(1) 降雨—径流过程与氮浓度随时间变化过程

根据示范工程区入口、示范工程区出口、科地村支流三个典型断面实测的氮浓度数据，绘制了总氮浓度随时间变化的过程曲线，见图 7-19。

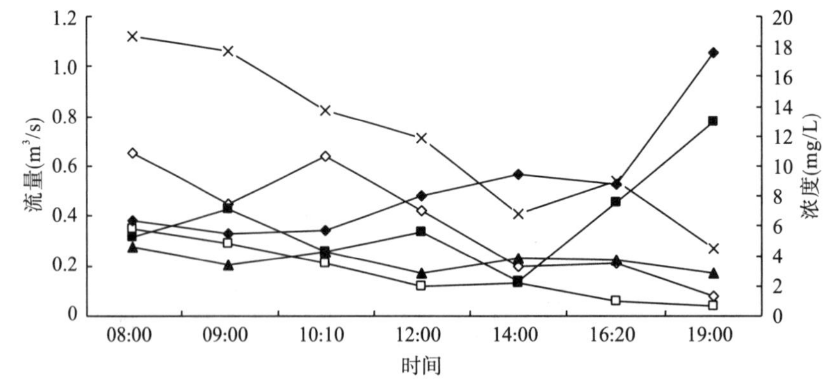

图 7-19　2011 年 7 月 18 日示范工程区三个断面氮输出随时间变化过程

此次降雨事件中，示范工程区入口总氮浓度最大值为 4.66mg/L，最小值为 2.85mg/L，平均值为 3.68mg/L；科地村支流总氮浓度最大值为 17.59mg/L，最小值为 5.76mg/L，平均值为 8.78mg/L；示范工程区出口总氮浓度最大值为 12.92mg/L，最小值为 2.34mg/L，平均值为 6.45mg/L。三个断面流量均表现为持续下降的趋势。示范工程区出口及科地村支流总氮浓度呈现上升趋势，到最后一次采样浓度达到最大，且科地村支流总氮浓度总体高于示范工程区出口，表明此次降雨事件中科地村支流氮污染负荷较高。示范工程区入口总氮浓度在降雨过程中变化较平缓，且浓度低于示范工程区出口和科地村支流。

(2) 降雨—径流过程与磷浓度随时间变化过程

根据示范工程区入口、示范工程区出口、科地村支流三个典型断面实测的磷浓度数据，绘制了总磷浓度随时间变化的过程曲线，见图 7-20。

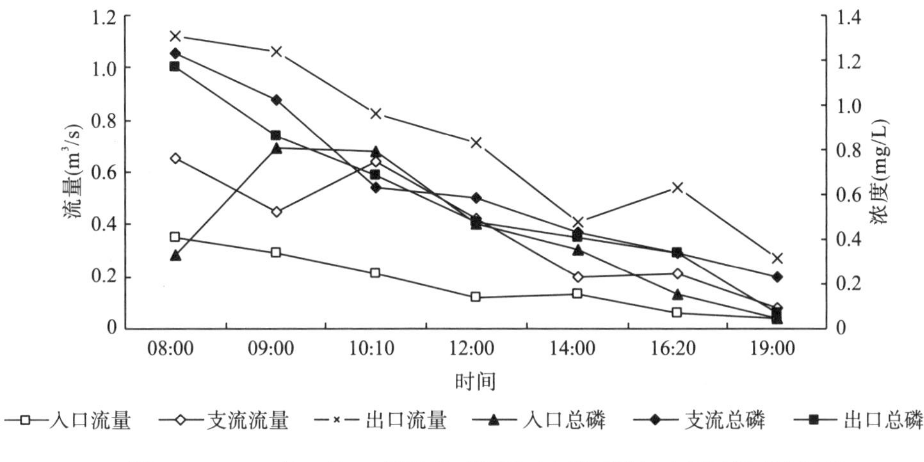

图 7-20　2011 年 7 月 18 日示范工程区三个断面磷输出随时间变化过程

此次降雨事件中，示范工程区入口总磷浓度最大值为 0.81mg/L，最小值为 0.046mg/L，平均值为 0.422mg/L；科地村支流总磷浓度最大值为 1.228mg/L，最小值为 0.233mg/L，平均值为 0.638mg/L；示范工程区出口总磷浓度最大值为 1.17mg/L，最小值为 0.069mg/L，平均值为 0.574mg/L。三个断面总磷浓度平均值从大到小排序分别为科地村支流、示范工程区出口、示范工程区入口。此次降雨过程中示范工程区出口和科地村支流总磷的浓度变化趋势与流量变化趋势基本一致，主要是由于径流带走的颗粒态磷与径流量呈正相关，随着时间的推移，径流中颗粒物不断沉降，总磷浓度持续下降。磷化学性质较不活泼，易形成 Ca/$MgPO_4$ 凝聚体，水溶性小，且易于被吸附在表面，在此次降雨停止后三个断面总磷浓度降到降雨事件之前的水平。示范工程区入口总磷浓度在采样开始后 1～2h 到达峰值，随后总磷浓度逐渐降低。

(3) 降雨—径流过程与 COD_{Cr} 浓度随时间变化过程

根据示范工程区入口、示范工程区出口、科地村支流三个典型断面实测的 COD_{Cr} 浓度数据，绘制了 COD_{Cr} 浓度随时间变化的过程曲线，见图 7-21。

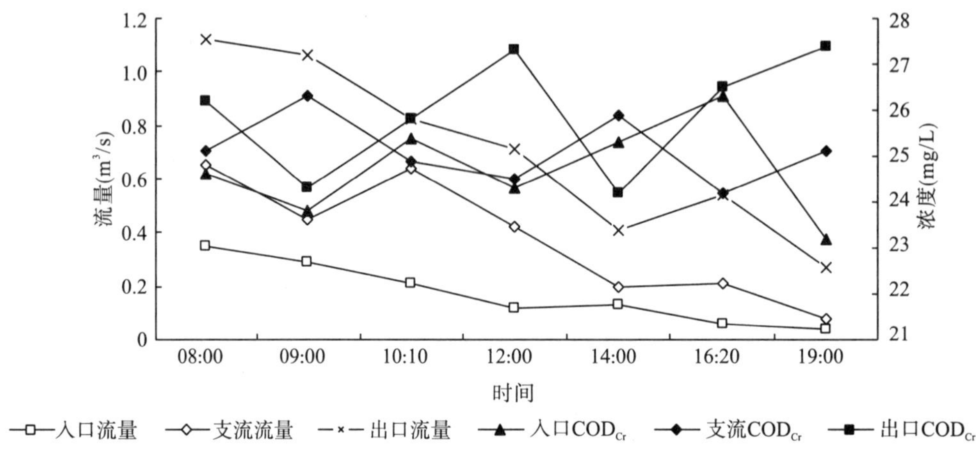

图 7-21　2011 年 7 月 18 日示范工程区三个断面 COD_{Cr} 输出随时间变化过程

此次降雨事件采样分析中，示范工程区入口 COD_{Cr} 浓度最大值为 26.3mg/L，最小值为 23.2mg/L，平均值为 24.7mg/L；科地村支流 COD_{Cr} 浓度最大值为 26.3mg/L，最小值为 22.8mg/L，平均值为 25.1mg/L；示范工程区出口 COD_{Cr} 浓度最大值为 27.4mg/L，最小值为 22.2mg/L，平均值为 26.0mg/L。三个断面 COD_{Cr} 浓度从高到低顺序分别为示范工程区出口、科地村支流、示范工程区入口。示范工程区出口流量和 COD_{Cr} 浓度均高于其他两个断面，表明该降雨过程中示范工程区内 COD_{Cr} 负荷略高。纵观整个采样过程，三个断面 COD_{Cr} 浓度均达到地表水Ⅳ类标准，表明该区域地表径流引起的碳负荷较小。

5. 2011 年第二场降雨事件中降雨—径流过程与氮、磷、碳流失特征

2011 年采集的第二场降雨的时间为 2011 年 9 月 16 日，采样历时 12h。该场降雨事件中降雨量为 22mm。降雨时间为 2011 年 9 月 16 日 01:47 至 2011 年 9 月 16 日 12:47。

(1) 降雨—径流过程与氮浓度随时间变化过程

根据示范工程区入口、示范工程区出口、科地村支流三个典型断面实测的氮浓度数据，绘制了总氮浓度随时间变化的过程曲线，见图 7-22。

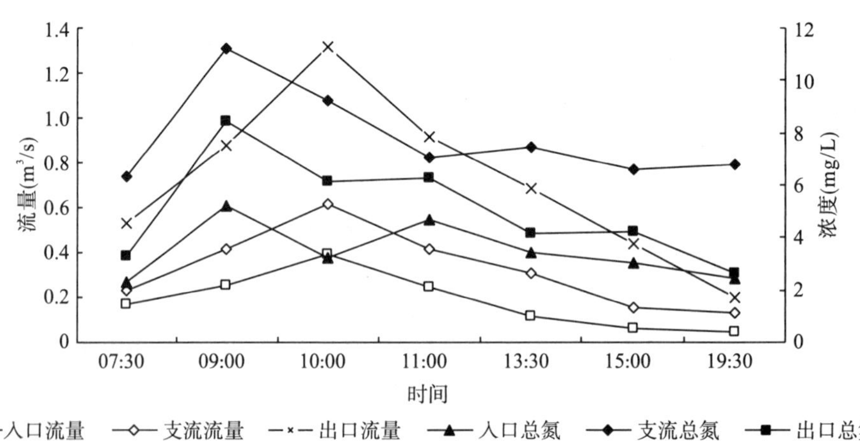

图 7-22　2011 年 9 月 16 日示范工程区三个断面氮输出随时间变化过程

此次降雨事件采样分析中，示范工程区入口总氮浓度最大值为 5.23mg/L，最小值为 2.31mg/L，平均值为 3.47mg/L；科地村支流总氮浓度最大值为 11.23mg/L，最小值为 6.35mg/L，平均值为 7.82mg/L；示范工程区出口总氮浓度最大值为 8.46mg/L，最小值为 2.62mg/L，平均值为 5.02mg/L。三个断面流量峰值出现在第一次采集样品后 2～3h，且三个断面浓度峰值早于流量峰值 1h 出现。三个断面采样过程中总氮浓度从高到低顺序分别为科地村支流、示范工程区出口、示范工程区入口。示范工程区出口总氮浓度较科地村支流低。整个监测过程中示范工程区入口流量、总氮浓度都低于示范工程区出口和科地村支流。

(2) 降雨—径流过程与磷浓度随时间变化过程

根据示范工程区入口、示范工程区出口、科地村支流三个典型断面实测的磷浓度数据，绘制了总磷浓度随时间变化的过程曲线，见图 7-23。

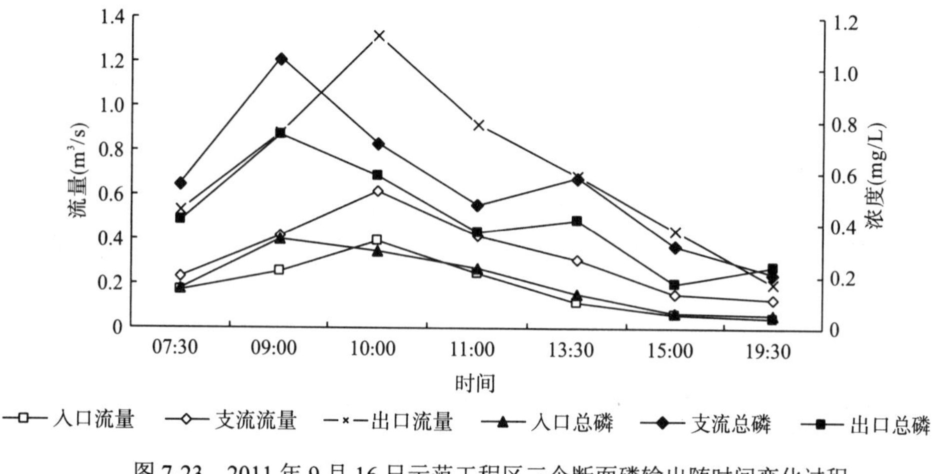

图 7-23　2011 年 9 月 16 日示范工程区三个断面磷输出随时间变化过程

此次降雨事件采样分析中，示范工程区入口总磷浓度最大值为 0.342mg/L，最小值为 0.053mg/L，平均值为 0.181mg/L；科地村支流总磷浓度最大值为 1.041mg/L，最小值为 0.212mg/L，平均值为 0.557mg/L；示范工程区出口总磷浓度最大值为 0.742mg/L，最小值为 0.169mg/L，平均值为 0.419mg/L。三个断面总磷浓度平均值从大到小排序分别为科地村支流、示范工程区出口、示范工程区入口。此次降雨过程中三个断面总磷的浓度峰出现在流量峰之前 1h，且流量和浓度曲线变化趋势相似，主要是由于径流带走的颗粒态磷与径流量呈正相关，随着时间的推移，径流中颗粒物不断沉降，总磷浓度持续下降。磷化学性质较不活泼，易形成 Ca/$MgPO_4$ 凝聚体，水溶性小，且易于被吸附在表面，在此次降雨停止后三个断面总磷浓度降到降雨事件之前的水平。

(3) 降雨—径流过程与 COD_{Cr} 浓度随时间变化过程

根据示范工程区入口、示范工程区出口、科地村支流三个典型断面实测的 COD_{Cr} 浓度数据，绘制了 COD_{Cr} 浓度随时间变化的过程曲线，见图 7-24。

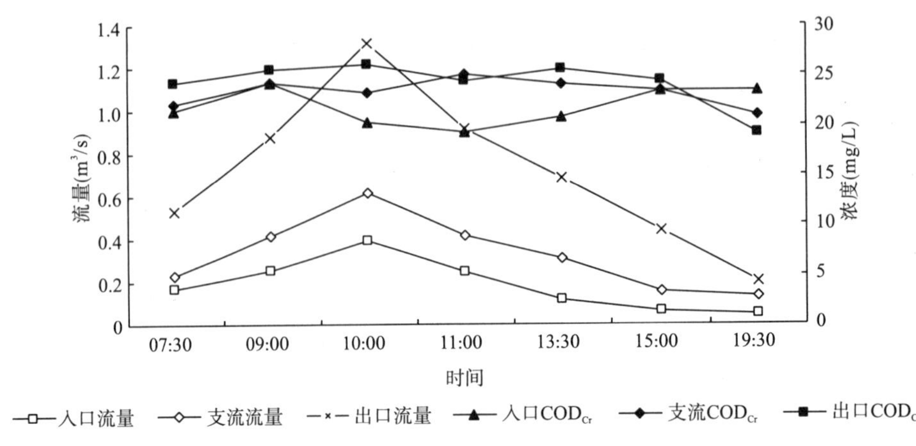

图 7-24 2011 年 9 月 16 日示范工程区三个断面 COD_{Cr} 输出随时间变化过程

此次降雨事件中，示范工程区入口 COD_{Cr} 浓度最大值为 22.3mg/L，最小值为 19.3mg/L，平均值为 21.8mg/L；科地村支流 COD_{Cr} 浓度最大值为 25.1mg/L，最小值为 20.9mg/L，平均值为 23.3mg/L；示范工程区出口 COD_{Cr} 浓度最大值为 26.1mg/L，最小值为 19.1mg/L，平均值为 22.2mg/L。三个断面 COD_{Cr} 浓度从高到低顺序分别为科地村支流、示范工程区出口、示范工程区入口，与前面几场降雨相比，此次降雨过程中 COD_{Cr} 浓度值最小。三个断面 COD_{Cr} 浓度峰值和流量峰值几乎同时出现，且在整个降雨过程中浓度变化不大。纵观整个采样过程，三个断面 COD_{Cr} 浓度均达到地表水Ⅳ类标准，表明此次降雨事件中该区域地表径流引起的碳负荷较小。

7.2.2 2010 年、2011 年示范工程区降雨事件中氮、磷、碳负荷分析与效果评价

降雨—径流过程中氮、磷、COD_{Cr} 的排放负荷根据同步流量和浓度监测值按下面公式进行计算，公式为

$$y_i = \int_0^1 c_t(t) \times q_i(t)\mathrm{d}t \approx \sum_{i=1}^{n-1} C_i Q_i \Delta t_i = \sum_{i=1}^{n-1} \Delta t \frac{c_i + c_{i+1}}{2} \times \frac{q_i + q_{i+1}}{2}$$

式中，y_i 为第 j 种污染物的排放负荷(g)；c_t 为 t 时刻径流中第 j 种污染物的浓度(mg/L)；c_i 为第 j 种污染物在样本 i 监测时的浓度(mg/L)；q_i 为样本 i 在监测时的流量(m^3/s)；Δt 为样本 i 和 i+1 的时间间隔(s)；Q_i 为降雨事件中样本 i 在监测时的断面总流量(m^3/s)。2010 年采集到的三场暴雨和 2011 年采集到的两场暴雨中产生的径流量及 TN、TP、COD 负荷量汇总见表 7-1 和表 7-2。

表 7-1 5 场降雨 $6km^2$ 汇水区产流量

降雨时间 (年.月.日)	降雨量(mm)	采样历时(h)	监测断面	$Q(m^3)$	$\Delta Q(m^3)$
2010.5.26 至 2010.5.27	37.2	28	示范工程区入口	4 847	7 844
			科地村支流	5 854	
			示范工程区出口	18 545	

续表

降雨时间(年.月.日)	降雨量(mm)	采样历时(h)	监测断面	$Q(m^3)$	$\Delta Q(m^3)$
2010.7.22	28	11	示范工程区入口	5 662	6 932
			科地村支流	13 683	
			示范工程区出口	26 277	
2010.8.16 至 2010.8.17	32.2	19	示范工程区入口	4 739	13 939
			科地村支流	10 062	
			示范工程区出口	28 740	
2011.7.18	30.2	11	示范工程区入口	5 450	6 238
			科地村支流	13 145	
			示范工程区出口	24 833	
2011.9.16	22	12	示范工程区入口	6 516	8 889
			科地村支流	12 589	
			示范工程区出口	27 994	

注：Q 为降雨事件中断面总流量；Δ 为示范工程区出口总流量减去示范工程区入口和科地村支流流量之和($6km^2$ 汇水区产流量)

表 7-2　降雨事件中污染负荷量汇总表

降雨事件	监测断面	Y_{TN}(kg)	ΔY_{TN}(kg)	Y_{TP}(kg)	ΔY_{TP}(kg)	Y_{COD}(kg)	ΔY_{COD}(kg)
2010 年第一场雨	示范工程区入口	19.78	28.81	2.37	3.16	—	—
	科地村支流	37.77		6.57			
	示范工程区出口	86.36		12.10			
2010 年第二场雨	示范工程区入口	19.66	25.67	2.48	3.06	156.4	236.3
	科地村支流	102.79		5.98		342.3	
	示范工程区出口	148.12		11.52		735.0	
2010 年第三场雨	示范工程区入口	20.01	41.66	0.44	6.37	—	—
	科地村支流	56.63		6.01			
	示范工程区出口	118.30		12.82			
2011 年第一场雨	示范工程区入口	20.20	24.80	2.80	2.82	135.1	176.3
	科地村支流	102.52		8.46		330.4	
	示范工程区出口	147.52		14.08		641.8	
2011 年第二场雨	示范工程区入口	24.64	23.66	1.36	3.23	139.9	251.0
	科地村支流	99.67		7.26		298.9	
	示范工程区出口	147.97		11.85		689.8	

注：Y_{TN} 为降雨事件中产生的氮负荷量；Y_{TP} 为降雨事件中产生的磷负荷量；Y_{COD} 为降雨事件中产生的化学需氧量负荷量；Δ 为示范工程区出口产生的负荷量减去示范工程区入口和科地村支流产生的负荷量之和($6km^2$ 汇水区产生负荷量)，—表示缺少数据

2010 年捕捉到三场降雨，2011 年捕捉到两场降雨（只有两场降雨形成径流）。其中 2010 年三场降雨中示范工程区 $6km^2$ 汇水区产生的径流量依次为 $7844m^3$、$6932m^3$、$13939m^3$；

2011 年两场降雨中示范工程区 6km^2 汇水区产生的径流量依次为 6238m^3、8889m^3。

2010 年三场降雨与 2011 年两场降雨事件中，示范工程区汇水区产流量和污染物负荷量汇总见表 7-3。

表 7-3 降雨事件中 6km^2 汇水区产流量及产生的污染物负荷量汇总

降雨事件	降雨量(mm)	采样历时(h)	ΔQ(m^3)	ΔY_{TN}(kg)	ΔY_{TP}(kg)	ΔY_{COD}(kg)
2010 年第一场雨	37.2	28	7 844	28.81	3.16	—
2010 年第二场雨	28	11	6 932	25.67	3.06	236.3
2010 年第三场雨	32.2	19	13 939	41.66	6.37	—
2011 年第一场雨	30.2	11	6 238	24.80	2.82	176.3
2011 年第二场雨	22	12	8 889	23.66	3.24	251.0

根据表 7-3 中数据，计算 2010 年 6km^2 示范工程汇水区三场降雨产生的污染物负荷输出量，其中氮 96.14kg、磷为 12.59kg；同样计算出 2011 年示范工程汇水区两场降雨产生的污染物负荷输出量：氮为 48.46kg、磷为 6.06kg。根据面源污染控制效果监测重点观测每年头三场降雨形成的径流的要求，不考虑 2011 年与 2010 年降雨量不同、降雨分布不同、所监测的每场降雨量及降雨过程不同等因素，以 2010 年为基准年，可计算出 2011 年示范工程区在降雨过程中对氮、磷污染物的削减率分别为 49.60%、51.95%。

由于近三年来滇池流域连续大旱，而且一年比一年严重，实际 2010 年观测到的形成明显径流输出的降雨只有三场，2011 年只有两场，因此反映出的效果可能不能完全反映正常年景的污染削减水平。

第 8 章　滇池流域产业优化选择：以不同产业的水资源环境效应为导向

滇池流域是云南经济社会发展的核心地带，整个流域都处于昆明市辖区，包括昆明市的五华、盘龙两城区和西山、官渡、呈贡、晋宁、嵩明 5 个县(区)的 38 个乡镇。流域内人口密度大，工业和第三产业发展迅速，流域内形成了一定规模的机械、冶金、化工、纺织、食品、建材、造纸、医药等工业体系。流域内生活、生产用水量大，水资源有限。资料显示，滇池流域的人均水资源占有量从 20 世纪 50 年代的 $900m^3$/(人·a)降到目前的 $250m^3$/(人·a)，分别为全省、全国、世界人均水资源的 1/25、1/10、1/40，属于水资源较为贫乏的地区之一。

水污染和水资源短缺是滇池流域经济社会发展的主要限制因子，而水污染恶化了水资源的可利用性，水资源短缺又加剧了水污染发生的程度。把水质、水量问题在全流域内统筹，把水问题的破解放到整个区域经济社会发展的大局中来考虑，是生态文明时代认知水问题的基本视野。

本章以滇池污染形势最严峻、流域各种产业类型最齐全的 2003 年为代表，利用虚拟水的思路和概念，通过分析流域内各类产品和服务的虚拟水消耗及其环境效应，剖析流域不同产业发展对水资源的消耗、产生的污染问题，为滇池流域农业及其内部产业结构优化提供数据支持，为解决滇池流域发展中的水资源、水环境问题提供新思路。

8.1　研究动态与工作思路

8.1.1　区域水资源安全评价与承载力的研究

从 1972 年联合国人类环境会议首次发出水将导致严重的社会危机的呼吁，到 1989 年联合国秘书长加利说:“未来战争将为水而战”，再到联合国将 2003 年定为国际淡水年(the international year of freshwater)，水资源的短缺已经成为全球性的问题，目前 40%以上的人口生活在水资源紧张或短缺的环境条件下。

在我国，水资源已经成为部分地区 21 世纪所面临的最主要的生态环境问题之一，并成为制约区域社会经济发展的瓶颈。我国水资源总量 28 124 亿 m^3，占全球水资源的 6%，仅次于巴西、俄罗斯和加拿大，居世界第 4 位，但人均水资源仅为 $2200m^3$，是世界人均量的 1/4、美国的 1/5、加拿大的 1/50，在世界上名列 110 位，是全球 13 个人均水资源最贫乏的国家之一。随着国家社会经济的发展，缺水矛盾更加凸显出来。目前，全国每年缺水总量为 300 亿～400 亿 m^3，工业因供水不足造成直接经济损失 2300 亿元，农作物因干旱受灾面积达 0.28 亿 hm^2，有 2260 万农村人口和 1450 万头大牲畜发生饮水困难。我国 668 个城市中，有 400 多个城市供水不足，有 18 个省份的 420 座县级以上的城镇缺水，其中 360 座被迫限量供水，涉及人口 4198 万人，局部区域因水资源缺乏出现移民。在水资源匮乏的同时由于人类社会经济活动的影响，大量的污水未经处理或部分处理后就排入江河湖海，大量水体被污染，水资源短缺现状进一步加剧，形成恶性循环。据估计，我国每年因为水污染造成的经济损失已达 400 亿元。水安全问题已不可回避。

在水安全问题研究中，水资源安全问题是最为重要的一个方面。水资源安全通常指水资源量与质供需矛盾产生的对社会经济发展、人类生存环境的危害问题。21 世纪末，由于经济发展中忽视可持续水资源利用，日益突出的水资源安全问题业已引起各国政府的高度重视。水资源安全问题的主要研究领域有水资源安全的范畴、水资源安全的度量、水资源安全评价和水资源安全保障体系的建设等，其中水资源安全的度量是关键问题之一，即如何度量水资源安全程度和如何保证水资源安全。水资源承载力是评价水资源安全的重要因子。如果一个地区的经济发展需水量超过这个基本度量，我们也认为是不安全的，这时就要寻找新水源或采取其他措施。

水资源承载能力(water resources carrying capacity，WRCC)概念尚未有公认的定义，通常认为是一种支持能力，即在具体的发展阶段和发展模式条件下，当地水资源对该地区经济发展、生活、生态环境的最大支撑能力(郭怀成，1994；魏斌和张霞，1995；王淑华，1996；贾嵘，1998)，或者说是一种支持规模，即在某一历史发展阶段，以可预见的技术、经济和社会发展水平为依据，以可持续发展为原则，以维护生态环境良性发展为条件，在水资源得到合理的开发利用下，某一研究区域人口增长与经济发展的最大容量(李令跃和甘泓，2000；阮本清等，2001)。可见对水资源承载能力进行评价必然要涉及资源、经济和环境等多方面的因素(中国科学院可持续发展研究组，2000)。

目前，国外对这方面的研究不多，对于区域水资源承载力的理论研究，国际上单项研究的成果较少，大多将其纳入可持续发展理论中，如 Joardor 等于 1998 年从供水的角度对城市水资源承载力进行了相关研究，并将其纳入城市发展规划当中(Harris and Kennedy，1999)；Rijsberman 和 Ven(2000)在研究城市水资源评价和管理体系中将承载力作为城市水资源安全保障的衡量标准；Harris 和 Kennedy(2000)着重研究了农业生产区域水资源农业承载力，将此作为区域发展潜力的一项衡量标准。此外，一些学者的一些研究也涉及水资源的承载限度(Kuylenstierna et al.，1997；Falkenmark and Lundqvist，1998)。我国对 WRCC 的研究始于 20 世纪 80 年代后期，其中以新疆水资源承载能力的研究(新疆水资源软科学课题研究组，1989)为代表，此后研究大都基于水资源的优化配置理论进行区域水资源承载力模型分析(施雅风等，1992；许有鹏，1993；高彦春和刘昌明，1997；贾嵘，1998；王建华，1999；徐中民，1999；傅湘和纪昌明，1999；蒋晓辉，2001；阮本清等，2001)。

由此可见，区域水资源承载力是一个具有自然-社会双重属性的概念，既反映了水资源系统满足社会经济系统的能力，又与社会经济系统开发自然水资源系统的深度有关，其大小取决于区域自然环境、水资源量、社会经济技术水平、社会经济结构和承载驱动力大小等诸多因素。应该在考虑水资源生态安全即生态系统的最低需水得到保证的前提下，分析水资源承载力的内涵与特性，区域水资源承载力可定义为在将来不同的时空尺度上，以预期的经济技术发展水平为依据，在对生态环境不构成危害的条件下，经过合理的水资源优化配置，某一区域内水资源持续供养区域经济规模和人口发展的最大能力(王建华，2001)。

8.1.2　水资源有效配置的理论

关于水资源管理和配置的研究涉及很多方面，目前没有任何一门学科能够完全解决由水所诱发的方方面面的复杂问题，所幸的是越来越多的学科开始加入这一研究领域，包括生态学、环境学、经济学、统计科学、社会科学，这些学科的参与使水资源科学研究取得了较大的发展。

目前，国内外关于水资源管理和配置的研究主要集中在以下几个层面：第一个层面是从消费者角度考虑，认为水价和开发利用水资源技术起到了关键作用。有学者主张应用水的边际价值评估来进行水价调控，通过水价的上涨引起人们的警觉，自觉减少浪费，从而使当地水资源使用效率提高，如合理的水资源消费诱导包括优质优价、实行累进水价(张晓萍和陈梦玉，2001；王璐和郑文涛，2002)、鼓励节约用水(对循环水、回用水使用实行优惠和奖励等)等方式的形成可能会引起消费者自觉采用低耗水形式和工艺。但是目前由于水利仍然是一种社会福利业，域外饮水的成本没有体现在水价格中，因此，水资源在经济部门内部的配置，仅仅考虑生产过程带来的效益，很少考虑自然资源的耗费和环境污染成本的现状，这将引导人们在高成本、高投入的水资源管理运作上，进行高污染、高消费的畸形模式，由此产生了一种奇怪的现象，众多设计良好的节水技术不能被消费者广泛接受和采用。

第二个层面是从流域或国家内部宏观决策来讨论在不同经济部门(包括公众健康和环境问题)之间怎样进行水资源的有效配置。然而，任何一个区域出现的水资源配置问题都是复杂的，它是生态经济问题和社会问题的结合，并且与广大消费者是不可分的，因此要考虑定量的回答流域水资源承载力、生态系统健康状况、政府决策目标等问题是相当困难的。不同利益相关者之间的矛盾及在实施水资源政策和法规方面的低效性导致了日益严重的水资源短缺与浪费。

第三个层面是基于全球水资源使用效率考虑的。事实上，在全球范围内水资源时空分布是极度不均衡的。从空间分布上来看，一些地方水资源丰富，而另一些地方水资源严重缺乏，需水量的大小与当地可利用水资源量并不呈正相关，可利用水资源丰富的区域需水量并不大，而水资源缺乏的区域需水量却有可能很大；从时间尺度上来看，许多区域降雨量往往呈现季节性和年度性的巨大差异，丰水年可能会有较高的作物生产，而连年的旱灾可能会导致局部粮食的大幅度减产，甚至颗粒无收。因此，在全球水资源总量一定的情况下，解决水资源供给和需求在时空上的不一致性，有着现实的意义。

从以上三个层面上看，目前的水资源管理和配置存在两个关键性的问题需要解决。一方面，怎样在全球范围内解决水资源时空分布极度不均衡的问题；另一方面，以什么方式告知消费者真实的水资源消费情况以促进大众消费者较为自觉地节约用水。这需要一种新的水资源消费计量形式的出现，来衡量以虚拟形式存在的水资源消耗、流动及储存，即产品和服务消耗的虚拟水。

8.1.3 国内外虚拟水研究

虚拟水是由 Tony Allan 于 20 世纪 90 年代基于国际关系和贸易策略的角度提出来的，用于解决国家、流域之间水资源缺乏的战略型概念，它是指用于生产任何一种商品或产生任何一种服务所需要消耗的水量。其虚拟的含义包含两层，一方面，从贸易的角度来看，对于研究的某一特定区域，通过进口某些粮食和其他商品，这部分产品满足了当地的需要，但并没有消耗当地的水资源，这部分的水相对于当地商品生产耗水是虚拟的；另一方面，从生产消费的角度来看，生产过程真实地消耗了水，但一旦离开生产地，相对于消费者而言，消费品生产所消耗的水是虚拟的。Allan 认为贫水国家可以通过进口水资源密集型产品来缓解本国水资源不足而诱发的食品安全问题。

此后的十来年，由于世界范围内水资源污染、紧缺等问题的扩大，虚拟水作为一种计量工具，引起了越来越多的学者的关注。2002 年在荷兰 Delft 召开了一次关于国际虚拟水贸易问题的专题会议，2003 年在日本召开了第三次世界水资源论坛，对虚拟水进行了专题报道，研究工作对一些国家和地区具体的虚拟水贸易量进行了统计、计算、分析，包括瑞典(Chapagain et al.，2002)、日本(Oki et al.，2002)、中东、南非(Earle and Turton，2002)、黎巴嫩(El-Fadel et al.，2002)等，同时研究工作对虚拟水具体研究方法及研究的前瞻性工作进行了初步探讨，还有一些工作从国际贸易(Zimmer and Renault，2003)、国际食品安全(Yang et al.，2003；Mori，2003)、政治经济学(Warner et al.，2003)、社会和环境(Meissner，2003)等不同角度对虚拟水研究的意义展开了讨论。

目前，国际上对国家间的全球虚拟水贸易流量已有 3 个初步计算结果(Hoekstra，2003)：①荷兰国际水文和环境工程研究所 IHE 的结果是 1995～1999 年每年为 10 400 亿 m^3；②世界水资源委员会(WWC)和联合国粮食及农业组织(FAO)的计算结果为 2000 年是 13 400 亿 m^3；③日本一个研究组的计算结果为 2000 年是 11 380 亿 m^3。计算结果表明，1995～1999 年，国家间与粮食有关的全球虚拟水贸易量平均为 6950 亿 m^3/a，而全球农业灌溉用水 1995 年约为 25 000 亿 m^3，2000 年约为 26 000 亿 m^3，再加上作物对雨水的利用，全球农作物的水利用量估计达到 54 000 亿 m^3/a。这意味着全球粮食生产用水的 13%不是用于国内消费而是用于出口(以虚拟的形式)(Hoekstra and Hung，2003)。据计算，全球生活用水和工业用水总量约为 12 000 亿 m^3/a，加上其中用于国际贸易的工业品的虚拟水量，人类总用水的 15%不是用于国内消费而是用于出口(以虚拟的形式)(Hoekstra，2003)。

在全球的虚拟水贸易研究中，有学者对几个典型国家虚拟水贸易情况进行了详细的分析。研究表明，中东国家每年通过贸易进口的虚拟水量已经相当于尼罗河每年流入埃及的水量或中东地区所有可用淡水水量的 25%(Allan，2003)。日本每年通过工业产品进口的虚拟水为 13 亿 m^3，出口为 14 亿 m^3，出口略大于进口，但是日本每年通过农产品进口的虚拟水量为 627 亿 m^3，这比日本每年的农作物灌溉所用水总量(590 亿 m^3)还多，每年工业和农业产品虚拟水总进口量达到 640 亿 m^3(Oki et al.，2003)。

就目前国内外虚拟水的研究而言，主要集中在具有国家安全战略的粮食等此类特殊商品上。一方面是由于主要食品的持续供给关系到国民经济的持续发展、社会稳定和政治稳定；另一方面是因为像中国这种发展中国家农业耗水占据了相当大的比例，达到 80%左右，并且水资源浪费严重，用水效率极为低下。目前国际虚拟水的研究主要集中在国家与国家之间、区域之间的食品虚拟水贸易问题上，对粮食产品虚拟水的计算方法和意义都进行了系统的研究，但对于工业产品和服务业的虚拟水计算还没有进行进一步的研究工作。

8.1.4 研究思路

本章的目的是通过各类产品虚拟水量计算，将各类产品和服务消费的抽象概念转化为水量消耗，使消费者对各种产品消费过程中所带来的水资源的耗损一目了然，从而对消费者起到警示作用。另外，对不同行业和生态环境虚拟水消耗情况的研究，为决策者提供更为全面的数据，了解在生态可持续发展的前提下，流域发展面临着怎样的水资源危机，并通过各环节用水情况的分析，找到节水的途径，最后将不同行业的用水情况结合产业经济产出和环境资源消耗情况，对流域的水资源进行优化配置。

因此，在本项工作中，拟解决以下几个主要问题。

1) 对流域内主要农业产品的虚拟水进行计算，以单位产品的虚拟水量为单位，估算整个流域农产品的虚拟水消耗量。

2) 初步探讨单位工业产品虚拟水量的计算方法，对流域内重点行业单位产品进行虚拟水量估算。

3) 对城市建设和城镇服务产业所消耗的虚拟水量进行估算。

4) 通过贸易情况，计算流域虚拟水进出口流动，最终得到流域水资源消费足迹。

5) 对流域的水资源安全度进行评估。

6) 从需水量、经济效益和水环境污染分析角度对流域内产业结构进行调整。

8.2 研究方法

8.2.1 产品和服务的虚拟水估算方法

1. 粮作物虚拟水估算

流域内耕地面积为 311.33km^2，农业用水约占相当大的比例，据 1995～1997 年统计，滇池流域 4 县(区)农业用水量为 2.8 亿～3.1 亿 m^3，约占总用水量的 60%。在本研究工作中采用作物需水量来计算单位产品虚拟水量。这个计算结果与流域农业用水量的概念有一定的区别，应该说需水量是用水量与有效降雨量的总和。

(1) 作物需水量计算方法

初级农产品(primary product)虚拟水估算方法(FAO 计算方法)的公式为

$$\mathrm{SWD}=\frac{\mathrm{CWR}}{\mathrm{CY}} \tag{8.1}$$

式中，SWD 为某地特定作物单位产量虚拟水量(m^3/t)；CWR 为作物需水量(整个生长阶段的蒸散量)(m^3/hm^2)；CY 为作物单位面积产量(t/hm^2)。

CWR 在计算中即特定作物整个生长阶段的需水量 ET_C，ET_C 计算公式为

$$\mathrm{ET_C}=K_c\times \mathrm{ET_0} \tag{8.2}$$

式中，ET_C 为特定作物需水量(mm/d)；K_c 为农作物系数，即某阶段实际需水量与潜在需水量的比值；ET_0 为该阶段的潜在蒸散量(mm/d)。

ET_0(潜在蒸散量)是由彭曼(H. L. Penman)于 1984 年首先提出来的，他以绿色矮秆牧草作为典型参考作物，计算其潜在蒸散量，后来一般指在土壤水分供应充足、茎秆高度一致(8～15cm)、生长旺盛、叶面完全覆盖地面的绿色草地的农田蒸散量。其计算公式为

$$\mathrm{ET_0}=\frac{0.408\Delta\left(R_n-G\right)+\gamma\dfrac{900}{T+273}U_2\left(e_a-e_d\right)}{\Delta+\gamma(1+0.34U_2)} \tag{8.3}$$

式中，ET_0 为农田潜在蒸散量(mm/d)；R_n 为地面净辐射蒸发当量[MJ/(m^2 • d)]；G 为土壤热通量[MJ/(m^2 • d)]；T 为平均气温(℃)；U_2 为 2m 高的风速(m/s)；e_a 为饱和水汽压(kPa)；e_d 为实际水汽压(kPa)；e_a-e_d 为饱和水汽压与实际水汽压差(kPa)；Δ 为温度-饱和水汽压曲线的斜率(kPa/℃)。

(2)单位作物产品需水量相关指标和参数

由于滇池流域各种作物需水量实测工作的开展有限，滇池流域主要作物的作物系数难以确定，因此，在本项研究中，单位作物产品需水量的计算主要参考 FAO 数据库提供的资料，以北京主要农作物的单位产品需水量作为计算参数，部分参考《中国主要作物需水量与灌溉》(陈玉民等，1995)(表 8-1)。

表 8-1 单位虚拟水量(m^3/t)

主要粮食作物	需水量	油料作物	需水量	蔬菜	需水量	其他经济作物	需水量
小麦	1024	油菜籽	1230	菠菜	278	苹果	120
稻谷	1072	向日葵	2385	芹菜	210	梨	594
玉米	708	大豆	3119	大白菜	111	柑橘	400
大麦	1839	花生	1676	圆白菜	210	桃	418
蚕豆	3145			油菜	210	葡萄	418
				黄瓜	278	柿子	
				萝卜	256	猕猴桃	
				胡萝卜	256	烟叶	2585
				番茄	195	花卉	0.12[a]
				大葱	195		
				蒜头	210		
				四季豆	366		
				豇豆	366		
				马铃薯	311		
				其他蔬菜	210		

注：作物需水量参考 FAO 数据库提供的资料，部分参考《中国主要作物需水量与灌溉》。a 表示此处单位为 m^3/枝

2. 畜牧产品虚拟水估算

(1) 活体畜牧产品虚拟水

在 Zimmer 和 Renault (2003) 的研究中将活体产品 (transformed product) 定义为以初级作物产品如小麦、草、其他粮食为食的动物产品。

Ⅰ. 活体畜牧产品及家禽产品虚拟水估算方法

活体动物虚拟水是家畜、家禽在生长周期中消耗食物中包含的虚拟水、生长所需要的饮用水、用来清洗家畜舍棚等清洁用水三个部分的总和。食物所包含的水包括两部分，一部分是不同饲料中包含的虚拟水，一部分是混合在饲料中的水，饲料中的水计算方法参考 Hoekstra 和 Hung (2002)。农产品或饲料饲养的家禽则按照公式 (8.4) 计算，采用 Chapagain 和 Hoekstra (2003) 中的“产品树”来显示不同生产水平虚拟水的消耗情况，计算最终产品虚拟水量，具体计算流程见图 8-1。

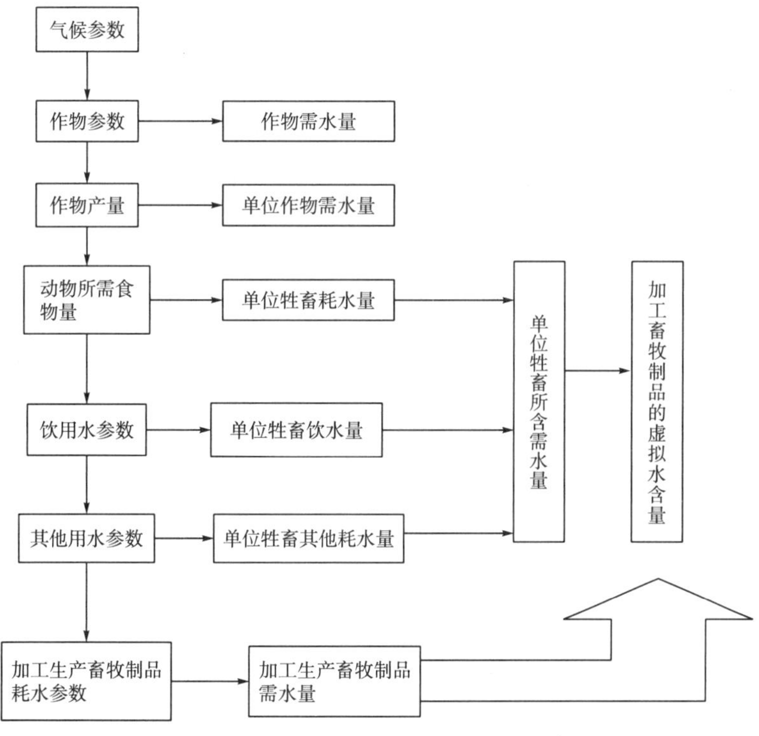

图 8-1　畜牧产品虚拟水量计算步骤 (参照 Chapagain and Hoekstra，2003)

各国家、各地区由于气候条件、生产条件和养殖方式的不同，家畜用水情况差异很大。但由于计算和统计的复杂，饲料的虚拟水量计算方法一般以一个国家的平均作物需水量来衡量一个国家或流域的作物虚拟水量。家畜、家禽食物虚拟水量包含两部分，即生产饲料所消耗的水和混合在饲料中的水。

畜牧产品虚拟水量计算公式为

$$UW_t = UW_f + UW_h \tag{8.4}$$

式中，UW_t 为畜牧产品虚拟水量；UW_h 为家禽、牲畜生命周期的生活用水；UW_f 为主要饲料虚拟水量。

动物生命周期消耗食物的含水量计算公式为

$$UW_f = \sum_K b_k UW_K \tag{8.5}$$

式中，UW_K 为第 K 种饲料的虚拟水量；b_k 为第 K 种饲料所占的比例。

但是在实际估算过程中没有计算清洗家畜舍棚等清洁用水，主要是由于这部分资料较少，且在我国动物用水定额中动物用水已经包含了饮用水和清洁用水两部分。

II. 主要畜牧产品虚拟水相关指标和参数

主要畜牧产品虚拟水相关指标和参数说明见表 8-2～表 8-4。

表 8-2 畜牧产品产业化养殖和牧场养殖参数

畜牧产品种类	参数	牧场养殖	产业化养殖
奶牛	仔期(年)	0～1	0～1
	成长期(年)	1～3	1～3
	产奶期(年)	3～10	3～10
	产奶量(t/头)	2500	7400
	产奶时间(年)	7.00	7
	宰前活重(t)	0.27	0.454
	胴体重(t)	0.18	0.25
肉用牛类	仔期(月)	5	5
	成熟期(月)	24	36
	宰前活重(t)	0.3	0.545
	胴体重(t)	0.2	0.330
猪	仔猪期(月)	0.5	0.5
	成熟期(月)	12	10
	宰前活重(t)	0.09	0.118
	胴体重(t)	0.055	0.086
绵羊	羔羊期(月)	0.20	0.2
	成熟期(月)	24	18
	宰前活重(t)	0.04	0.053
	胴体重(t)	0.032	0.043
山羊	羔羊期(月)	0.2	0.2
	成熟期(月)	30	24
	宰前活重(t)	0.035	0.04
	胴体重(t)	0.03	0.032
肉用鸡	饲养期(周)	15	10
	宰前活重(kg)	1.80	2.20
	屠体重(kg)	1.40	1.60

续表

畜牧产品种类	参数	牧场养殖	产业化养殖
蛋鸡	孵化期(周)	1.00	1
	产蛋时间(周)	25.00	22
	饲养时间(周)	75.00	75
	产蛋数量(个)	120.00	300
	宰前活重(kg)	1.50	2.00
	屠体重(kg)	1.10	1.60
	鸡蛋质量(g)	35.00	50

表 8-3　牲畜、家禽每日饮用水量(L)

动物名称	生长阶段	牧场养殖	产业化养殖
奶牛	牛犊	4～18	5～23
	小母牛	18～30	26～70
	产奶期奶牛	40	70
肉用牛	牛犊	5	5
猪	成熟期	22	38
	仔猪	1.8	1.8
	成熟期	8	14
绵羊	羔羊	0.30	0.38
	成熟期	6.00	7.6
山羊	羔羊	0.30	0.38
	成熟期	3.5	3.8
肉用鸡	雏鸡	0.02	0.02
	成鸡	0.18	0.18
蛋鸡	孵化期	0.02	0.02
	产蛋期	0.3	0.30
	育成鸡	0.30	0.30

表 8-4　不同活体动物虚拟水量

	牛	猪	绵羊	山羊	家禽	马
单位产品虚拟水量(m^3/t)	11 186	2 160	5 940	10 016	3 111	11 186

由于统计口径的原因，牛、猪、羊、马的肉类虚拟水量计算是在活体动物虚拟水量的基础上考虑不同动物的屠宰率得到胴体或屠体虚拟水量的。胴体重是指肥育猪、牛、羊经过放血、煺毛、切头、去蹄和尾，开膛除去板油和肾以外的全部内脏，剩下部分的质量。屠体重是指鸡、鸭等家禽放血、去羽毛后的质量。在本研究中，屠宰率参数采用《畜禽生产》(丁洪涛等，2001)中的参数，牛屠宰率取值为 58.90%，猪屠宰率取值为 80.62%，绵羊和山羊的屠宰率取值为 50%，家禽屠宰率取值为 65%，马屠宰率取值为 59%。

(2)家畜、家禽次级产品虚拟水计算

Ⅰ. 家畜、家禽次级产品虚拟水估算方法

畜牧产品分为肉制品、蛋、奶制品几种，在主要产品和附属产品的虚拟水计算中，按照经济价值的比例计算各种产品的虚拟水量。

家畜、家禽产品及加工产品的虚拟水包括动物生长过程用水和生产加工过程中的工艺用水。由活体动物加工成的次级产品的虚拟水计算按照活体动物生产加工的不同产品的经济价值来分配。

某一次级产品的虚拟水(VWC)计算公式(Chapagain and Hoekstra，2003)为

$$VWC = \frac{(VWC_a + PWR) \times vf}{pf} \tag{8.6}$$

式中，VWC_a为家畜、家禽生长过程消耗水，包括生长所需要的饲料的虚拟水量(VWC_{feed})、生长所需要的饮用水(VWC_{drink})、清洁用水(VWC_{serv})；PWR为产品生产过程中的工艺用水；vf为某一种产品的次级价值份额，是指某一种次级产品的市场价值除以所有次级产品的市场价值。pf为产出率，是指单位动物屠体重加工为某种产品的产出量。

Ⅱ. 家畜、家禽畜牧产品虚拟水计算相应的参数

家畜、家禽畜牧产品虚拟水计算相应的参数见表8-5。

表8-5 主要畜牧产品价格参数

产品名称	价格(元/kg)	备注
猪肉	12.95	精瘦肉
牛肉	16.74	新鲜带骨肉
羊肉	17.04	新鲜带骨肉
鸡	9.67	白条鸡、开膛上
鸡蛋	4.28	新鲜完整
牛奶	4.8	当地主销

注：数据来源于国家发展和改革委员会2003年主要商品监测价格

3. 水产品虚拟水估算

(1)水产品虚拟水计算方法

这部分产品也称零耗水产品(low or non-water consumptive product)，在滇池流域渔业中也占了较大比例。这部分的虚拟水计算采用等价营养原则(nutritional equivalence principle)(Renault，2003)。

$$\text{鱼制品虚拟水量=鱼产品产量×单位产品虚拟水量} \tag{8.7}$$

(2)参数说明

1)鱼产品产量从流域内各区县的统计年鉴中获取。

2)在本项研究工作中鱼和海产品的虚拟水量参数为$5m^3/kg$(Renault，2003)。

4. 流域工业产品虚拟水估算

(1) 估算方法

由于工业产品用水涉及面广，并且由于工艺、设备、规模、人为等因素，计算较为复杂，因此，在本研究工作中单位产品的虚拟水消耗采用工业用水定额计算，是指新水定额，即在一定时间、一定条件下，生产单位产品或完成单位工作量而消耗的新水量(新水量包括取自自来水、地表水、地下水水源被第一次利用的水量)，取值参考全国有代表性的几个地区的单位产品用水定额来确定单位产品虚拟水量。

(2) 流域内产业产品分类统计

在本研究中，滇池流域各行业类别发展状况及分类参考《国民经济行业分类》中的行业划分标准，同时与联合国工业发展组织(UNIDO)(1985～1999 年)的分类做了比较。最终将 27 个细分行业归类为八个行业类别，具体见表 8-6。

表 8-6　滇池流域八大工业行业分类细目

能源	电力、蒸汽、热水的生产和供应业
食品	粮食加工产品
	食品制造产品
	化学原料及化学制品业
	饮料制造业
轻纺	皮革、毛皮、羽绒制品业
	木材加工业及藤、竹、草制品业
	服装及其他纤维制造业
	印刷制品
	家具制造业
	造纸及纸制品
	工艺美术品
	纺织业
化工	橡胶制品业
	塑料制品业
	非金属矿采选产品
医药	医药制造业
建材	非金属矿制品业
冶金	金属矿采选产品
	有色金属冶炼及压延加工业
	黑色金属冶炼及压延加工业
机电	金属制品业
	机车制造业

续表

机电	专用设备制造业
	普通机械制造业
	电气机械及器材制造业
	仪器仪表及文化、办公用机械制造业

注：细分行业参考《国民经济行业分类》(GB/T 4754—2002)

(3)流域内单位产品用水量取值及其说明

Ⅰ. 能源

流域内能源以电力生产及供应业、煤气生产及供应业为主，均为大型企业。火力发电业用水主要是锅炉补充水、冷却水、冲灰水，少量为生活用水及其他用水。1995 年全国火力发电量为 8073.48×10^8kW • h，取水量 353.7×10^8m^3，平均耗水量 0.044m^3/(kW • h)，重复利用率平均为 62.01%。最先进企业单位产品取水量为 0.0055m^3/(kW • h)，重复利用率为 95%，处于国际 20 世纪 90 年代初水平；最差企业单位产品取水量为 0.1m^3/(kW •h)，与先进水平相比高近 20 倍。在本研究工作中火力发电的虚拟水量取 0.0055m^3/(kW • h)，重复利用率为 95%。

Ⅱ. 轻纺行业

轻纺行业以服装制造、纺织、木材加工、纸品制造、印刷等为主。大部分为小型企业，有少量大、中型企业，国内市场份额较小。造纸及纸制品业属于用水大户，水主要用于清洗和漂洗产品，基本做到白水回用。目前，我国 1t 纸浆需取水量 250～350m^3，造 1t 纸制品取水量为 120～250m^3，造 1t 纸板取水量为 100m^3，而国外 1t 纸浆需取水量 150～250m^3，造 1t 纸板取水量为 50m^3，相差 1 倍左右。鉴于滇池流域造纸厂规模属于中小型，在研究中其单位产品虚拟水量取行业中等水平，纸制品取水量 150m^3/t、机制纸及纸板 110m^3/t。纺织行业主要为工艺用水、空调用水、间接冷却水、锅炉水、上浆水及生活用水，其工艺设备大致相同，都处于国外 20 世纪 70～80 年代，个别企业处于国外 90 年代水平。印染行业主要是挠毛、整理、拉幅、打码及蒸汽用水。这部分的老企业较多，设备新度系数低，用水浪费严重。重复利用率仅在 28.8%左右，万元产值取水量为 110m^3，单位产品取水量随各地水资源丰贫而有较大差距。目前，该行业绝对用水量呈下降趋势，单位产品取水量和单位产值取水量则逐年增加；其百米布单位产品取水量，全国先进水平为 0.9～1.2m^3，中等水平为 1.2～1.5m^3，较差的为 1.5m^3 以上。因此，在本研究中单位产品虚拟水量取值为纱 21m^3/t、棉布 1.1m^3/百米、混纺交织布 1.1m^3/百米、印染布 1.3m^3/百米。

Ⅲ. 建材行业

流域内建材行业以水泥、水泥制品、砖瓦、玻璃生产为主。大部分为小型企业，有少量大、中型企业，国内市场份额较小。我国建材工业用水正逐步靠拢国际先进水平，向节水型方向发展。目前水泥工业采用的窑外预分解干法生产技术较半干法和湿法节水 15%～40%；平板玻璃企业引进世界先进浮法生产技术，其用水水平已经接近或达到同类产品先进水平。结合不同的具体单位产品用水定额，平板玻璃取水量取 90m^3/m^2、水泥 3.72m^3/t、砖 1.5m^3/万块、耐火材料制品 1.2m^3/t、石棉水泥瓦 710m^3/m^2。

Ⅳ. 机电行业

流域内机电行业以各类机械设备、电子电器设备、交通运输设备、金属加工生产为主。大部分为小型企业，有少量大、中型企业。部分机电产品占有一定国内市场份额，其余产品国内市场份额较小。机械工业包括普通机械制造业、金属制品业、机车制造业、专用设备制造业、电气机械及器材制造业等。目前我国的机械工业企业装备陈旧，生产工艺落后。与其他行业相比，单位产值用水量较小，全行业平均约 67m^3/万元，其中汽车行业是机械工业单位产值用水量最低的行业，但行业整体重复利用率低，一般在 450%以下，相当于日本 20 世纪 70 年代水平、美国 70 年代末水平。在本研究中饲料粉碎机和脱粒机的用水量采用行业单位产值用水量折算，饲料粉碎机取 68 000 元/台、脱粒机取 2300～8800 元/台。

Ⅴ. 医药行业

医药工业用水主要用作化学合成制药、微生物发酵制药及制剂。化学合成制药用于配制溶液、机械冷却及锅炉蒸馏水等，微生物发酵制药用于调制培养基、加热(蒸汽)灭菌、冷却用水、锅炉用水、离子交换设备用水、洗涤及结晶等；制剂用于洗涤、配制药液及生活用水。其中化学合成制药和微生物发酵制药以冷却水用量最大。在滇池流域大、中型企业与小型企业数量均等，是以中药制药、化学药品制造业为主。本研究参考中成药用水定额 436.8m^3/t。

Ⅵ. 化工行业

在流域内，化工行业以磷化工、化肥生产为主，另有石化、基础化学原料、农药、有机化学产品、日用化学品制造等。大、中型企业与小型企业数量均等。磷化工产品和部分日用化工产品占有一定国内市场份额，其余产品国内市场份额较小。在工业行业中，化学工业取水量最大，水利用效率最低，废水排放量最大，这与我国产品原料质量及行业发展水平有关，如硫酸生产选用含硫品位低的硫铁矿，使硫转化率低，废渣废水排放增加，单位产品取水量增高。目前化工行业取水量 100×10^8～120×10^8m^3/a，废水排放量 50×10^8～60×10^8m^3/a(占全国工业废水总排放量的 20%～30%)，属于严重污染环境的行业。橡胶制品业属于工业用水大户，无论是新建的还是老厂改建的轮胎企业，其工艺设备大致相同，均处于国外 20 世纪 70～80 年代水平，个别企业达到 90 年代水平。因此在本研究工作中取行业平均水平，即输送带 100m^3/m^2。

Ⅶ. 冶金行业

金属冶炼及压延加工行业属于高耗水行业，包括黑色金属冶炼及压延加工业和有色金属冶炼及压延加工业，主要用于熄焦、各种炉体冷却、轧钢设备冷却及气体洗涤。流域内，以铜冶炼加工为主，其他还有钢材加工和铅、锡、锌、贵金属等有色金属生产。大部分为小型企业，有少量大、中型企业。除电解铜国内市场份额较高外，其余企业产品国内市场份额较小。据统计，1999 年冶金系统工业用水量 215×10^8m^3，其中工厂区 205×10^8m^3、矿区 10×10^8m^3、重复利用率 85%左右，每吨钢新水消耗量 28.79m^3。这个用水水平与国外相比差距很大(国外每吨钢耗新水一般为 4.0m^3，重复利用率 97%)。在本研究中取钢材 18m^3/t、生铁 8.8m^3/t、铁合金 7m^3/t、电解铝 48.2m^3/t、锌 11m^3/t、电焊条 8.5m^3/t。

Ⅷ. 食品业

流域内，食品业以粮油、饲料、肉制品、乳制品、饮料生产为主。大部分为小型企业，有少量大、中型企业，国内市场份额较小。目前我国的酒精行业单位产品取水量 28～246m^3/t，本研究参考其他省份近年用水定额，即饮料酒 37.5m^3/t、瓶罐装饮料 4.00m^3/t、软饮料 3m^3/t、液体乳 8m^3/t、食用植物油 6m^3/t、鲜畜肉 148m^3/t、淀粉 33m^3/t、粮食制品 6m^3/t、配混合饲料 0.4m^3/t、乳制品 45m^3/t、糖 80m^3/t、糕点 25m^3/t。

各行业主要工业产品用水量参数详见表 8-7。

表 8-7 滇池流域主要工业产品用水量参数

序号	产品行业	产品名称	产品用水定额	单位
1	金属矿采选产品	铁矿开采	3.15	m^3/t
2	非金属矿采选产品	磷矿石	0.6	m^3/t
		石灰石	0.5	m^3/t
3	粮食加工产品	食用植物油	6	m^3/t
		鲜畜肉	148	m^3/t
4	食品制造产品	淀粉	33	m^3/t
		粮食制品	6	m^3/t
		配混合饲料	0.4	m^3/t
		乳制品	45	m^3/t
		糖	80	m^3/t
		糕点	25	m^3/t
5	饮料制造业	饮料酒	37.5	m^3/t
		瓶罐装饮料	4.00	m^3/t
		软饮料	3	m^3/t
		液体乳	8	m^3/t
6	纺织业	纱	21	m^3/t
		棉布	1.1	m^3/百米
		混纺交织布	1.1	m^3/百米
		印染布	1.3	m^3/百米
7	服装及其他纤维制造业	梭制服装	90	m^3/万件
		服装	90	m^3/万件
		布鞋	47	m^3/万双
		缝制帽	130	m^3/万顶
8	皮革、毛皮、羽绒制品业	皮鞋	480	m^3/万双
9	木材加工业及藤、竹、草制品业	锯材	0.03	m^3/ m^3
		生产用木制品	53	m^3/m^3
		人造板	12.6	m^3/m^3
10	家具制造业	家具	0.2	m^3/件

续表

序号	产品行业	产品名称	产品用水定额	单位
11	造纸及纸制品	纸制品	150	m^3/t
		机制纸及纸板	110	m^3/t
12	印刷制品	单色印刷品	160	m^3/t
		多色印刷品	180	m^3/t
13	化学原料及化学制品业	油漆	25	m^3/t
		润滑油	8.6	m^3/t
		硫酸	12	m^3/t
		盐酸	9	m^3/t
		氢氧化钠(烧碱)	30	m^3/t
		三聚磷酸钠	50	m^3/t
		商品液氯	5.5	m^3/t
		氮肥	10	m^3/t
		磷肥	17	m^3/t
		钾肥	7.50	m^3/t
		磷酸铵肥	26	m^3/t
		杀虫剂	57	m^3/t
		塑料助剂	300	m^3/t
		印染助剂	300	m^3/t
		合成洗涤剂	3	m^3/t
		香精	1900	m^3/t
		硅酸纳	5.5	m^3/t
14	医药制造业	中成药	438.6	m^3/t
15	橡胶制品业	输送带	100	m^3/m^2
16	塑料制品业	胶鞋	280	m^3/万双
		塑料制品	61.6	m^3/t
17	非金属矿制品业	水泥	3.72	m^3/t
		砖	1.5	m^3/万块
		耐火材料制品	1.2	m^3/t
		石棉水泥瓦	0.06	m^3/m^2
		平板玻璃	0.44	m^3/m^2
18	黑色金属冶炼及压延加工业	钢材	18	m^3/t
		生铁	8.8	m^3/t
		铁合金	7	m^3/t
		电解铝	48.2	m^3/t
19	有色金属冶炼及压延加工业	铅	2.7	
		锌	11	m^3/t
		白银	63	m^4/t

续表

序号	产品行业	产品名称	产品用水定额	单位
		电焊条	8.5	m^3/t
20	普通机械制造业	铸件	3	m^3/t
		锻件	12	m^3/t
21	金属制品业	铁制小农具	596	m^3/万件
22	机车制造业	汽车	66	m^3/辆
		改装汽车	70	m^3/辆
23	专用设备制造业	农业水泵	28.2	m^3/台
		脱粒机	33.5	m^3/台
		饲料粉碎机	112	m^3/台
24	电气机械及器材制造业	电力电缆	57	m^3/km
		电线	12	m^3/km
		干电池(折一号电池)	50	m^3/千个
		交流电动机	1400	m^3/万 kW
		变压器	1296	m^3/台
25	仪器仪表及文化、办公用机械制造业	望远镜	0.6	m^3/台
26	电力、蒸汽、热水的生产和供应业	发电量	55	m^3/万千瓦时

注：数据来源于《城市与工业节约用水手册》《评价企业合理用水技术通则》(GB/T 9711—1993)、《企业水平衡测试通则》(GB/T 12452—2008)、《取水许可技术考核与管理通则》(GB/T 17367—1998)

8.2.2 流域生活用水

流域生活用水包括居民生活用水和社会生活用水两个部分，居民生活用水是指居民维持日常生活的那部分用水量，社会生活用水是指开展公共活动所用的水量。按照昆明市社会生活用水分类方法，结合云南省不同用水的价格对流域生活用水进行细分，大致将其分为四类，分别为居民生活用水、行政事业用水、商业用水、特种用水，将 1.3～1.42 元的用水划定为居民生活用水、1.52～1.70 元的用水划定为行政事业用水、2.4～2.68 元的用水划定为商业用水、5.2 元的划定为特种用水。

流域生活用水总量采用人均用水定额计算，各类生活用水的分布采用流域内 1995~1997 年各行业用水统计数据，计算公式为

$$生活用水总量=人均生活用水\times人口 \tag{8.8}$$

参数说明如下。

1) 人均生活用水参数采用 130m^3/a(云南省《用水定额》(BD 53/T 168-2019))。

2) 人口按 2003 年流域内户籍人口计算。

8.2.3 产品和服务产值分析

产品和服务产值的估算按不同的种类与行业进行分析，作物产品的产值估算分为谷物、油料、烟叶、蔬菜、水果(表 8-8)；牧业产值分为猪及其他牲畜饲养、家禽饲养；水

产品总的仅一项，产值为渔业产值；工业产值分为能源、食品、轻纺、化工、医药、建材、冶金、机电几个大行业，对以上这些进行产值汇总计算。

表 8-8 主要作物产品价格

主要粮食作物	价格参数(元/kg)	油料作物	价格参数(元/kg)	蔬菜	价格参数(元/kg)	水果及其他经济作物	价格参数
小麦	1.30	油菜籽		菠菜		苹果	5.48 元/kg
稻谷	1.03	向日葵		芹菜	1.90	梨	
玉米	1.00	大豆	2.63	大白菜	1.26	柑橘	
大麦		花生		圆白菜		桃	
蚕豆				油菜	1.58	葡萄	
马铃薯	1.70			黄瓜	1.52	柿子	
				萝卜	1.3	猕猴桃	
				胡萝卜	1.94	烟叶	
				番茄	2.24	花卉	0.80 元/枝
				大葱			
				蒜头			
				四季豆			
				豇豆			
				其他蔬菜			

注：作物价格参数参考 2003 年 6 月国家发展和改革委员会价格监测中心数据；花卉价格参考呈贡县 2003 年花卉平均销售价格

8.2.4 产品生产及服务污染影响与环境成本分析

各类产品生产和服务的环境成本主要从两个步骤进行估算与分析，第一步是采用恢复/防护费用法、影子工程法计算流域内由污染造成的环境成本；第二步从各行业的污染排放对总污染排放量的贡献率来分析各种产业对污染造成的环境成本。

1. 流域环境成本估算方法及参数说明

在污水排放的环境影响评价中，直观评价环境影响的环境成本采取货币化的评价方法。目前货币化的方法主要有市场价格法、恢复/防护费用法、影子工程法、机会成本法等(郭怀成等，2002)。在本研究工作中对水环境污染成本的计算采用恢复/防护费用法和影子工程法。

(1)恢复/防护费用法及参数说明

由于资金、技术、资料和方法的可靠性，全面评价环境质量改善的效益在很多情况下是很困难的。实际上，许多有关环境质量的决策是在缺少对效益进行货币评价的基础上进行的。对环境的最低估计，可以从为了消除或减少有害环境影响所需要的经济费用中获取。我们把恢复或防护一种资源不受污染所需的费用作为环境资源破坏带来的经济损失最低估计。

在本研究中恢复/防护费用法分成两部分计算，一部分计算滇池主要河道整治及末端截污治污工程投资费用，另一部分计算污水处理费用。

Ⅰ. 污水管道成本

污水管道成本只考虑连接污水处理厂与湿地之间污水管的成本，以及未建污水处理厂片区将污水通过管道输送至其他片区处理时的成本，而没有包括配套城市污水管网的成本，因为在一定的截污水平下，这部分成本对各种可选方案来说差别不大。整个滇池流域环湖截污工程总投资预算为78.4亿元，各片区污水管道成本取值如表8-9所示。

表8-9 滇池流域环湖截污工程投资预算表

序号	项目名称	投资(亿元)
1	主城区末端截污工程	37.2
2	呈贡片区截污工程	11.3
3	晋城片区截污工程	11.8
4	昆阳－滇池西岸(含海口区)截污工程	17.1
5	高海片区截污工程	1.0
合 计		78.4

注：数据来源于内部资料

Ⅱ. 污水处理费用成本

污水处理费用成本咨询有关环保局的专家，初步估算滇池流域每吨污水的成本在0.6元左右。

(2)影子工程法及参数说明

影子工程法是恢复/防护费用法的一种特殊形式，是指环境被破坏后人工建造一个工程来代替原来的环境功能。例如，就近的水源被污染了，需另找一个水源来代替，其污染损失至少是新工程的投资费用。根据多年水资源资料，对流域内水平衡进行计算，结果表明，在95%的供水保证率下，2003年生活需水量为32 253万m^3，当年可供使用的洁净水资源量为27 861m^3(侯军，2001)，那么2003年就需要利用滇池水4392万m^3。但目前滇池的水被污染，草海水质为超Ⅴ类，外海Ⅴ类水质根本无法达到生活用水的要求，因此考虑用工程引水开辟新水源的办法来解决缺水的问题。

在流域内近期能解决流域用水的引水工程是掌鸠河引水工程。根据初步设计分项批复，掌鸠河引水供水工程总投资39.41亿元。工程建设规模为形成新增60万m^3/d的供水系统，主要包括：新建云龙水库，总库容4.42亿m^3，年自流引水量2.45亿m^3；输水线路以隧道为主，总长97.72km，新建设计供水能力60万m^3/d，配水管总长93.43km；工程涉及11 756人搬迁。

2. 各行业污染总量及成本分析

由于各行业产生的污染指标不一致，尤其是工业污染情况更为复杂，本章采用COD、TN、TP三个指标来衡量其对环境污染的贡献率。

(1) 农产品生产污染总量及参数说明

作物生产污染总量及参数说明如下。

面源污染一般是按照不同土地利用类型单位面积 N、P 的流失比例进行作物产污量估算的。

$$面源污染=不同土地类型单位面积氮磷\times不同土地利用面积 \tag{8.9}$$

参数说明如下。

1) 不同土地类型单位面积氮磷。从以往滇池流域 N、P 流失指数的研究结果来看，N、P 流失量与土地不同利用景观有联系。水田、菜地、旱地 N、P 流失总量不同，水田的氮素流失量为 12kg/hm^2，菜地为 60kg/hm^2，旱地为 27.5kg/hm^2(杨树华和贺彬，1998)。

2) 不同土地利用面积可以从县级行政区农村年鉴、统计年鉴上获得。

(2) 畜牧产品污染总量及参数说明

畜牧产品污染总量按照单位牲畜产污系数进行估算，具体公式为

$$畜牧产品污染总量=牲畜数量\times产污系数 \tag{8.10}$$

参数说明如下。

1) 畜禽养殖污染物产生量可参照如下经验参数估算：猪 COD 50g/(头 • d)，NH_3-N 10g/(头 • d)。其他各种畜禽产污折算为猪进行估算，换算关系如下：45 只鸡折合为 1 头猪，3 只羊折合为 1 头猪，1 头牛折合为 5 头猪，1 头大牲畜折合为 2 头猪，60 只其他牲畜折合为 1 头猪。

2) 畜禽养殖种类及数量可以通过流域各区县统计年鉴获得。

(3) 工业产品生产污染总量及参数说明

工业废水排放与行业种类、用水量的大小、工艺水平、技术设备等有很大的关系。在本研究工作中利用近年环保局提供的流域内企业排污许可登记的年排污许可量计算工业污染物排放量，再按照企业主要产品进行行业归类，得到行业污染物排放量，排污指标采用废水量、COD、TN、TP 四项。

(4) 生活污水排放量及参数说明

一般生活污水排放量都采用总的生活用水量和排放系数来确定，在本研究工作中，生活产污量的 COD、N 采用这种常见的方式进行计算，公式为

$$生活污水排放量=生活用水量\times排放系数 \tag{8.11}$$

参数说明如下。

1) 生活用水量在用水量处已做说明。

2) 生活污水排放系数为 0.89(云南省水利厅，2001)。

生活污水污染物排放量可以参考生活污水平均浓度，用城市下水道进入城市污水处理厂的污水月均浓度表示。对于没有建设城市污水处理厂的城市，可以参考各类监测、研究数据，也可以参考生活污水一般标准。在本研究中采用生活污水的一般标准来估算城市生活污水污染物排放量，如下式，生活污水 P 排放量估算见公式(8.13)。

$$生活污水污染物排放量=人口\times人均产污系数 \tag{8.12}$$

参数说明如下。

1) 一般城市人均产污系数为 COD 60～100g/(人 • d)、NH_3-N 4～8g/(人 • d)。

2）农村居民生活污染物产生量为农村人口数乘以污染物排放系数。农村生活污染物排放参数为：COD 40g/（人・d），NH_3-N 4g/（人・d）。

3）流域内各区县非农业人口数可从 2003 年统计年鉴中查到。

$$生活污水 P 排放量=生活污水排放量\times P 浓度 \quad (8.13)$$

参数说明如下。

1）生活污水排放量采用公式（8.11）计算结果。

2）生活污水浓度参数一般为 6～10mg/L，在本研究估算中采用 8mg/L。

8.2.5 流域虚拟水指标评价

1. 流域水足迹

一个区域的用水量不是它在全球水资源中所占的份额，其真正占用量必须加上或减去虚拟水的净进口或出口量，这就是一个国家或地区的“水足迹”（Hoekstra and Hung，2002）。其概念和“生态足迹”（Wackernagel and Rees，1996；Wackernagel et al.，1997）类似，真实地反映了该区域对全球水资源的实际占用量。

$$\mathrm{Wf} = \mathrm{Wu} + \mathrm{Wi} \quad (8.14)$$

式中，Wf 为某地区的水足迹；Wu 为某地区的总用水量；Wi 为某地区总的虚拟水净进口量。

Wu 既包括地表水的使用，又包括降水的使用。由于降水的使用数据难以取得，因此主要是指地表水的使用；Wi 值可以为负，表示区域虚拟水出口大于虚拟水进口。在本研究中，由于流域自然区域与经济统计口径不相符合，在流域进出口贸易的计算中，采用昆明市农产品估算总量与流域占昆明市的经济比例来进行估算。

2. 流域水资源匮乏度（WS）、依赖度（WD）

在考虑社会、经济、生态用水的前提下，拟用流域水资源的水赤字、依赖度、自我满足度（Hoekstra and Hung，2002）几个指标来衡量一个流域的可持续发展程度。

（1）水资源匮乏度

水资源匮乏度是指一个国家或地区总的用水量与可利用水的比例，其公式为

$$\mathrm{WS}(\%) = \mathrm{WU}/\mathrm{WA} \quad (8.15)$$

式中，WS 为水赤字；WU 为总耗水量；WA 为可利用水总量。

在这个等式中，WS 代表水匮乏度；WA 代表总可利用水资源量，它们的单位都是 m^3。因此，水匮乏度是一个在 0 与 100 之间的百分数。

（2）流域水依赖度

水依赖度的全称是虚拟水进口依赖度，它是一个以虚拟的方式反映进口水资源水平的指标。

$$\mathrm{WD} = \frac{\mathrm{NVWI}}{\mathrm{WU} + \mathrm{NVWI}} \times 100 \quad (8.16)$$

式中，WD 为流域水依赖度；WU 为流域总耗水量；NVWI 为净虚拟水进口量。

8.3　结果与分析

8.3.1　农产品虚拟水分布及其环境效应

1. 流域内农产品产量及虚拟水量

(1)流域内农产品产量

滇池流域主要农产品总量及其类别见图 8-2。数据统计表明，滇池流域种植业在山地仍然以粮食生产为主，而湖滨地带沿湖 15 个乡镇 20 多万亩耕地由以粮食作物为主转化为以蔬菜、花卉作物为主，蔬菜和花卉面积达到 90%以上，大棚等设施农业迅速扩大。

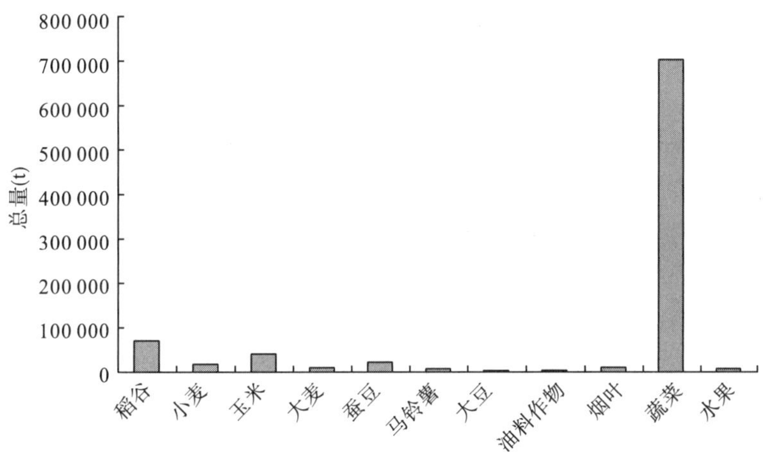

图 8-2　主要农产品总量分布

从 2003 年的作物产品调查结果发现，粮食作物以稻谷、小麦、玉米、蚕豆为主，当年总产量分别为 67 080.72t、15 196.03t、40 389.63t、20 539.54t，此外，大麦总产量为 7791.94t、马铃薯 5107.71t。

流域内的烟叶生产主要集中在嵩明的白邑乡、阿子营乡和晋宁的上蒜乡、六街乡、化乐乡几个地方，流域内当年烟叶总产量达到 8797.7t。

从调查结果看，花卉种植主要集中在呈贡县。2003 年，呈贡县花卉种植面积 2.5 万亩，产量 11 亿枝，产值 2.26 亿元。设施种植面积 2.5 万亩(其中钢架大棚 1527 亩、复合材料大棚 716 亩、竹竿大棚 22 777 亩)。花卉企业 172 家，规模种植大户(面积在 10 亩以上)104 户。

流域内蔬菜生产量较大，2003 年流域内 700 858.6t，其中以大白菜、菠菜、圆白菜等常见蔬菜为主，也发展了部分特色菜如四季豆等，但经济效益较好的番茄、黄瓜、蒜等蔬菜的数量较少。其他还有少量的水果和油料作物，分别为 6461.16t、1022.92t。

(2)农作物产品虚拟水

滇池流域 2003 年各类作物产品虚拟水量分布见图 8-3。

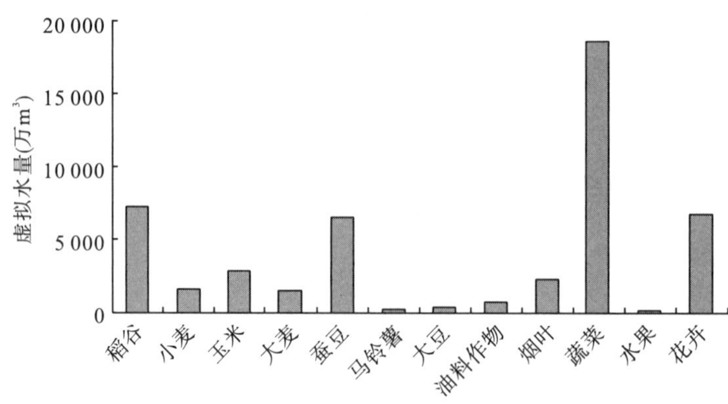

图 8-3 主要作物产品虚拟水量分布

从图 8-3 可以看出，2003 年流域内作物产品虚拟水总量为 $4.82\times10^8m^3$。各类作物虚拟水分布的主要特点如下。

1) 主要粮食作物的需水量为 199 772 340.9m^3，约占作物生产需水量的 41.43%，仍然是流域内主要需水作物。其中，主要粮食作物需水量以稻谷、蚕豆和玉米为主。稻谷虚拟水总量占主要粮作物虚拟水总量近一半的比例。结合单位产品需水量和总量生产，发现稻谷单位产品虚拟水量属于中等强度，但其产量较高，从而导致稻谷虚拟水总量较高；蚕豆虚拟水总量约占主要粮食作物的 33.13%，结合单位产品需水量和总量生产，发现影响其虚拟水总量的主要原因是其单位产品虚拟水量较高；玉米的虚拟水总量排在主要粮食作物虚拟水总量的第三位，但所占比例并不高，仅为 14.67%，结合单位产品需水量和总量生产，发现其总量虽然较高，但单位产品虚拟水量较低，导致其虚拟水总量较低；小麦单位产品虚拟水量属于中等强度，其产量少，导致其虚拟水总量所占比例较低；大麦单位产品虚拟水量较高，仅次于蚕豆，但由于产量较低，因此其虚拟水总量比例较低；马铃薯虚拟水总量很低，分析原因是单位产品虚拟水量低，生产总量也不大；大豆单位产品虚拟水量较高，达到 3 190 487.48m^3/t，但由于产量很低，其虚拟水总量也不大。

2) 蔬菜虚拟水总量仅次于主要粮食作物，总量达到 185 356 126.5m^3，约占流域作物虚拟水消耗总量的 38.44%。各类蔬菜单位产品虚拟水变化幅度不大，在 111～366m^3/t。蔬菜虚拟水总量最高的是四季豆，达到 114 638 867.7m^3，占蔬菜生产虚拟水总量的 61.85%。从单位产品虚拟水量和生产总量来看，两者水平比其他蔬菜高，从而导致其虚拟水总量较高。其他蔬菜没有太大的优势，分布较为均衡。

3) 油料作物虚拟水总量占整个流域总量的比例不高，总量为 7 306 719m^3，仅占农作物虚拟水消耗总量的 1.52%，但单位产品虚拟水量很高，在 1230～3119m^3/t。其中油菜籽的虚拟水总量为 3 930 982m^3，约占油料作物虚拟水消耗总量的 53.8%。从单位产品虚拟水量和生产总量来看，油料作物的单位产品虚拟水量水平属于中等强度，但其在流域内生产量较大，为 74.30%，从而导致其虚拟水总量在油料作物中占较大的比例。花生和向日葵在流域内占油料作物虚拟水总量比例较低，主要是由于生产量很小。

4) 其他经济作物虚拟水总量为 89 798 312m^3，约占流域内作物生产的 18.62%，其中花卉虚拟水总量(66 603 780m^3)占较高的比例，就其生产量和单位产品虚拟水量来看，主要是由于单位产品需水量较高，每枝花需水量达到 0.12m^3，从而其虚拟水总量较大。烟叶虚拟水总量为 22 742 055m^3，占流域内作物生产虚拟水总量的 4.72%，从单位产品虚拟水量和生产总量来看，烟叶生产量不大，影响其虚拟水总量的主要是单位产品虚拟水量较高，达到 2585m^3/t。流域内水果的虚拟水总量水平很低，一方面是由于其产量很少，另一方面是由于水果单位产品虚拟水量低，总体在 120~418m^3/t。其中水果品种以苹果和桃为主，还有部分柑橘、梨、葡萄等水果虚拟水总量水平都很低。

2. 农产品产值及其环境效应

(1)不同农作物产品单位产值需水量

不同农作物产品单位产值需水量见表 8-10。

表 8-10　不同农作物产品单位产值需水量(m^3/元)

主要粮食作物	单位产值需水量	油料作物	单位产值需水量	蔬菜	单位产值需水量	水果及其他经济作物	单位产值需水量
小麦	0.79	油菜籽	1.03	菠菜	0.14	苹果	0.02
稻谷	1.04	向日葵	0.37	芹菜	0.11	梨	0.20
玉米	0.71	大豆	1.19	大白菜	0.09	柑橘	0.05
大麦	0.92	花生	0.35	油菜	0.13	桃	0.32
蚕豆	1.75			黄瓜	0.18	葡萄	
				萝卜	0.20	猕猴桃	
				胡萝卜	0.13	烟叶	0.74
				番茄	0.09	花卉	0.15
				马铃薯	0.18		

从表 8-10 可以看出，油料作物和主要粮食作物单位产值需水量较大，水果和蔬菜的单位产值需水量较小。主要粮食作物的单位产值需水量为 0.71～1.75m^3/元；油料作物的单位产值需水量为 0.35～1.19m^3/元；蔬菜的单位产值需水量为 0.09～0.20m^3/元；水果及其他经济作物的单位产值需水量为 0.02～0.74m^3/元。

(2)流域农作物产品产值及环境分析

按照 2003 年价计算的主要农作物产品产值结果，发现蔬菜的产值最高，达到 112 154 万元，约占滇池流域作物产值的 60%；谷物和油料也占一定的比例，产值分别达到 44 794 万元和 21 968 万元；其他产品所占产值比例较小，仅占 4%左右。不同农作物产品产值见表 8-11。

表 8-11　2003 年滇池流域主要农作物产品产值(万元)

作物种类	官渡区	西山区	呈贡县	晋宁县	滇池流域
谷物	12 446	9 633	1 315	21 400	44 794
油料	5 674	6 539	969	8 786	21 968

续表

作物种类	官渡区	西山区	呈贡县	晋宁县	滇池流域
烟叶	63	81	13	1 016	1 173
蔬菜	62 010	10 805	29 891	9 448	112 154
水果	1 624	1 946	1 849	871	6 290

根据2003年流域内各区土地利用的统计情况，流域内2003年的农田有75 060hm^2，其中水田面积11 505hm^2、菜地面积25 293hm^2、旱地面积38 262hm^2，不同土地利用类型N、P流失量及贡献率计算的结果见表8-12。

表8-12 2003年滇池流域不同土地利用类型N、P流失量及贡献率

土地利用类型	氮流失量(kg)	贡献率(%)	P流失量(kg)	贡献率(%)
水田面积	138 060	5.10	16 107	6.82
菜地	1 517 580	56.04	63 232.5	26.77
其他旱地	1 052 205	38.86	156 874.2	66.41
合计	2 707 845	100.00	236 213.7	100.00

从表8-12的计算结果来看2003年N、P流失量，水田土地利用的N流失量为138 060kg，P流失量为16 107kg；菜地N流失量为1 517 580kg，P流失量为63 232.5kg；旱地土地利用的N流失量为1 052 205kg，P流失量为156 874.2kg。2003年流域N流失总量为2 707 845kg，P流失总量为236 213.7kg。结果发现，旱地利用的P流失量高，占农田利用P流失总量的66.41%，菜地的N流失量高，占N流失总量的56.04%。

从经济收益和环境成本两个方面考虑，旱作物单位产值的环境成本最高，而蔬菜和水稻单位产值的环境成本相对较低。

8.3.2 畜牧产品虚拟水分布及其环境效应

1. 流域内畜牧产品产量及虚拟水量

(1)流域内主要畜牧产品产量分布

滇池养殖业以农户家庭养殖和小规模商品化养殖为主。流域内肉类生产以养猪为主，2003年猪肉产量为42 423.63t，占滇池流域肉产量的78.91%，是滇池流域主要的肉类畜牧产品；鸡肉产量为7762.26t，占肉类产量的14.44%；鸭肉产量为1664.61，占3.1%；牛的肉制品产量为1132.68t，占2.1%；羊肉产量为581.41t，占1.1%；其他肉类产品为198.72t，占0.35%。其他畜牧产品有牛奶、禽蛋、羊毛、蜂蜜，除牛奶生产有一定数量外，其他经济价值含量较高的产品很少，还处在对畜牧产品的饲养和初级加工的状态。

(2)畜牧产品虚拟水分布

Ⅰ. 单位畜牧产品虚拟水量

计算结果发现，牛肉、羊肉和鸡蛋的单位产品虚拟水量高，牛奶的虚拟水量最低，具体见表8-13。

表 8-13　畜牧产品虚拟水量(m^3/t)

	牛肉	猪肉	羊肉	家禽肉	其他肉类	牛奶	鸡蛋
单位产品虚拟水量	18 991.51	2 679.24	20 032.00	4 786.15	18 991.51	2 201	8 651

Ⅱ. 流域各类畜牧产品虚拟水总量分布

流域各类畜牧产品虚拟水总量分布见图 8-4。牛奶和鸡蛋两种副产品虚拟水总量达到 271 600 187m^3，超过流域畜牧产品虚拟水总量的一半，达到 58.13%。其中鸡蛋的虚拟水总量为 170 045 959m^3，占流域畜牧产品虚拟水总量的 36.39%。牛奶的虚拟水总量为 101 554 228m^3，占畜牧产品虚拟水总量的 21.74%。分析其原因是两者的产量较高，鸡蛋单位产品虚拟水量较高。

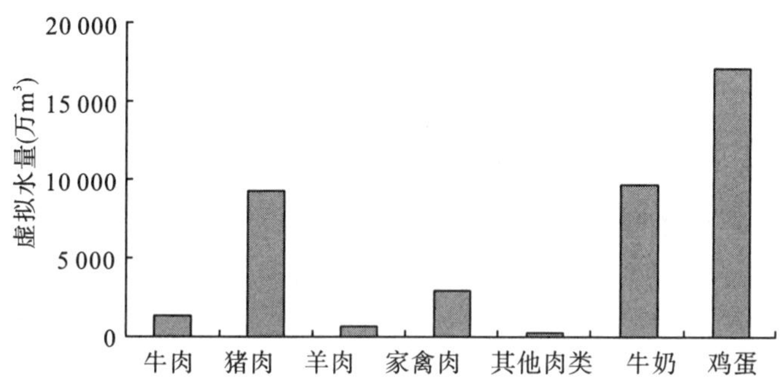

图 8-4　主要畜牧产品虚拟水总量及其所占比例

猪肉的虚拟水总量较高，达到 113 662 913m^3，约占流域虚拟水总量的 24.33%，就其原因而言，猪肉的单位产品虚拟水量较低，但由于其产量约占流域肉类产品的 35.48%，因而虚拟水总量水平较高。流域内第二大肉类产品是家禽，其产量和单位产品虚拟水量约处于中等水平，因而其虚拟水总量也约占 7.89 %。

其他肉类产品如牛肉和羊肉的虚拟水总量消耗不大，整体虚拟水总量为 36 818 153.85m^3，仅约占流域的 7.88%。其他肉类产品的生产总量并不高，仅为 1906.81t，占流域畜牧生产总量的 1.59%，其原因主要是这几种产品的单位产品虚拟水量为 18 991.51～20 032m^3/t。

2. 不同畜牧产品产值及其环境效应

(1)不同畜牧产品单位虚拟水量产值效应

参考市场主要畜牧产品价格和产品虚拟水消耗量，可以得到不同畜牧产品单位产值虚拟水量，见表 8-14。

表 8-14　不同畜牧产品单位产值虚拟水量

	牛肉	猪肉	羊肉	家禽肉	其他肉类	牛奶	鸡蛋
单位产值虚拟水量(m^3/元)	1.13	0.21	1.18	0.49	1.13	0.46	2.02

注：家禽肉均按鸡肉的价格参数和单位产品虚拟水量计算，其他肉类按驴的参数进行估算

(2) 不同畜牧业产值总量分析

计算结果发现，流域内的畜牧养殖收入还是以猪为主，达到了 43 582 万元，最低的是其他畜牧产品饲养，其中家禽饲养也占一定的比例(表 8-15)。

表 8-15 滇池流域畜牧总值(万元)

产品种类	官渡区	西山区	呈贡县	晋宁县	滇池流域
猪	14 017	10 016	4 446	15 103	43 582
其他畜牧产品饲养	4 384	1 673	1 108	4 383	11 548
家禽饲养	12 162	2 321	6 881	4 792	26 156

(3) 不同畜牧产品环境效应

2003 年，滇池流域畜牧业宰杀牛 8834 头、猪 577 132 头、羊 26 892 只、家禽 5 353 431 只、兔 18 722 只，折合为猪共计 719 802 头，进而得到流域畜牧产品的 COD 排放为 13 136.38t、N 排放为 2627.28t。

8.3.3 渔业产品虚拟水总量

2003 年流域内淡水渔业生产占比较大，约占昆明市渔业生产的 50%，其中以鱼类养殖为主，约占流域内渔业生产总量的 87.9%，还有少量的蟹虾生产。渔业单位产品虚拟水量较高($5000m^3/t$)，由于产量低，总的来说，虚拟水总量不高，总量为 91 845 000m^3(表 8-16 和表 8-17)。

表 8-16 滇池流域渔业生产及虚拟水量

区县	官渡区	西山区	呈贡县	晋宁县	嵩明县	滇池流域
淡水产品产量总计(t)	5 435	2 807	2 885	6 345	897	18 369
单位产品虚拟水量(m^3/t)	5 000	5 000	5 000	5 000	5 000	5 000
虚拟水总量(m^3)	27 175 000	14 035 000	14 425 000	31 725 000	4 485 000	91 845 000

表 8-17 滇池流域渔业产值

区县	官渡区	西山区	呈贡县	晋宁县	嵩明县	滇池流域
产值(万元)	7 365	3 580	1 729	4 449	4 592	21 715

8.3.4 主要工业产品虚拟水分布及其环境效应

1. 流域内工业产品产量及虚拟水分布

(1) 主要工业产品虚拟水分布

先将流域内各类主要产品归为 26 个细分行业，估算出各行业产品虚拟水消耗总量，见表 8-18。

表 8-18　工业产品虚拟水消耗总量

序号	产品行业	产品名称	产品虚拟水消耗总量(m^3)
1	金属矿采选业	铁矿开采	378 000
2	非金属矿采选业	磷矿石	4 943 683.2
		石灰石	246
3	粮食加工业	食用植物油	6 546
		鲜畜肉	8 660 072
4	食品制造业	淀粉	4 653
		粮食制品	239 400
		配混合饲料	158 984.4
		乳制品	91 485
		糖	168 320
		糕点	339 825
5	饮料制造业	饮料酒	600 461.25
		瓶罐装饮料	18 296
		软饮料	313 782
		液体乳	35 200
6	纺织业	纱	18 104.31
		棉布	4 126.1
		混纺交织布	4 294.4
		印染布	44 837
7	服装及其他纤维制造业	梭制服装	243.9
		服装	34 749
		布鞋	2 483.01
		缝制帽	1 189.5
8	皮革、毛皮、羽绒制品业	皮鞋	81 168
9	木材加工业及藤、竹、草制品业	锯材	1 217.1
		生产用木制品	981 507
		人造板	323 820
10	家具制造业	家具	22 248.2
11	造纸及纸制品	纸制品	10 388 700
		机制纸及纸板	5 211 800
12	印刷制品	单色印刷品	4 678.4
		多色印刷品	4.5
13	化学原料及化学制品业	油漆	51 975
		润滑油	2 816.07
		硫酸	9 515 856
		盐酸	181 346.4

续表

序号	产品行业	产品名称	产品虚拟水消耗总量(m^3)
		氢氧化钠(烧碱)	109 197
		三聚磷酸钠	2 383 500
		商品液氯	11 751.85
		氮肥	838 030
		磷肥	9 186 740.5
		钾肥	40 530
		磷酸铵肥	12 825 384
		杀虫剂	5 815.14
		塑料助剂	2 280
		印染助剂	2 196
		合成洗涤剂	103 593
		香精	92 340
		硅酸纳	50 303
14	医药制造业	中成药	21 175.608
15	橡胶制品业	输送带	4 934 100
16	塑料制品业	胶鞋	9 091.6
		塑料制品	3 057 454.4
17	非金属矿制品业	水泥	118 603.941 6
		砖	191 367
		耐火材料制品	27 004.8
		石棉水泥瓦	153 559.998
		平板玻璃	1 327 638.84
18	黑色金属冶炼及压延加工业	钢材	1 725 102
		生铁	402 072
		铁合金	346 108
		电解铝	5 184 584.8
19	有色金属冶炼及压延加工业	铅	162 272.7
		锌	337 920
		白银	4 750 011
		电焊条	79 262.5
20	普通机械制造业	铸件	32 655
		锻件	8 520
21	金属制品业	铁制小农具	6 556
22	机车制造业	汽车	244 530
		改装汽车	9 660
23	专用设备制造业	农业水泵	24 477.6
		脱粒机	25 661

续表

序号	产品行业	产品名称	产品虚拟水消耗总量(m³)
		饲料粉碎机	17 248
24	电气机械及器材制造业	电力电缆	339 150
		电线	840 444
		干电池(折一号电池)	3 538 000
		交流电动机	784
		变压器	145 142
25	仪器仪表及文化、办公用机械制造业	望远镜	75.666
26	电力、蒸汽、热水的生产和供应业	发电量	7 464 215
	总计		104 012 225.7

(2)各类不同工业门类虚拟水总量分布

各类不同工业门类虚拟水总量分布见表 8-19。

表 8-19　滇池流域主要工业行业虚拟水量

序号	行业名称	取水量(m³)	相对比例(%)
1	金属矿采选业	378 000	0.36
2	非金属矿采选业	4 943 929.2	4.76
3	粮食加工业	8 666 618	8.33
4	食品制造业	1 002 667.4	0.96
5	饮料制造业	967 739.25	0.93
6	纺织业	71 361.81	0.07
7	服装及其他纤维制造业	38 665.41	0.04
8	皮革、毛皮、羽绒制品业	81 168	0.08
9	木材加工业及藤、竹、草制品业	1 306 544.1	1.26
10	家具制造业	22 248.2	0.02
11	造纸及纸制品	15 600 500	15.00
12	印刷制品	4 682.9	0.00
13	化学原料及化学制品业	35 403 653.96	34.04
14	医药制造业	21 175.608	0.02
15	橡胶制品业	4 934 100	4.74
16	塑料制品业	3 066 546	2.95
17	非金属矿制品业	1 818 174.58	1.75
18	黑色金属冶炼及压延加工业	7 657 866.8	7.36
19	有色金属冶炼及压延加工业	5 329 466.2	5.12
20	普通机械制造业	41 175	0.04
21	金属制品业	6 556	0.01
22	机车制造业	254 190	0.24

续表

序号	行业名称	取水量(m^3)	相对比例(%)
23	专用设备制造业	67 386.6	0.06
24	电气机械及器材制造业	4 863 520	4.68
25	仪器仪表及文化、办公用机械制造业	75.666	0.00
26	电力、蒸汽、热水的生产和供应业	7 464 215	7.18
	工业行业取水总量	104 012 225.7	100.00

将上述行业再归类到八大行业中，得出以下行业用水情况，见表 8-20。

表 8-20 滇池流域八大行业虚拟水总量

行业编号	行业名称	产值行业虚拟水总量(m^3)	比例(%)
1	能源	7 464 215	7.18
2	食品	10 637 024.65	10.22
3	轻纺	17 125 170.42	16.47
4	化工	43 404 299.96	41.73
5	医药	21 175.61	0.02
6	建材	6 762 104	6.50
7	冶金	13 365 333	12.84
8	机电	5 232 903	5.03

从表 8-19 和表 8-20 发现，流域内工业虚拟水总量分布特点及原因如下。

1) 化工行业的虚拟水总量为 43 404 299.96m^3，约占流域工业产品虚拟水总量的 41.73%。在流域内化工行业主要包括化学原料及化学制品业、橡胶制品业和塑料制品业 3 个行业。其中化学原料及化学制品业约占很大比例，虚拟水总量达到 35 403 653.96m^3，占化工行业虚拟水总量的 81.57%，从单位产品虚拟水量和产量来看，化学原料及化学制品业的单位产品虚拟水量变化幅度较大(3～1900m^3/t)，产量极大，从而导致虚拟水总量占较大的比例。橡胶制品业的虚拟水总量也占有一定的比例，虚拟水总量为 4 934 100m^3，占流域化工行业虚拟水总量的 11.37%，其产量较大，单位产品虚拟水量也很高，达到 100m^3/t。塑料制品业虚拟水总量为 3 066 546m^3，其产量较低，但单位产品虚拟水量很高，达到 61.6m^3/t。

2) 轻纺业虚拟水总量为 17 125 170.42m^3，占流域工业产品虚拟水总量的 16.47%，包括纺织业，服装及其他纤维制造业，皮革、毛皮、羽绒制品业，木材加工业及藤、竹、草制品业，家具制造业，造纸及纸制品，以及印刷制品。造纸及纸制品虚拟水总量为 15 600 500m^3，占轻纺业的 91.10%，流域内造纸及纸制品的产量不高，其单位产品虚拟水量较高，达到 110～150m^3/t，因此其虚拟水总量较大。

3) 冶金行业虚拟水总量为 13 365 333m^3，占流域工业产品虚拟水总量的 12.84%。在流域内冶金行业包括金属矿采选业、黑色金属冶炼及压延加工业、有色金属冶炼及压延加工业。流域内黑色金属冶炼及压延加工业虚拟水总量约占冶金行业虚拟水总量的 57.30%，其单位产品虚拟水量中等，其虚拟水总量大的主要原因是产量较大。此外，流域内有色金属冶炼及压延加工业虚拟水总量达到 5 329 466.2m^3，占冶金行业虚拟水总量的 39.88%。金属矿采选业在流域内虚拟水总量很小，总量仅为 378 000m^3，占流域冶金行业虚拟水总量的 2.83%。

4) 食品虚拟水总量为 10 637 024.65m^3，占流域工业生产虚拟水总量的 10.22%。食品业主要包括粮食加工业、食品制造业和饮料制造业 3 个行业。粮食加工业的虚拟水总量为 8 666 618m^3，占食品业虚拟水总量的 81.48%。究其原因，主要是加工产品量较大，尤其是肉制品加工占较大的比例，产量为 58514t，肉制品单位产品的虚拟水量为 148m^3/t。食品制造业虚拟水总量不大，为 1 002 667.4m^3，单位产品虚拟水量属于中高水平，仅约占 9.43%。饮料制造业的虚拟水总量为 967 739.25m^3，其单位产品虚拟水量很大，也具有一定规模，占流域食品虚拟水总量的 9.10 %。

5) 能源虚拟水总量为 7 464 215m^3，占流域工业产品虚拟水量的 7.18%。流域内能源虚拟水量的计算在本研究中仅包括电力、蒸汽、热水的生产和供应业，煤气生产和供应业的虚拟水量由于统计口径的原因，在本研究工作中没有计算。流域的电力生产主要以火力发电的形式进行，单位能源的产生所含的虚拟水量较大，导致电力生产虚拟水总量较大。

6) 建材行业虚拟水总量为 6 762 104m^3，占流域内工业产品虚拟水总量的 6.50%，包括非金属矿采选业、非金属矿制品业两个行业，其中又以非金属矿采选业为主。这两个行业单位产品虚拟水量比较低，但产量较大。非金属矿采选业为 4 943 929.2m^3，占建材行业的 73.11%；非金属矿制品业为 1 818 174.58m^3，占建材行业虚拟水总量的 26.89%。

7) 机电业虚拟水总量为 5 232 903m^3，约占流域工业产品虚拟水总量的 5.03%，主要包括普通机械制造业、金属制品业、机车制造业、专用设备制造业、电气机械及器材制造业、仪器仪表及文化、办公用机械制造业几个行业。在机电业中以电气机械及器材制造业为代表，虚拟水总量为 4 863 520m^3，约占机电行业虚拟水总量的 92.94%，主要原因是生产具有一定的规模，生产量大，单位产品虚拟水量高。其他机电产品产量不大，且单位产品虚拟水量属于中等耗水水平，因此所占虚拟水总量的比例不大。

8) 医药行业虚拟水总量为 21 175.61m^3，仅占流域工业产品虚拟水总量的 0.02%。从单位产品虚拟水量和产量来看，流域内生产的中成药单位产品虚拟水量较高，由于产量不高，因此虚拟水总量不高。

2. 流域工业产值及其环境效应

(1) 流域主要工业产值

流域八大主要行业工业产值见表 8-21。

表 8-21　流域八大主要行业工业产值

行业编号	行业名称	工业总产值(亿元)	比例(%)
1	能源	45.50	16.65
2	食品	20.23	7.40
3	轻纺	20.79	7.61

续表

行业编号	行业名称	工业总产值(亿元)	比例(%)
4	化工	24.48	8.96
5	医药	25.42	9.30
6	建材	20.90	7.65
7	冶金	55.04	20.14
8	机电	60.92	22.29
总计		273.28	100.00

(2)流域工业环境效应

滇池流域工业行业的生产工艺、技术和装备水平整体上还比较落后，因此，流域内各行业的污染物排放水平总体上仍然较高。根据昆明市环境保护局 1999～2001 年汇总的企业排污许可资料，得到滇池流域主要工业行业污染物排放量及贡献率，见表 8-22。

表 8-22 滇池流域主要工业行业污染物排放量及贡献率

行业	废水排放量(万 t)	废水贡献率(%)	COD 排放量(t)	COD 贡献率(%)	TN 排放量(t)	TN 贡献率(%)	TP 排放量(t)	TP 贡献率(%)
能源	234.8	16.04	55.8	1.57	6.3	25.61	2.6	20.63
食品	68.3	4.67	154.4	4.34	3.8	15.45	5.5	43.65
轻纺	266.4	18.20	1822	51.20	2.7	10.98	0.5	3.97
化工	548.3	37.46	1242	34.90	1.2	4.88	1.3	10.32
医药	94.9	6.48	132.5	3.72	6.4	26.02	2.4	19.05
建材	22.7	1.55	7.01	0.20	0	0	0	0
冶金	15.7	1.07	3.1	0.09	1.7	6.91	0	0
机电	212.6	14.52	141.6	3.98	2.5	10.16	0.3	2.38
合计	1463.7	100.00	3558.41	100.00	24.6	100.00	12.6	100.00

注：由于数据修约，比例加和不为 100%

从各行业废水排放量来看，化工企业废水排放量最大，贡献率达到 37.46%，轻纺其次，废水排放量为 266.4 万 t，占 18.20%，能源和机电废水排放量也较大；从废水排放水平来看，COD 排放总量最高的是轻纺，达到 1822t，占 51.20%，其次是化工排放量，达到 1242t，占 34.90%。这两个行业约占工业行业 COD 排放量的 86.1%。TN 排放总量各行业贡献率分布较为均衡，医药和能源的 TN 排放量相对较高，分别占 26.02%、25.61%。TP 排放量主要集中在食品、能源和医药行业，分别达到 5.5t、2.6t、2.4t，这三个行业的 TP 排放量约占整个工业行业的 83.3%，其他行业的磷排放量都比较小。

8.3.5 生活用水分布及其环境效应

(1)生活用水分布

2003 年城市生活用水 $130m^3$/(人・a)，同年流域内常住人口为 2 320 835 人，相应的流域生活用水为 301 708 550m^3。

根据昆明市节约用水办公室提供的汇总资料，不同用水价格的比例结果为：1.3～1.42 元占 6.25%，1.52～1.70 元的比例为 43.24%，1.85～1.90 元的用水占 31.42%，2.4～2.68 元的用水占 19.22%，5.20 元的用水占 0.02%，除工业用水部分外，各类生活用水的比例为居民生活用水的 9.09%，行政事业用水为 62.91%，商业用水为 27.97%，特种用水为 0.03%。按这种比例计算，2003 年居民生活用水为 27 432 951.8m^3，行政事业用水 189 794 247.5m^3，商业用水 84 382 461.23m^3，特种用水为 98 889.49m^3(图 8-5)。

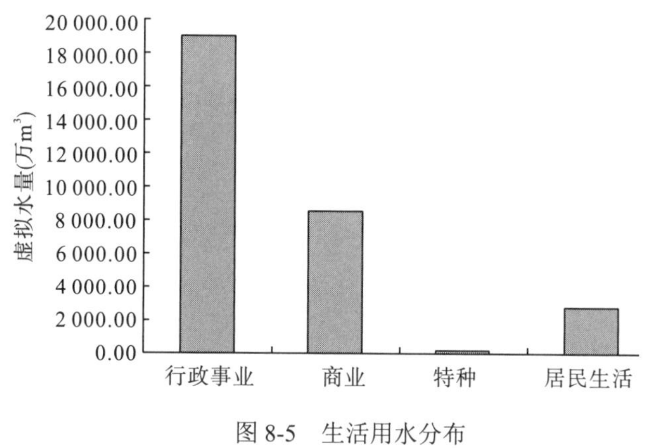

图 8-5　生活用水分布

(2)生活用水环境效应

2003 年城市人口 1 652 728 人，农业人口为 668 107 人，城市人口人均产污系数 COD 60～100g/(人·d)，NH_3-N 4～8g/(人·d)；农业人口人均产污系数为 COD 40g/(人·d)，NH_3-N 4g/(人·d)。按此计算，城市人口 COD 排放量为 48 259.66t，农业人口 COD 排放量为 9 754.36t，两项合计为 58 014.02t；城市人口 N 排放量为 3619.47t，农业人口 N 排放量为 975.44t，两项合计为 4594.91t。废水排放按用水排放系数 0.89 计算，得到 2003 年生活废水排放量为 268 520 609.5m^3，同时按照生活废水中 P 的含量计算，生活废水中 P 的排放量为 2148.2t。

污水排放量主要集中在经济比较发达的滇池北岸主城片区的五华区和盘龙区，污水中氮、磷的含量较高。此外，还有大片区域生活污水浓度不高，但分布相对较散，废水收集难度大，而且大部分没有经过污水厂处理，仅靠自然降解，污染物含量高，从滇池沿岸直接注入滇池。例如，北岸流域还有很多分散的农村生活污染源，主要包括嵩明县的 3 个乡、官渡区的 13 个乡、西山区的黑林铺镇和马街镇。滇池西岸的农村主要包括西山区的沙朗乡、碧鸡镇、海口镇和晋宁县的古城镇，人口较少。滇池东岸流域主要属于呈贡县和晋宁县的新街乡、晋城镇，该区域的污染源分布分散，绝大部分没有排水系统进行汇集，只有县城有较集中的污水收集系统。

8.3.6　进出口贸易虚拟水量

(1)昆明市农产品进出口贸易虚拟水

2003 年昆明市出口和进口农产品分析统计情况见表 8-23 和表 8-24。

表 8-23　昆明市出口农产品及其加工产品情况

代码		名称	数量(t)	单位产品虚拟水量(m^3/t)	各类产品虚拟水量(t)	价值(万美元)
SITC0014	01	活体家禽	80.3	3 111	642.4	8
SITC017	09	其他制作或保藏的肉及杂碎	48.35	3 111	150 416.85	35
SITC048	09	谷物制品	731.81	1 072	784 500.32	24
SITC0541	09	鲜或冷藏的马铃薯	1.79	311	556.69	14
SITC0542	09	脱荚的干豆	18 183.6	3 145	57 187 264.75	863
SITC0545	09	鲜或冷藏的其他蔬菜	7 484.41	210	1 571 726.1	2 366
SITC0546	09	冷冻蔬菜	792.17	210	166 355.7	463
SITC0547	09	暂时保藏的蔬菜	1 413.08	210	296746.8	403
SITC0548	09	未列名主要供食用的鲜、干植物产品	1 016.44	210	213 452.4	238
SITC0561	09	干蔬菜	1 423.74	5 580	7 944 469.2	598
SITC0564	09	蔬菜细粉、粗粉、粉片、颗粒及团粒	0.5	1 400	700	0
SITC0567	09	未列名制作或保藏蔬菜	569.47	210	119 588.7	73
SITC0571	09	鲜或干的橙、柑橘及杂交柑橘	16.42	594	9 753.48	1
SITC0572	09	其他鲜或干柑橘属水果	0.15	594	89.1	0
SITC0574	09	鲜苹果	178.91	120	21 469.2	6
SITC0575	09	鲜或干的葡萄	51.94	418	21 710.92	5
SITC0577	09	鲜或干的食用坚果	873.73	6	5 242.38	296
SITC0579	09	其他鲜或干的水果	149.16	500	74 580	9
SITC0589	09	其他方法制作或保藏的水果、坚果	392.99	500	196 495	426
SITC0619	09	固体糖	0.275	80	22	1
SITC062	09	糖果	5.12	212	1 085.44	2
SITC074	09	茶	3 150.7	1 550	4 883 585	812
SITC075	09	调味香料	2 912.79	2 678	7 800 451.62	335
SITC081	09	动物饲料	3 738.75	0.4	1 495.5	85
SITC098	09	未列名食品	264.32		0	178
SITC1124	07	蒸馏酒	0.024	137	3.288	0
SITC12		烟草及制品	54 989.1	2 585	142 146 771.8	9 851
SITC2222	09	大豆	197.45	3 119	615 846.55	10
SITC2224	09	葵花子	17.54	2 385	41 832.9	1
SITC223	09	其他含油子仁	162.21	3 000	486 630	8
总量					224 743 484.088	17 111

注：资料来源于昆明市外贸处提供的 2003 年海关报表

表 8-24　昆明市进口农产品及其加工产品情况

代码		名称	数量(t)	单位产品需水量(m^3/t)	各类产品虚拟水量(m^3)	产值(万美元)
SITC0123	09	鲜、冷、冻家禽肉及食用杂碎	1.283	3 111	3 991.413	87

续表

代码		名称	数量(t)	单位产品需水量 (m^3/t)	各类产品虚拟水量 (m^3)	产值 (万美元)
SITC0125	09	鲜、冷、冻牛、猪、羊、马、驴、骡的肉及食用杂碎	0.015	3 561	53.415	1
SITC0129	09	其他鲜、冷、冻肉及食用杂碎	0.001 3	3 561	4.643 544	0
SITC0223	09	酸乳、酪乳、冰淇淋	0.008 8	4 341	38.027 16	0
SITC0541	09	鲜或冷藏的马铃薯	0.000 018	311	0.005 598	0
SITC0545	09	鲜或冷藏的其他蔬菜	0.009 5	210	1.989 96	0
SITC0547	09	暂时保藏的蔬菜	0.013 5	210	2.835	0
SITC0564	09	蔬菜细粉、粗粉、粉片、颗粒及团粒	0.000 1	5 580	0.781 2	0
SITC0579	09	其他鲜或干的水果	581.16	120	69 739.2	29
SITC0599	09	其他果汁及蔬菜汁	0.05	3	0.15	0
SITC0611	09	固体糖	4 300	80	344 000	77
SITC0619	09	其他固体糖	1.851	212	392.412	0
SITC073	09	巧克力及可可食品	2.139	80	171.12	0
SITC081	09	动物饲料	299.31	0.4	119.724	9
SITC098	09	未列名食品	7.657	6	45.942	12
SITC1121	07	葡萄酒	9	37.5	337.5	4
SITC2225	09	芝麻	269.93	3 650	985 259.1	15
总量			5 472.4		1 404 158.258	234

注：资料来源于昆明市外贸处提供的 2003 年海关报表

整理分析表 8-23 和表 8-24 可以发现，昆明市是一个虚拟水贸易输出的区域。2003 年，昆明市农产品及加工产品的虚拟水贸易净进口量达到−223 339 325.83m^3，也就是说 2003 年有 223 339 325.83m^3 的水资源通过虚拟的形式从昆明市流出。进出口净额为 16 877 万美元，按 8.3 的汇率折合人民币为 14 亿元左右。

(2) 滇池流域虚拟水进出口贸易

滇池流域包含在昆明市的辖区内，2003 年其农业总产值占昆明市的比例见图 8-6。

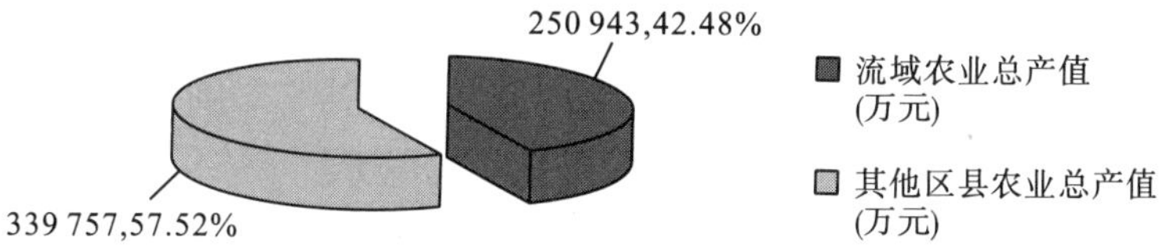

图 8-6 流域农业总产值占昆明市农业总产值比例

按照 42.48%这个比例，以昆明 2003 年进出口贸易对滇池流域贸易进行估算，滇池流域当年虚拟水贸易进口总量为 596 486.43m^3，虚拟水出口总量为 95 471 705.74m^3，虚拟水贸易净进口总量达到−94 875 219.31m^3，也就是说当年有 94 875 219.31m^3 的水资源以虚拟的形式从滇池流域流出。按同样的比例折算，虚拟水贸易进出口净额为 0.6 亿元左右。

8.3.7 滇池流域水资源安全评价

1. 流域水足迹

滇池流域的水足迹在本研究中包括本流域的工业产品取水量、农产品需水量、社会生活用水和流域进出口贸易的虚拟水进出口量，由于资料的限制，本研究工作仅对进出口农产品的虚拟水贸易进行了计算。

农作物产品虚拟水、畜牧产品虚拟水、工业产品虚拟水、生活用水，区域内的用水量总计为 1 341 972 102m^3，区域总的虚拟水净进口量为-94 875 219.3m^3，得到流域水足迹为 1 247 096 883m^3。

2. 流域水匮乏度(WS)、依赖度(WD)

(1)水匮乏度

根据 1953～2000 年滇池流域降水等值线图成果的分析，计算得出多年平均降雨量为 931.8mm，折合水量 27.21 亿 m^3，多年平均蒸散发量 20.56 亿 m^3，滇池流域多年平均可利用水总量 6.65 亿 m^3，2003 年的产品生产(畜牧业产品用水采用的是实际消耗水量，没有包括粮食中那部分虚拟水量)和生活需水量为 986 603 597.6m^3，根据水匮乏度公式计算 WS，为 148.42%。

(2)流域水依赖度

由于流域 2003 年净进口虚拟水量为-94 875 219.3m^3，因此流域的水资源依赖度为零。

8.4 讨论与结论

8.4.1 滇池流域虚拟水分布的特点

(1)不同产业结构之间虚拟水分布特点

滇池流域 2003 年虚拟水量为 1 389 006 255m^3。从流域虚拟水分布的特点来看，生活用水已经成为不可忽视的重要因素，一方面是由于生活用水对水质的要求高；另一方面由于流域内人口数量大幅度增加，水量的需求量加大。当年流域内生活用水 301 708 550m^3，约占流域虚拟水总量的 21.72%，这种生活用水量的巨大需求加剧了流域水资源的缺乏。流域内畜牧业虚拟水消耗比例过大。当年产品生产虚拟水总量达到 4 亿 m^3 左右，其中大约 87%的虚拟水消耗是隐藏在动物消耗粮食中的，也就是说 3.5 亿 m^3 的水用来生产畜牧业所需要的粮食和饲料。而当年农业虚拟水量 482 000 000m^3，约占虚拟水总量的 34.7%，其中大约有 3/4 的水资源用于畜牧业的发展。其他产业虚拟水量较小，流域内工业取水量 105 851 575.9m^3，约占虚拟水总量的 7.62%。渔业产品虚拟水量为 91 845 000m^3，约占虚拟水总量的 6.61%。

(2)不同产业内部虚拟水分布特点

从虚拟水消耗的角度来看，作物生产的虚拟水分布不尽合理，如蚕豆等单位产品虚拟水量很高的作物在流域内仍有一定的规模，而水果等单位产品虚拟水量低的产品在流域内生产量小，且不具规模。

从虚拟水消耗的角度来看，流域内畜牧业的发展较为合理。流域内以生猪和奶牛饲养为主，而猪和牛奶的单位产量虚拟水量相对于其他畜牧产品而言较低。

从虚拟水消耗的角度来看，工业产品虚拟水分布不尽合理。单位产品虚拟水量高的化学原料及化学制品业、造纸及纸制品和食品加工业中的畜牧产品屠宰业生产规模较大，结果在工业总体规模小的情况下，虚拟水总量较高。

8.4.2　不同产业间水资源消耗与产值和环境成本的比较

在估算不同产业产值需水量的基础上发现，农业、畜牧业、渔业万元产值需水量较高，分别为 25 913.98m^3/万元、50 321.13m^3/万元、41 747.73m^3/万元，三者单位产值的虚拟水消耗比较结果是：农业>渔业>畜牧业；工业单位产值需水量取值为 47.79m^3/元，远高于全国其他城市 1996 年的水平[青岛(16.2m^3/元)、合肥(28.6m^3/元)、西安(33.0m^3/元)、天津(38.2m^3/元)]，是美国和日本等发达国家的 4～8 倍。

不同行业对环境的影响主要从废水排放量、COD、N、P 四个指标进行分析。结果表明，流域生活废水排放造成的污染已经成为流域主要污染源。从废水排放量来看，流域内当年废水排放总量为 283 157 609.5m^3，生活废水排放量很高，为 268 520 609.5m^3，废水排放贡献率达到 94.83%。工业废水排放量为 14 637 000m^3，占 5.17%；从 COD 排放量来看，生活和废水畜牧业占很高的比例，分别约占流域总量的 77.65%和 17.58%，工业废水中的COD排放比例约占4.76%；N排放主要来自生活、作物生产和畜牧业，分别为4594.91t、2707.85t、2627.28t，分别占 43.16%、27.2%和 26.39%；P 排放的主要来源是生活，当年生活废水排放中P的排放量为2148.2t，约占流域的89.62%，还有作物生产带来的P(236.21t)，约占流域的 9.85%。在本研究中，由于统计困难，没有考虑其他污染指标，如工业生产排放的重金属、氰化物、酚等污染物质，这可能会低估工业污染的贡献率。

由流域水资源量缺乏和水质恶化造成的环境成本，在本研究中取流域环湖截污工程总投资预算(78.4 亿元)和掌鸠河引水供水工程总投资(39.41 亿元)之和，总计 117.81 亿元，工程按 50 年的使用期来考虑，折合一年环境成本大致为 2.4 亿元。当年污水总量达到 268 520 609.5m^3，按目前现行的污水处理收取价格(0.6 元/t)来算，2003 年污水全部得到处理的费用达到 1.6 亿元左右。将两个部分的环境保护成本和外流域引水成本合计，得到流域内环境总代价，约为 4 亿元。

粮食作物的单位产值变化幅度较大，从计算结果发现，单位产值为 0.09～1.75m^3/元，油料作物和主要粮食作物的单位产值需水量较大，水果和蔬菜的单位产值需水量较小。粮食作物的单位产值需水量为 0.71～1.75m^3/元；油料作物单位产值需水量为 0.35～1.03m^3/元；蔬菜的单位产值需水量为 0.09～0.20m^3/元；水果的单位产值需水量为 0.02～0.32m^3/元。

在流域三种土地利用类型中，旱作物对环境的影响属于中等水平。在同是旱作物的情况下，粮食作物中，玉米和小麦的单位产值虚拟水量较低，豆类产品的单位产值虚拟水量高，烟叶的单位产值虚拟水量属于中等水平。在油料作物中，由于向日葵和花生产值较高，其单位产值虚拟水量较低。水果由于单位产量虚拟水量低，加之产值较高，其单位产值需水量普遍很低。水稻的单位产值需水量稍微偏高，但是 N、P 流失量较低，对环境的影响较小。蔬菜由于单位产品需水量较低，产值较高，因此单位产值需水量也较低，但是蔬菜地由于施肥量不合理，对环境的影响较大。

畜牧产品的单位产值虚拟水量为 0.17～1.80m^3/元，最低的是猪的单位产值虚拟水量(0.17m^3/元)，最高的是鸡蛋的单位产值虚拟水量(1.80m^3/元)。其他的产品中，牛的单位产值虚拟水量为 0.67m^3/元，山羊的单位产值虚拟水量为 0.59m^3/元，绵羊的单位产值虚拟水量为 0.35m^3/元。

工业行业中平均单位产值虚拟水消耗为 47.79m^3/万元。8 个主要行业的单位产值虚拟水量最高的是化工行业，达到 177.31m^3/万元，其次为轻纺行业，为 82.37m^3/万元，最低的是医药，为 0.08m^3/万元。其他行业单位产值虚拟水量，能源为 16.40m^3/万元，食品为 52.58m^3/万元，冶金为 33.27m^3/万元，机电为 11.61m^3/万元，建材为 8.7m^3/万元。

从各行业的废水排放量来看，单位产值废水排放量是化工最高，达到 22.40t/万元，其次是轻纺，为 12.81t/万元，最低的是冶金，为 0.28t/万元。其他行业单位产值废水排放量，能源的废水排放量为 5.16t/万元，食品为 3.38t/万元，机电为 3.49t/万元，医药为 3.73t/万元，建材为 1.08t/万元。在其他排污指标中，COD 的贡献率在轻纺和化工业中占相当大的比例，分别约为 51.20%和 34.90%；TN 的贡献率各行业较为均衡，偏大的是能源、医药和食品，分别为 25.61%、26.02%和 15.45%；TP 贡献率较大的是食品、能源和医药，分别为 43.65%、20.63%和 19.05%。

8.4.3 虚拟水研究与滇池流域水资源安全性及其对策

本研究结果表明，流域内产品和服务中除去流域隐含在动物粮食中的水资源总消耗(约 10.4 亿 m^3)，流域内多年可利用水资源总量为 6.65 亿 m^3，流域水资源差额达到 3.75 亿 m^3。通过对流域水匮乏度进行计算，其结果已经达到 148.42%，远高于 18 %的全国平均水平，甚至高于以色列 103.5%的水匮乏度。结果表明，流域水资源需求量远远高于流域实际水资源量，水资源极度不安全。现有的经济发展模式和消费模式与水资源之间已经凸现出尖锐的矛盾。

流域要保证水资源安全，最重要的是考虑水资源的需求在其可承载的范围内。从目前的现实情况来看，要减少流域的人口，限制经济规模扩大，在短时间内是不可行的。那么要实现水资源消耗不增加或略有下降，必须从流域内水资源消费模式、产业水资源优化配置和虚拟水贸易三个方面开展工作。

首先，从消费者角度来看，应该让消费者改变水资源消费不仅仅是看得见的水资源节约这一观念，还应该提倡各种虚拟水量低的消费产品。本研究工作中，对 2003 年畜牧产品的计算结果表明，消费 1kg 的稻谷相当于 1.1m^3 的水资源，而消费 1kg 的羊肉约相当于 20m^3 的水资源。据估计，如果目前世界上所有的人都采用西方发达国家肉食较多的饮食结构，那么食物生产所消耗的水资源将需要增加 75%。也就是说，消费结构的不同导致的平均水资源消耗变化远高于消费者实际水资源消耗变化。由此可见，合理的饮食结构对水资源的影响也是不容忽视的，因此，应该对虚拟水概念大力宣传，增强人们的节水意识。知道产品的虚拟水量，可以使人们意识到生产各种产品所需要的水资源数量，也会使其认识到消费产品对水资源系统的影响，进而促使人们更谨慎地利用水资源(徐中民等，2003)。

其次，从产业水资源优化配置角度来看，流域内必须考虑优先发展单位产值产品虚拟水量低的产业。在本研究工作中，行业间单位产值虚拟水量比较结果为：工业<农业<渔业<畜牧业。行业内单位产值虚拟水消耗量：农业内水果<蔬菜<油料作物<主要粮食作物，工业内产业单位产值虚拟水消耗量比较结果为：医药<建材<机电<能源<食品<轻纺<化工，根据这个结果，流域内应适当限制畜牧业的发展，在其发展过程中也必须考虑以单位产值虚拟水量相对较低的生猪和奶牛饲养为主。农业内部应该考虑将水资源优先使用在水果和蔬菜生产发展中。工业内部，考虑将水资源优先使用在产值高、单位产品虚拟水量低的医药、建材和机电行业，要限制化工和轻纺业的发展，同时这些虚拟水量高的工业行业也是环境污染大的行业。

最后，从虚拟水贸易角度来看，在开放的社会经济系统中，虚拟水提供了水资源迁移、储存和利用的新手段。目前，解决流域水资源不足，从外域进水的方式有两种，一是修建引水工程，二是进行虚拟水贸易。在本研究中，流域内当年通过食品贸易的虚拟水流出量为 95 471 705.7m^3，流入量为 596 486.4m^3。据初步计算，在 1992～2001 年，我国平均年虚拟水净进口量为 3.1×10^{10}m^3/a，占农业用水总量的 8%，这显示出虚拟水已成为缓解我国水资源短缺的重要途径。同时，相对于虚拟水贸易而言，引水工程的投入代价过大。从掌鸠河引水供水工程的投入和产出来看，投入 39.4 亿元，年引水量 2.45 亿 m^3，2003 年通过虚拟水贸易的形式有 94 875 219.3m^3 水资源流出，按照这种比例折算，当年虚拟水贸易的流出量相当于 15.3 亿引水工程投入，远远高于当年虚拟水贸易的净出口值(0.6 亿元)。目前，流域虚拟水进口的特点是进口产品单位产值虚拟水量相对较低，而出口产品单位产值虚拟水量高，这本身就加大了流域水资源的需求量，增加了流域水资源的不安全性。因此，在进出口贸易政策上应该考虑水资源成本，进口单位产值虚拟水量大的产品，出口单位产值虚拟水量低的产品。

总之，产品虚拟水的量化促进了水资源管理的观念创新和制度创新，成为流域或区域水资源安全保障的重要手段。尤其在当今这样一个开放的经济社会，水资源的综合管理已经必须考虑虚拟水贸易对区域水资源系统、水资源管理及社会经济的影响。水资源越紧缺，单位农产品需要的水资源越多，水资源的机会成本就越大。实证计算表明，许多水资源缺乏的地区，存在和消费了大量的产品虚拟水，产品的可流通性和地区生产条件的差异性为缺水地区应用虚拟水战略提供了可能。

8.4.4　关于虚拟水研究方法的思考

(1)虚拟水计量研究工作中存在的问题及展望

产品虚拟水量化研究工作起步较晚，计算方法还很不完善。从农业方面来看，全球虚拟水研究工作面临许多问题，资料不全是计算全球农业产品虚拟水存在的主要问题。一方面，许多国家尤其是发展中国家的作物需水量实验研究设备和实验技术还比较落后，实验方法还不统一，因而各国所得实验资料可比性、重复性较差，导致数据差异较大；另一方面，虚拟水计算公式涉及非常详尽的气象资料和当地各行业用水资料，但在很多地区尤其是发展中国家，气象资料是非常有限的。此外，目前已有的节水要求现状和节水灌溉资料都逐步表明，以充分灌溉理论为基础的作物虚拟水计算方法已经不适应当前的水资源合理配置的要求。近 20 年来，中国大量的灌溉实践表明，作物本身具有生理节水与抗旱能力，作物各生育阶段需水量不同，各生育阶段对水分的敏感程度也不同，适当地进行水分亏缺调控，对促进群体的高产更为有效，这就意味着今后的作物虚拟水计算要以作物在节水灌溉条件下开展作物需水量研究为基础。

从畜禽产品的计算方法来看，产品虚拟水的计算主要集中在两个方面。首先，发展中国家的养殖业主要分散在广大的农村，尤其在我国，农村传统畜牧饲料资源一直以无竞争性用途的农业副产品及农家饲料作为物质基础，如居我国六畜之首的猪已经成为我国农村仅次于粮食的第二宗大商品，但统计资料表明 80%的生猪主要依靠农家饲料解决。在这种情况下，畜禽产品在生长过程中所需要消耗食物的虚拟水应该怎样计算才合理，值得进一步开展研究工作。总的来说，农产品的虚拟水研究是一项涉及多学科、数据量大、计算复杂的工作，需要在以后的工作中从多方面、多角度开展统计和计算。

随着工业用水量的进一步增加，工业虚拟水量的度量方法应该得到进一步的研究，因为工业涉及的行业、产品类型众多，工艺水平和消费者用水形式的不同也影响其真实的需水量。而且行业之间联系较为复杂，加工的原材料消耗水量可能对最终产品的需水量有较大影响，怎样解决间接产品对最终产品的需水量的影响，应该有进一步的工作开展。

事实上，为人类社会发展提供了巨大生态服务功能的森林、林地、湿地、草地、农地及其他陆地生态系统和江河湖泊等湿地生态系统也需要淡水资源的输入以维持其生态功能。可持续性的水资源系统开发不仅要考虑社会经济、人类健康和福利，而且要重视环境和生态系统的健康，更要考虑到自然资源的永续利用，因此，虚拟水的研究与应用应该不仅仅局限于从贸易的角度来考虑虚拟水的研究，而应该在更宽的领域开展研究工作。从消费的角度上，真正地弄清楚研究区域的水资源在社会子系统和自然子系统中的使用情况。并且随着可持续研究工作的进一步研究，对水资源管理提出了可持续发展的概念，也就是要确保水资源系统无论是现在，还是在将来，在维持自身的生态、环境及水文完整的同时，其设计和管理对实现社会目标有很大的贡献。

(2) 本研究计算中存在的问题及思考

作物需水量计算是由潜在蒸散量（ET_0）和农作物系数（K_c）确定的。首先，农作物系数的因数比较复杂，但归纳起来主要有三个方面。一是土壤条件，主要是土壤水分条件；二是生物因数，可归结为产量水平；三是气象因数，主要通过 ET_0 值的影响，可以认为在高产情况下，产量水平对农作物系数无影响。因而，农作物系数在地区间的变化很小。相对来说，参考作物腾发量地区间变化比较大，因此在需水量计算中没有考虑农作物系数的地区差异。

在本研究工作中采用了 FAO 数据库中计算的北京主要作物需水量来进行流域农作物

虚拟水量估算。根据 192 个国家基本气象台、站气象资料，采用 FAO Penman-Monteith 公式逐年逐月计算获得植物可能蒸散发量的等值线图，得出全国年可能蒸发量平均为 500～1600，有 2 个小于 1000mm 的低值区，一个是黑龙江北部，为 500～700mm，另一个是成都平原和重庆地区，为 500～900mm。其中，北京全年可能蒸散发量在等值线为 1200 左右(郭建平等，2001)。根据昆明滇池流域长系列气象站点资料(1956～2000 年)，采用 FAO Penman-Monteith 公式计算得出流域内的昆明市区、晋宁、呈贡多年来作物可能蒸散发量分别为 1116.3mm、1181.8mm、1183.3mm，平均为 1160.47mm。所以本研究采用的作物需水量比流域内实际作物需水量偏高。

8.4.5　从滇池流域虚拟水的资源环境特征看产业结构调整优化

在当今这样一个开放的经济社会，流域水环境治理和管理必须从经济社会发展、产业优化的整体上进行考虑，水环境和水资源的管理必须考虑虚拟水贸易对区域水资源系统、水资源管理及社会经济的影响。滇池流域的产业结构调整必须结合当地其他资源优势，生产耗水量小、有特色的产品。本研究选择 2003 年对当时滇池流域经济快速发展、水体富营养化发展程度最严重的时期进行研判，经过分析讨论，对产业及其结构调整做出如下建议。

1) 农业、畜牧业：从流域各行业的虚拟水分布和产值及其环境效应来看，对于滇池流域这样特殊的区域，其产业结构间的调整必须限制农业发展的规模。同时，滇池流域农业内部产业结构调整必须结合当地其他资源优势，生产耗水量小、有特色的产品。根据农畜产品的单位产值需水量和产值及对环境的友好性，流域应该鼓励生产水稻、苹果、梨、葡萄等，因为这些产品的水分生产率即单位水的经济价值较高，对流域环境污染小。从单位产值需水量来看，应该大力发展特色蔬菜，但同时要注意平衡施肥，这是流域优化配置水资源、提高水资源利用效率的重要途径。

2) 工业：利用各种政策逐步引导产业结构的调整，降低化工、轻纺占流域生产的比例，加强医药、建材、食品深加工等行业建设，对其他行业进行工艺改进和设备更新。同时在对重点企业环境污染进行有效监测的基础上，对污染物浓度和总量进行严格控制。

3) 生活：由于滇池流域行政事业的高额用水量，因此建议部分事业单位从流域迁出。从人口分布的情况来看，主要集中在主城区，生活污水排放浓度过高。同时，生活污水中混合了工业污水，加大了污水处理工艺的难度。生活污水收集和处理已经成为流域内水资源的主要问题。因此，在加大生活区污水收集和处理工程实施力度的同时应限制城市规模的进一步扩展。

4) 贸易流域可以以虚拟水战略作为引水工程的辅助形式，部分解决流域缺水问题。出口耗水较少、耗劳动力较多、产量和产值较高的产品，如玉米、苹果、梨等优势产品，进口耗水密集的产品，如豆类和小麦。

结语：对滇池治理及昆明发展的审视

滇池治理化解了流域及昆明市发展带来的巨大环境压力，水环境开始出现企稳向好的发展态势。滇池流域及昆明市人口激增，城市扩张、城镇化发展，经济规模增长，相对于污染物产生量和排放量(COD、TN、TP)急剧倍增的情况，入湖污染物增量放缓，湖水告别劣五类，出现企稳向好的良好态势，这是全力治理和保护滇池、昆明人民做出巨大努力和牺牲、全社会广泛关注有力推进取得的积极成效，滇池近年来全面实行湖长、河长制，治湖机制创新，人湖争水的状况有所缓解。这种状况，即使放在中国甚至国际湖泊治理的层面上进行横向比较，其进步和成效也是有目共睹的。

但是，滇池治理面临多个痛点和难点，而且痛点很痛、难点很难，治理面临巨大挑战。

滇池治理需要面对四大痛点：痛点 1，从国家到地方治滇不遗余力，当地群众做出巨大牺牲，但水环境质量与党和人民的期望还有很大的距离；痛点 2，人湖关系调整与湖泊休养生息需要的生态空间还有很大的距离，沿湖发展、环湖布局挤压了湖泊的生存空间；痛点 3，经济、社会、科技、市场资源有限，自我解决环境问题的能力和水平满足不了湖泊治理的需要；痛点 4，历史遗留的生态环境问题尚未全面化解，新增的环境问题持续增加，入湖污染高于水环境承载力。

滇池治理需要直面四大难点：难点 1，昆明市经济社会发展高度依赖滇池流域，各类资源高度集聚在本区域，发展和保护的矛盾十分突出；难点 2，滇池治理过于依赖外流域调水，通过增加水资源缓解水环境问题，很多基本性的污染问题尚未找到完全破解的办法；难点 3，城市和工业污染让位于农村农业污染，面源污染持续加剧，仿照工业和城市治污方式成本高，代价大，低成本有效化解面源污染的措施和技术手段不多，也难以落地实施；难点 4，滇池治理从救命阶段转向养病阶段时间更长，不仅需要持续投入、科学治理。还需要“久久为功、功成不必在我”的定力，习惯应急处理，但目前还没有进入平稳转换、有序综合治理状态。

其实，早在 2003 年，滇池的城市规模、产业发展就远远超过了流域水资源的承载力和水环境的容量，当时滇池成为我国严重富营养化发展湖泊的典型；虽然经过三个五年计划的持续向污染宣战，至今滇池水环境有所好转，但影响和制约滇池水环境根本好转的限制性力量仍然没有解除。目前滇池治理进入保护与发展压力紧绷、经济与环境矛盾集结、水环境走向进入爬坡上坎的新阶段。下一步滇池治理怎么办？理念创新，思路创新，科技创新将成为未来滇池治理前行的必然选择。

第一，创新治湖理念，跳出滇池经营昆明、治理滇池。

国内外生态环境保护的理论和实践表明：①没有健康的流域生态系统，就不可能确保良好的湖泊水质；②没有结构合理、布局科学的产业格局，不在源头上减少结构性污染，是难以保护好湖泊的；③把治理与发展分头处理，是难以持久开展保护工作的。环境问题是发展中的问题，只有在更大空间更好发展中才能解决，把保护融入发展中，才能持续地解决保护与发展的矛盾冲突。对此，对滇池保护与区域发展有以下 4 方面的启示。

一是减压发展。基于滇池保护和高质量发展的需要，对昆明城市规模、发展布局进行科学研究并制定约束力强的发展规划刻不容缓。

二是优化发展。借湖观景、离湖建设、还湖自由、人湖共荣，根据水资源的承载力和水环境容量来重新优化空间格局，应该把有限的空间留给滇池，留给前来游憩、给我们带来财富的全世界的访客。

三是清洁发展。通过腾笼换鸟，置换出环境容量，让更适合在该区域发展的产业得到发展：面向云南社会经济发展形成信息化产业中心、社会服务中心、高新技术产业孵化中心、科教文化基地，参照国际发达国家的成功做法，打造和凸显省会城市的特有功能。

四是跨越发展。高速交通形成的半小时经济圈，使昆明市的发展已经进入滇池域外时代，跳出滇池发展昆明才能保护好滇池，跳出滇池才能更好地发展昆明，昆明蜷缩在这个狭小的空间不但不能很好地发展，而且环境成本居高不下、环境压力年年攀升，下决心在流域外发展才是昆明跨越发展的空间所在。

第二，滇池治理需要把昆明发展有机融合起来才能破题。

把水资源、水生态、水环境承受力作为经济社会发展的刚性约束，控制和引导城市发展规模，发展低污染、低能耗产业，不断推进转型升级，逐步走上高质量发展道路。

虽然早在 20 世纪末 21 世纪初就有学者提出昆明发展必须与解决水问题结合的呼吁，但一直未能引起高度重视。经过深刻教训，昆明市从 2015 年开始接受“量水发展、以水定城”的发展理念，提出了根据可供水量的约束条件“解方程”，算清水账、拿出规划，切实采取有力措施，支撑城市可持续发展。同时，根据水资源量和滇池保护治理的需要，对城市规划建设管理提出更严厉的约束条件，合理控制城市规模；实行严格的水资源管理制度，坚持水环境承受力的硬约束，形成倒逼机制，开始转变“向环境要 GDP”的旧有发展方式。

要真正实现“量水发展、以水定城”是十分艰难的，需要在根本上改变发展方式、发展思路、发展布局。一是要改变治滇就要引水的老套路，坚持节水优先方针。把节约用水贯穿于经济社会发展和群众生产生活全过程，运用产业政策、财政政策、税收政策、价格杠杆等多种手段，建立节水激励机制，加快推进由粗放用水方式向集约用水方式的根本性转变，不断调整优化用水结构，形成有利于节约用水的生产方式和消费模式。二是要坚持政府作用和市场机制协同发力，引导“低水产业”“低碳经济”的真正发展，既积极探索水权水市场、拓展水务投融资渠道、建立符合市场导向的水价形成机制，又加强政策研究和制度建设，强化水务公共服务和政府监管，进一步完善水资源管理体制机制，提高水行政管理能力，切实做到该管的事必须管住管好。三是落实最严格水资源管理制度，强化水资源论证、取水许可、用水定额和计划用水管理、水资源有偿使用、饮用水水源地核准和安全评估等制度，努力改变水资源过度开发、用水浪费、水污染严重等突出问题，进一步完善法律法规，严格执行和落实各项规章制度，依法治理滇池。要把科学治理和严格管理结合起来，利用科学手段，有计划地系统治理滇池。

第三，把影响湖泊面源性的问题处理好。

面源污染是滇池当前最重要的环境问题，占滇池入湖污染总负荷三分之一以上。抓住面源污染旱季积累、雨季输出，贫水年产生、丰水年输出的特点，通过原位消解、低成本处理、资源化利用进行全面解决。

一是实施乡村“绿色细胞工程”，用面源的思路解决面源的问题。建议每个村落、一定规模的农田因地制宜设立环境用地，用于收集、处理污水，通过入渗、灌溉减量并循环利用，努力让每个村庄和每块农田产生的污染做到原位消解、综合利用、无外排，再在外围建设生态缓冲带，打造形成滇池环境清洁区，在面源产生和输移的源头上化解农村、农田的污染。

二是在每年冬季、春季大打一场全域面源污染清理活动，并形成一种持续机制予以坚持。在冬季及农村农闲阶段，全面清理沟渠、河道、农田、街道、道路等的污泥、秸秆、垃圾、散杂物品等，避免雨季通过冲刷进入河道入湖，形成新面源污染。

三是把污染治理与农民的利益结合起来，获得农民的积极参与和支持，把国家水专项研发形成的技术和手段用起来，使其成为解决面源污染问题的科技力量。云南大学国家水专项课题组研发“水肥一体化减量循环利用”等新技术，在规模化技术示范中，把解决农田用水问题与面源污染防治结合起来，不但降低面源污染的产生和输移强度 30%以上，而且蔬菜产量提高，农民综合收益增加 20%，当地农民从“要我做”变为“我要做”，五年内实现示范区全覆盖，既实现农业高质量发展，又提高了农民获得感。因此，我市应通过政策驱动和科技引领，引导农业面源污染治理向环境保护与农业发展相结合方向发展；加大实用科技研发力度和成果转化力度，形成对农业面源污染防控工作的系统性科技支撑。

参考文献

曹启民, 王华, 张黎明, 等. 2006. 呋喃丹对海南花岗岩砖红壤微生物种群的影响. 生态环境, 15(3): 534-537.

曹志洪, 林先贵, 等. 2006. 太湖流域土-水间的物质交换与水环境质量. 北京: 科学出版社: 316-355.

常本春, 张建华. 2003. 工业和城市用水调查分析方法与经验. 水利规划与设计，2: 31-37.

陈浮, 濮励杰, 曹慧, 等. 2002. 近20年太湖流域典型区土壤养分时空变化及驱动机理. 土壤学报, 39(2): 236-244.

陈国栋. 2003. 黑河流域可持续发展的生态经济学研究. 冰川冻土, 24(4): 335-343.

陈吉宁. 2009. 流域面源污染控制技术: 以滇池流域为例. 北京: 中国环境科学出版.

陈吉宁, 李广贺, 王洪涛. 2004. 滇池流域面源污染控制技术研究. 中国水利, (9): 47-50.

陈新, 陈秋林. 2009. 区域土地利用与生态系统服务价值变化研究——以湖南省道县为例. 资源环境与工程, 23(3): 339-343.

陈玉民, 郭国双, 王广兴, 等. 1995. 中国主要作物需水量与灌溉. 北京: 水利电力出版社.

程国栋. 2003. 虚拟水——水资源安全战略的新思路. 中国科学院院刊, (4): 260-265.

崔凤军. 1998. 城市水环境承载力及其实证研究. 自然资源学报，13(1): 58-62.

丁洪涛. 2001. 畜禽生产. 北京: 中国农业出版社.

董艳, 汤利, 郑毅. 2008. 小麦-蚕豆间作条件下氮肥施用量对根际微生物区系的影响. 应用生态学报, 19(7): 1559-1566.

段昌群. 2006. 无公害蔬菜生产理论与调控技术. 北京: 科学出版社.

段昌群, 杨雪清. 2006. 生态约束与生态支撑——对生态环境问题与经济社会发展互动关系的探讨. 北京: 科学出版社: 26-43.

段昌群, 何峰, 刘嫦娥, 等. 2010. 基于生态系统健康视角下的云南高原湖泊水环境问题的诊断与解决理念. 中国工程科学, 12(6): 65-71.

段永蕙, 张乃明. 2003. 滇池流域农村面源污染状况分析. 环境保护, (7): 28-30.

范丙全, 金继运, 葛诚. 2004. 溶磷真菌促进磷素吸收和作物生长的作用研究. 植物营养与肥料学报, (10): 620-624.

傅春, 冯尚友. 2000. 水资源持续利用(生态水利) 原理探讨. 水科学进展, 11(4): 436-440.

傅丽君, 杨文金. 2007. 四种农药对枇杷园土壤磷酸酶活性及微生物呼吸的影响. 中国生态农业学报, 15(6): 113-116.

傅湘, 纪昌明. 1999. 区域水资源承载能力综合评价——主成分分析法的应用. 长江流域资源与环境, 8(2): 168-172.

甘海华, 彭凌云. 2005. 江门市新会区耕地土壤养分空间变异特征. 应用生态学报, 16(8): 1437-1442.

高超, 张桃林, 吴蔚东. 2001. 农田土壤中的磷向水体释放的风险评价. 环境科学学报, 21(3): 343-348.

高晓宁, 韩晓日, 战秀梅, 等. 2009. 长期不同施肥处理对棕壤氮储量的影响. 植物营养与肥料学报, 15(3): 567-572.

高彦春, 刘昌明. 1997. 区域水资源开发利用的阈限研究. 水利学报, (8): 73-79.

郜春花, 张强, 卢朝东. 2005. 选用解磷菌剂改善缺磷土壤磷素的有效性. 农业工程学报, 21(5): 57-58.

桂萌, 祝万鹏, 余刚, 等. 2003. 滇池流域大棚种植区面源污染释放规律. 农业环境科学学报, 22(1): 1-5.

郭怀成. 1994. 我国新经济开发区水环境规划研究. 环境科学进展, 2(5): 14-22.

郭怀成, 尚金城, 张天柱. 2002. 环境规划学. 北京: 高等教育出版社: 117-121.

郭建平, 高素华, 王广河, 等. 2001. 中国云水资源和土壤水资源. 北京: 气象出版社.

郭俊秀, 许秋瑾, 金相灿, 等. 2009. 不同磷质量浓度对穗花狐尾藻和轮叶黑藻生长的影响. 环境科学学报, 29(1): 118-123.

郭有安. 2003. 滇池流域水资源演变情势分析. 云南省第一届科学技术论坛集萃第一卷水资源与能源可持续发展研究.

贺缠生, 傅伯杰. 1998. 美国水资源政策演变及启示. 资源科学, 20(1): 34-38.

侯军. 2001. 滇池流域水资源供需平衡初步分析. 云南水力发电，17(增刊): 52-55, 58.

侯鹏, 王桥, 王昌佐, 等. 2011. 流域土地利用/土地覆被变化的生态效应. 地理研究, 30(11): 2092-2098.

胡斌, 和树庄, 陈春瑜, 等. 2012. 滇池流域土壤氮磷分布特征及关键影响因素研究. 土壤学报, 49(6): 1178-1184.

胡继业, 张文吉, 陈丹丹, 等. P/O-丁酰基苯酚的土壤微生物生态效应. 农药, 44(4): 150-162.

胡子全, 赵海泉. 2007. 一株有机解磷菌的筛选及其最佳生长条件的研究. 中国给水排水, 23(17): 66-70.

黄清辉, 王东红, 王春霞, 等. 2003. 沉积物中磷形态与湖泊富营养化的关系. 中国环境科学, 23(6): 583-586.

霍家名. 2000. 流域管理体制改革的新构想. 海河水利, (2): 4-8.

贾嵘. 1998. 区域水资源承载力研究. 西安理工大学学报, 14(4): 382-387.

贾绍凤. 2002. 区域水资源压力指数与水资源安全评价指标体系. 地理科学进展, 21(6): 539.

蒋晓辉. 2001. 陕西关中地区水环境承载力研究. 环境科学学报, 21(3): 312-317.

金相灿. 2001. 湖泊富营养化控制和管理技术. 北京: 化学工业出版社.

金相灿, 屠清瑛. 1990. 湖泊富营养化调查规范. 北京: 中国环境科学出版社.

金相灿, 稻森悠平, 朴俊大. 2007. 湖泊和湿地水环境生态修复技术与管理指南. 北京: 科学出版社: 3-14.

孔佩儒, 陈利顶, 孙然好, 等. 2018. 海河流域面源污染风险格局识别与模拟优化. 生态学报, 38(12): 4445-4453.

孔维琳, 王崇云, 彭明春, 等. 2012. 滇池流域城市面源污染控制区划研究. 环境科学与管理, 37(9): 74-78.

昆明市统计局. 2003. 昆明市 2004 年统计年鉴. 北京：中国统计出版社.

雷志栋, 杨诗秀, 许志荣, 等. 1985. 土壤特性空间变异性初步研究. 水利学报, (9): 10-21.

李大鹏, 黄勇, 李伟光. 2009. 底泥扰动对上覆水中磷形态分布的影响. 环境科学学报, 29(2): 279-284.

李金岚, 洪坚平, 谢英荷, 等. 2010. 采煤塌陷地不同施肥处理对土壤微生物群落结构的影响. 生态学报, 30(22): 6193-6200.

李菊梅, 李生秀. 1998. 几种营养元素在土壤中的空间变异. 干旱地区农业研究, 16(2): 58-64.

李丽娟, 郑红星. 2000. 海滦河流域河流系统生态环境需水量计算. 地理学报, 55(4): 495-500.

李令跃, 甘泓. 2000. 试论水资源合理配置和承载能力概念与可持续发展之间的关系. 水科学进展, 11(3): 307-313.

李明哲. 2009. 农田化肥施用污染现状与对策. 河北农业科学, 13(5): 65-67.

李其阳, 王崇云, 彭明春, 等. 2012. 滇池流域大河水库水源保护区面源污染控制方案研究. 安徽农业科学, 40(21): 10996-11000.

李悦, 单海峰, 张雪松. 2003. 论我国流域水资源管理. 青岛大学学报, 18(1): 76-82.

李中杰, 郑一新, 张大为, 等. 2012. 滇池流域近 20 年社会经济发展对水环境的影响. 湖泊科学, 24(6): 875-882.

林虎林. 1997. 河西走廊水资源供需平衡及其对农业发展的承载潜力. 自然资源学报, 12(3): 224-232.

林家彬. 2002. 日本水资源管理体系考察及借鉴. 水资源保护, (4): 55-59.

林启美, 赵海英, 赵小蓉. 2002. 4 株溶磷细菌和溶磷真菌解磷矿粉的特性. 微生物学通报, (29): 24-28.

刘付程, 史学正, 潘贤章, 等. 2003. 太湖流域典型地区土壤磷素含量的空间变异特征. 地理科学, 23: 77-81.

刘杰, 叶晶, 杨婉, 等. 2012. 基于 GIS 的滇池流域景观格局优化. 自然资源学报, (5): 801-808.

刘路明, 彭明春, 王崇云, 等. 2010. 滇池流域农业沟渠系统景观特征分析. Agricultural Science & Technology, 38(4): 12744-12747.

刘骁蒨, 涂仕华, 孙锡发, 等. 2013. 秸秆还田与施肥对稻田土壤微生物生物量及固氮菌群落结构的影响. 生态学报, 33(17): 5210-5218.

刘远金, 卢瑛, 陈俊林, 等. 2002. 广州城郊菜地土壤磷素特征及流失风险分析. 土壤与环境, 11(3): 344-348.

刘长星. 2003. 流域治理与3S技术应用研究. 水土保持学报, 16(6): 36-38, 68.

刘忠, 隋晓晨. 2008. 中国区域化肥利用特征. 资源科学, 30(6): 822-828.

鲁如坤. 1999. 土壤农业化学分析方法. 北京: 中国农业科技出版社.

罗明, 文启凯, 陈全家, 等. 2000. 不同用量的氮磷化肥对棉田土壤微生物区系及活性的影响. 土壤通报, 31(2): 66-71.

孟伟. 2008. 流域水污染总量控制技术与示范. 北京: 中国环境科学出版社.

闵炬, 陆扣萍, 陆玉芳, 等. 2012. 太湖地区大棚菜地土壤养分与地下水水质调查. 土壤, 44(2): 213-217.

欧阳海, 郑步忠, 王雪娥. 1990. 农业气候学. 北京: 气象出版社: 48-64.

彭华, 段昌群. 2009. 纵向岭谷区生态系统的稳定性与修复重建. 北京: 科学出版社: 368-376.

钱易, 朱祥友. 1993. 现代废水处理新技术. 北京: 中国科学技术出版社.

秦莉云, 金忠青. 2001. 淮河流域水资源承载能力的评价分析. 水文, 21(3): 14-17.

邱扬, 傅伯杰, 王军. 2004. 黄土高原小流域土壤养分的时空变异及其影响因子. 自然科学进展, 14(3): 294-299.

任军, 边秀芝, 郭金瑞, 等. 2010. 我国农业面源污染现状与对策. 吉林农业科学, 35(2): 49.

阮本清, 等. 2001. 流域水资源管理. 北京: 科学出版社: 152-169.

桑德拉•波斯泰尔. 1998. 最后的绿洲. 吴绍洪, 等, 译. 北京: 科学技术文献出版社.

沈灵凤, 白玲玉, 曾希柏, 等. 2012. 施肥对设施菜地土壤硝态氮累积及pH的影响. 农业环境科学学报, 31(7): 1350-1356.

沈燕华. 2010. 巢湖流域北岸东部岩源磷赋存形态及释放规律的研究. 合肥: 合肥工业大学硕士学位论文.

盛虎, 刘慧, 王翠榆, 等. 2012. 滇池流域社会经济环境系统优化与情景分析. 北京大学学报(自然科学版), 48(4): 647-656.

施雅风, 曲耀光, 等. 1992. 乌鲁木齐河流域水资源承载力及其合理利用. 北京: 科学出版社: 210-220.

水利部南京水文水资源研究所, 中国水利水电科学研究院水资源研究所. 1998. 21世纪中国水供求. 北京: 中国水利水电出版社: 131-138.

唐勇, 陆玲, 杨启银, 等. 2001. 解磷微生物及其应用的研究进展. 天津农业科学, 7(2): 1-5.

屠清瑛, 顾丁锡, 等. 1990. 巢湖——富营养化研究. 合肥: 中国科技大学出版社.

汪党献, 王浩, 马静. 2000. 中国区域发展的水资源支撑能力. 水利学报, (11): 21-26.

汪海珍, 徐建民, 谢正苗. 2003. 甲磺隆结合残留对土壤微生物的影响. 农药学学报, 5(2): 69-78.

王伯仁, 李冬初, 蔡泽江, 等. 2011. 长期不同施肥对红壤碳氮储量的影响. 土壤通报, 42(4): 808-811.

王彩绒, 吕家珑, 胡正义. 2005. 太湖流域典型蔬菜地土壤氮磷钾养分空间变异性及分布规律. 中国农学通报, 21(8): 238-242.

王德荣, 张泽, 李艳丽. 2001. 水资源与农业可持续发展. 北京: 北京出版社.

王芳, 张金水, 高鹏程, 等. 2011. 不同有机物料培肥对渭北旱塬土壤微生物学特性及土壤肥力的影响. 植物营养与肥料学报, 17(3): 702-709.

王光华, 赵英, 周德瑞. 2003. 解磷微生物的研究现状与展望. 生态环境, 12(1): 96-101.

王果. 2009. 土壤学. 北京: 高等教育出版社.

王建华. 1999. 基于SD模型的干旱区城市水资源承载力预测研究. 地理学与国土研究, 15(2): 18-22.

王建华. 2001. SD支持下的区域水资源承载力预测模型的研究. 北京: 中国科学院地理科学与资源研究所博士学位论文.

王璐, 郑文涛. 2002. 改革水价制度, 实现水资源可持续利用. 中国环境管理, (2): 7210.

王毛兰, 周文斌, 胡春华. 2008. 鄱阳湖区水体氮、磷污染状况分析. 湖泊科学, 20(3): 334-338.

王淑华. 1996. 区域水环境承载力及其可持续利用研究. 北京: 北京师范大学博士学位论文.

王莹, 胡春胜. 2011. 环境中的反硝化微生物种群结构和功能研究进展. 中国生态农业学报, 18(6): 1378-1384.

王占华, 周兵, 袁星. 2005. 4种常见农药对土壤微生物呼吸的影响及其危害性评价. 农药科学与管理, 26(6): 13-16.

王政权. 1999. 地统计学及在生态学中的应用. 北京: 科学出版社.

魏斌, 张霞. 1995. 城市水资源合理利用分析与水资源承载力研究——以本溪市为例. 城市环境与城市生态, 8(4): 19-24.

吴迪. 2011. 滇池柴河流域土壤磷素的空间分布特征. 昆明: 云南大学硕士学位论文.

吴家勇. 2007. 云南主要生态系统服务功能价值评估与生态补偿研究. 昆明: 云南大学硕士学位论文.

吴晓妮, 付登高, 段昌群. 2017. 柴河流域不同农田种植模式下沟渠底泥氮磷及有机质的赋存特征. 生态与农村环境学报, 33(6): 519-524.

吴永红, 胡正义, 杨林章. 2008. 滇池流域居民-农田混合区面源污染控制集成技术. 生态科学, 27(5): 346-350.

吴泽宇, 邱云生. 2003. 滇池流域实施西部开发战略水利应研究解决的问题. 云南省第一届科学技术论坛集萃第一卷水资源与能源可持续发展研究.

肖俞, 戴丽, 段昌群, 等. 2016. 滇池流域不同类型农业经济环境效益研究. 生态经济(中文版), 32(1): 139-143.

谢新民, 蒋云钟, 闫继军, 等. 2000. 流域水资源事实监控管理系统: 水利现代化的技术方向. 中国水利, (7): 27-28.

新疆水资源软科学课题研究组. 1989. 新疆水资源及其承载力的开发战略对策. 水利水电技术, (6): 2-9.

徐中民. 1999. 情景基础的水资源承载力多目标分析理论及应用. 冰川冻土, 21(2): 99-106.

徐中民, 龙爱华, 张志强. 2003. 虚拟水的理论方法及在甘肃省的应用. 地理学报, 58(6): 861-869.

许有鹏. 1993. 干旱地区水资源承载能力综合评价. 自然资源学报, 8(3): 229-237.

阎凯, 付登高, 何峰, 等. 2011. 滇池流域富磷区不同土壤磷水平下植物叶片的养分化学计量特征. 植物生态学报, 35(4): 353-361.

阎伍玖, 鲍祥. 2001. 巢湖流域农业活动与非点源污染的初步研究. 水土保持学报, (4): 129-132.

杨广荣, 等. 2012. 滇池流域农田不同土地利用方式对土壤磷素积累及其吸附的影响. 西北农林科技大学学报, 40(7): 156-166.

杨济龙, 祖艳群, 洪常青, 等. 2003. 蔬菜土壤微生物种群数量与土壤重金属含量的关系. 生态环境, 12(3): 281-284.

杨珂玲, 张宏志. 2015. 基于产业结构调整视角的农业面源污染控制政策研究. 生态经济, 31(3): 89-92.

杨林章, 徐琪. 2005. 土壤生态系统. 北京: 科学出版社.

杨树华, 贺彬. 1998. 滇池流域的景观格局与面源污染控制. 昆明: 云南科技出版社.

杨树华, 闫海忠. 1999. 滇池流域面山的景观格局及其空间结构研究. 云南大学学报: 自然科学版, 21(2): 120-123.

杨万勤, 王开运. 2002. 土壤酶研究动态与展望. 应用与环境生物学报, 8(5): 564-570.

杨永华, 姚健, 华晓梅. 2000. 农药污染对土壤微生物群落功能多样性的影响. 微生物学杂志, 20(2): 23-25.

杨正勇. 2004. 论渔业内源性污染的非点源性及其治理的环境经济政策. 生产力研究, 9: 28-30.

姚治君, 王建华, 江东, 等. 2002. 区域水资源承载力的研究进展及其理论探析. 水科学进展, 13(1): 111-115.

余中元. 2013. 滇池流域生态经济系统特征与区域协调发展土地利用模式研究. 农业现代化研究, 34(4): 456-460.

张朝生, 章申, 何建帮. 1997. 长江水系沉积物重金属含量空间分布特征研究——地统计学方法. 地理学报, 52(2): 184-192.

张国林, 钟继洪, 曾芳, 等. 2007. 土壤磷素的流失风险研究. 农业环境科学学报, 26: 1917-1923.

张乃明. 2003. 环境土壤学. 北京: 中国农业大学出版社.

张瑞明, 伊爱金. 2013. 环巢湖流域土地利用变化对生态服务价值的影响. 生态经济, (11): 173-176.

张世熔, 黄元仿, 李保国, 等. 2003. 黄淮海冲积平原区土壤有效磷、钾的时空变异特征. 植物营养与肥料学报, 9(1): 3-8.

张涛, 李永夫, 姜培坤, 等. 2012. 长期集约经营对雷竹林土壤碳氮磷库特征的影响. 土壤学报, 49(6): 1170-1177.

张宪伟, 潘纲, 陈灏, 等. 2009a. 黄河沉积物磷形态沿程分布特征. 环境科学学报, 29(1): 191-198.

张宪伟, 潘纲, 王晓丽, 等. 2009b. 内蒙古段黄河沉积物对磷的吸附特征研究. 环境科学, 1: 172-177.

张晓萍, 陈梦玉. 2001. 水价格与可持续发展. 中国人口・资源与环境, 11(5): 627.

张欣莉, 丁晶, 金菊良. 2000. 基于遗传算法的参数投影寻踪回归及其在洪水预报中的应用. 水利学报, (6): 45-48.

张星梓. 2004. 飒马场小流域不同植被的生态系统服务与区域植被类型优化. 昆明：云南大学硕士学位论文.

张彦东, 孙志虎, 沈有信. 2005. 施肥对金沙江干热河谷退化草地土壤微生物的影响. 水土保持学报, 19(2): 88-91.

张永勤, 彭补拙, 缪启龙. 2001. 南京地区农业耗水量估算与分析. 长江流域资源与环境, 10(5): 413-417.

张振洲, 娄渊清. 2001. 2001—2005 年黄河水利委员会信息化建设基本思路. 人民黄河, (6): 39-40.

章明奎, 周翠, 方利平. 2006. 蔬菜地土壤磷饱和度及其对磷释放和水质的影响. 植物营养与肥料学报, 12: 544-548.

赵小蓉, 林启美, 孙焱鑫. 2001. 细菌解磷能力的测定方法的研究. 微生物学通报, 28(1): 1-4.

赵璇, 王建龙. 2006. 氯酚污染土壤的生物强化修复及其微生物种群动态变化的分子生物学监测. 环境科学学报, 26(5): 821-827.

中国科学院可持续发展研究组. 2000. 中国可持续发展战略报告. 北京: 科学出版社.

中国科学院南京土壤研究所微生物室. 1985. 土壤微生物研究法. 北京: 科学出版社.

钟沛. 2002. 卫星遥感数据在流域数字化中的应用. 浙江水利水电专科学校学报, 24(4): 1-2.

钟兆站, 赵聚宝, 郁小川, 等. 2002. 中国北方主要旱地作物需水量的计算与分析. 中国农业气象, (2): 1-4, 52.

周崇峻, 李凤巧, 李明静, 等. 2013. 有机肥和化肥配施对温室黄瓜土壤酶活性的影响. 沈阳农业大学学报, 44(5): 634-638.

周启星, 宋玉芳. 2004. 污染土壤修复原理与方法. 北京: 科学出版社.

周世萍, 段昌群, 余泽芬, 等. 2008. 毒死蜱对土壤酶活性的影响. 土壤通报, 39(12): 1486-1488.

周新文, 陈鹤鑫, 陆贻通. 1997. 5 化学农药对土壤微生物呼吸作用的影响. 上海环境科学, 12(6): 35-38.

朱益玲, 刘洪斌, 江希流. 2004. 江津市紫色土中 N、P 养分元素区域空间变异性研究. 环境科学, 25(1): 138-143.

左启东, 戴树声, 袁汝华. 1996. 水资源评价指标体系研究. 水科学进展, 7(4): 368-373.

Allan J A. 2003. Virtual water eliminates water wars? A case study from the Middle East. *In*: Hoekstra A Y. Virtual Water Trade: Proceedings of the International Expert Meeting on Virtual Water Trade. Value of Water Research Report Series No. 12. IHE Delft，the Netherlands: 137-145.

Allen R G, Pereira L S, Raes D, et al. 1998. Crop evapotranspiration: Guidelines for computing crop water requirements, FAO Irrigation and Drainage paper 56. FAO, Rome.

Allen R G, Smith M, Pereira L S, et al. 1994. An update for the calculation of reference evapotranspiration. ICID Bulletin, 43(2): 35-92.

Arnold J G, Srinivasan R, Muttiah R S, et al. 1998. Large area hydrologic modeling and assessment, part I: model development. J of Amer Water Res Assoc, 34(1): 73-89.

Bicknell K, Ball R, Cullen R, et al. 1998. New methodology for the ecological footprint with an application to the Zealand economy. Ecological Economics, 27(2): 149-160.

Boldt T S, Jacobsen C S. 1998. Different toxic effects of the sulfonylurea herbicides metsulfuron methyl, chlorsulfuron and thifensulfuron methyl on fluorescent pseudomonads isolated from an agricultural soil. FEMS Microbiol Let, 161: 29-35.

Bryhn A C, Hakanson L. 2009. Eutrophication: model before acting. Science, 324: 723.

Burgess T M, Webster R. 1980. Optimal interpolation and isarithmic mapping of soil properties: The semivariogram and punctual kriging. Soil Sci, 31: 315-341.

Burnet M, Hodgson B. 1991. Differential effects of the sulfonylurea herbicides chlorsulfuron and sulfometuron methyl on microorganisms. Arch Microbiol, 155: 521-525.

Cameron K C, Di H J, Moir J L. 2013. Nitrogen losses from the soil/plant system: a review. Annals of Applied Biology, 162: 145-173.

Chapagain A K, Hoekstra A Y. 2003. Virtual water trade: A quantification of virtual water flows between nations in relation to international trade of livestock and livestock products. *In*: Hoekstra A Y. Virtual Water Trade: Proceedings of the International Expert Meeting on Virtual Water Trade. Value of Water Research Report Series No. 12. IHE Delft, the Netherlands: 49-76.

Chen Y P, Rekha P D, Arun A B. 2006. Phosphate solubilizing bacteria from subtropical soil and their tricalcium phosphate solubilizing abilities. Applied Soil Ecology, 34: 33-41.

Dobson M, Frid C. 2009. Ecology of Aquatic Systems. USA: Oxford University Press.

Doorenbos J, Kassam A H. 1979. Yield Response to Water. FAO Irrigation and Drainage Paper (33). Rome.

Doorenbos J, Pruitt W O. 1997a. Crops Water Requirements. FAO Irrigation and Drainage Paper (24). Rome.

Doorenbos J, Pruitt W O. 1997b. Guidelines for predicting crop water requirements. Food and Organization United Nations, FAO Irrigation Drainage Paper 24, 2nd ed. Rome.

El Fantroussi S, Verschuere L, Verstraete W, et al. 1999. Effect of phenylurea herbicides on soil microbial communities estimated by analysis of 16S rRNA gene fingerprints and community-level physiological profiles. Appl Environ Microbiol, 65: 982-988.

Elizabeth P, Miguel S, Marıa M B, et al. 2007. Isolation and characterization of mineral phosphate-solubilizing bacteria naturally colonizing a limonitic crust in the south-eastern Venezuelan region. Soil Biology & Biochemistry, 39: 2905-2914.

Falkenmark M, Lundqvist J. 1998. Towards water security: political determination and human adaptation crucial. Natural Resources Forum, 21 (1): 37-51.

Fenga L J, Yang G F, Zhub L, et al. 2014. Removal performance of nitrogen and endocrine-disrupting pesticides simultaneously in the enhanced biofilm system for polluted source water pretreatment. Bioresource Technology, 170: 549-555.

Friedman J H, Tukey J W. 1974. A projection pursuit algorithm for exploratory data analysis. IEEE Trans on Computers, 23 (9): 881-890.

Harris J M, Kennedy S. 1999. Carrying capacity in agriculture: global and regional issue. Ecological Economics, 129 (3): 443-461.

Hoekstra A Y Hung P Q. 2002. Virtual water trade: A quantification of virtual water flows between nations in relation to international crop trade.Value of Water Research Report Series No. 11.

Hoekstra A Y, Hung P Q. 2003. Virtual water trade: A quantification of virtual water flows between nations in relation to international crop trade. *In*: Hoekstra A Y. Virtual Water Trade: Proceedings of the International Expert Meeting on Virtual Water Trade. Value of Water Research Report Series No. 12. IHE Delft.

Hoekstra A Y. 2003. Virtual water trade: an introduction. *In*: Hoekstra A Y. Virtual Water Trade: Proceedings of the International expert meeting on Virtual Water Trade. Value of Water Research Report Series No. 12. IHE Delft.

Hoekstra A Y. 2003. Virtual water trade: Proceedings of the International Expert Meeting on virtual water trade. Value of Water Research Report Series, (11).

Hoekstra A Y. 2003. Virtual water trade between nations: a global mechanism affecting regional water systems. IGBP Newsletter, (54): 2-4.

Hrlich A H. 1996. Looking for the ceiling: estimates of the earth's carrying capacity. American Scientist, Research Triangle Park, 84 (5): 494-499.

Javoby C A, Frazer T K. 2009. Eutrophication: time to adjust expectations. Science, 324: 724.

Kuylenstierna J L, Bjorklund G, Najlis P. 1997. Sustainable water future with global implications : everyone's responsibility. Natural Resources Forum, 21 (3): 181-190.

Lampert W, Sommer U. 2007. Limnoecology: the Ecology of Lakes and Streams. USA: Oxford University Press.

Liu C M. 2000. Water Resources Development in the First Half of 21 Century in China. Second World Water Forum, China Water Vision. 1-6.

Loucks D P, Gladwell G S. 1999. Sustainability Criteria for Water Resource Systems.

Louw H A, Webley D M. 1959. A study of soil bacteria dissolving certain mineral phosphate fertilizers and related compounds. Journal of Applied Bacteriology, 22: 227-233.

Ma L，Yang L Z，Xia L Z，et al. 2011. Long-term effects of inorganic and organic amendments on organic carbon in a paddy soil of the Taihu Lake region, China. Pedosphere, 21 (2) : 186-196.

Munther J, Haddadin. 2000. Water issue in Hashemite Jordan, Arab Study Quarterly. Belmount, Spring, 22 (5) : 54-67.

Nasha D M, Watkinsa M, Heaven M W, et al. 2015. Effects of cultivation on soil and soil water under different fertiliser regimes. Soil & Tillage Research，145: 37-46.

Nemergut D R, Townsend A R, Sattin S R, et al. 2008. The effects of chronic nitrogen fertilization on alpine tundra soil microbialcommunities: implications for carbon and nitrogen cycling. Environ Microbiol, 10 (11) : 3093-3015.

Ohlsson L，Turton A R. 2000. The turning of the screw: Social resource scarcity as a bottle - neck in adaptation to water scarcity. Stockholm Water Front, (1) : 1-11.

Oki T, Sato M, Kawamura A, et al. 2002. Virtual water trade to Japan and in the world. Value of Water Research Report Series No. 11.

Oki T, Sato M, Kawamura A, et al. 2003. Water trade to Japan and in the world. *In*: Hoekstra A Y. Virtual Water Trade: Proceedings of the International Expert Meeting on Virtual Water Trade. Value of Water Research Report Series No. 12. IHE Delft, the Netherlands: 221-236.

Omar S A, Abdelsater M A. 2001. Microbial population and enzyme activities in soil treated with pesticides. Water Air and Soil Pollution, 127 (14) : 49-63.

Renault D. 2003. Value of virtual water in food: Principles and virtues. *In*: Hoekstra A Y. Virtual Water Trade: Proceedings of the International Expert Meeting on Virtual Water Trade. Value of Water Research Report Series No12. IHE Delft, the Netherlands: 77-91.

Rijsberman M A, van de Ven F M H. 2000. Different approaches to assessment of design and management of sustainable urban water system. Environment Impact Assessment Review, 129 (3) : 333-345.

Schäfer R B, Bundschuh M, Rouch D A, et al. 2012. Effects of pesticide toxicity, salinity and other environmental variables on selected ecosystem functions in streams and the relevance for ecosystem services. Science of the Total Environment, 415: 69-78.

Schelske C L. 2009. Eutrophication: focus on phosphorus. Science, 324: 722.

Schindler D W. 1997. The evolution of phosphorus limitation in lakes. Science, 195: 260-262.

Schindler D W, Hecky R E. 2009. Eutrophication: more nitrogen data needed. Science, 324: 721-722.

Smith M, Allen R G, Monteith J L, et al. 1992. Report on the Expert consultation on revision of FAO methodologies for crop water requirements. FAO, Rome, 28-31 May 1990.

Son H J, Park G T, Cha M X. 2006. Solubilization of insoluble inorganic phosphate by a novel salt and pH-tolerant Pantoea agglomerans R-42 isolated from soybean rhizosphere. Bioresource Technology, 97 (2) : 204-210.

Stevens C J, Dise N B, Mountford J O, et al. 2004. Impact of nitrogen deposition on the species richness of grassland. Science, 303: 1876-1879.

Thirup L, Johnsen K, Torsvik V, et al. 2001. Effects of fenpropimorph on bacteria and fungi during decomposition of barley roots.

Soil Biol Biochem, 33: 1517-1524.

Tu C M. 1991. Effects of four experimental insecticides on enzyme activities and levels of adenosine triphosphate in mineral and organic soils. Sci Health J Environ Part B, 25(6): 787-800.

Wackernagel M, Rees W. 1996. Our ecological footprint: Reducing human impact on the earth. New Society Publishers, Gabriola Island, B.C., Canada.

Wackernagel M, Onisto L, Linares A C, et al. 1997. Ecological footprints of nations: How much nature do they use?—How much nature do they have? Centre for Sustainability Studies, Universidad Anahuac de Xalapa, Mexico.

Yevdokimov I, Gattinger A, Buegger F, et al. 2008. Changes in microbial community structure in soil as a result of different amounts of nitrogen fertilization. Biol Fertil Soils, 44: 1103-1106.

Zhang Y Q, Wen M X, Li X P, et al. 2014. Long-term fertilisation causes eoxess supply and loss of phosphoru inpurple paddy soil. J.Sci Food Agric, 94:1175-1183.

Zimmer D, Renault D. 2003. Virtual water in food production and global trade: Review of methodological issues and preliminary results. Value of Water Research Report Series No. 11.